点火！

液体燃料ロケット推進剤の開発秘話

ジョン・D・クラーク
高田 剛 訳

Ignition!

An Informal History of Liquid Rocket Propellants

John D. Clark
Translated by Takada Tsuyoshi

プレアデス出版

点火！　液体燃料ロケット推進剤の開発秘話

この本を妻のインガに捧げる。
彼女はいかにも妻らしく、
「あなたのロケット推進剤の話はとても面白いわ。
だったら、タイプライターの前に座って、その話を原稿にしたら！」
と私を催促し続けて、書かずにはいられなくしてくれた。

Ignition!
An Informal History of Liquid Rocket Propellants
by John D. Clark

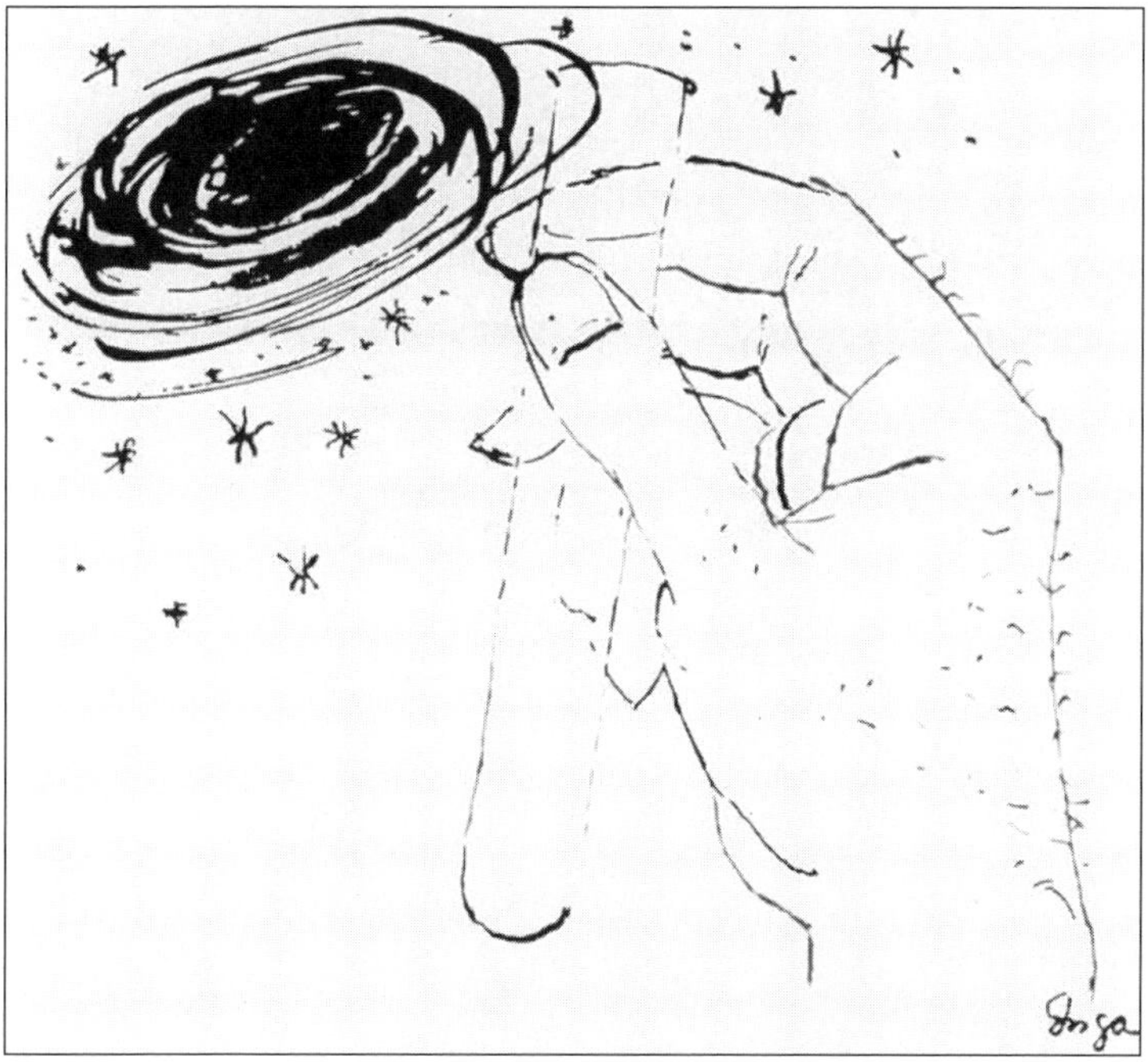

第1図　インガ・プラット・クラークがプラスチック板に彫り込んだ絵。1959年にNARTSの推進剤部門が、技術部の技師のボブ・ボーダーに贈呈したもの。

第２図　ロケットエンジンの試験のあるべき姿。排気の流れの中のダイアモンド形の衝撃波に注目されたい。米海軍提供

第３図　試験で失敗するとこのような状況になる。第２図の試運転装置（もしくはその残骸と言うべきか）の事故後の状況。米海軍提供

点火！　液体燃料ロケット推進剤の開発秘話　◉目次

過去を知らない人間は、過去の失敗を繰り返す

ジョージ・サンタヤーナ

序文　ジョン・D・クラークについて

アイザック・アシモフ

私がジョン・D・クラークに初めて会ったのは、一九四二年に私がフィラデルフィア市に引っ越した時でした。実は、彼の事は会う前から知っていました。一九三七年に彼はSFの短編、「マイナス惑星」と「宇宙の火ぶくれ」を発表しました。私はそれをとても興味深く読みました。特に、「マイナス惑星」は私が知る限りでは、「反物質」を正面から取り扱った、初めてのSF作品でした。

クラークはその二作を発表した事で満足したらしく、それ以後はSF作品を書くのをやめ、私のような下手なSF作家に発表の場を譲ってくれました。

そのため、一九四二年に彼に会った時は、私は緊張していましたが、クラークは特別に緊張している感じは有りませんでした。彼は普段通りにとても友好的で、偉ぶる事もなく普通に私に接してくれました。

私が親しくしてくれる人が欲しい時、彼はいつも私に親しくしてくれました。米国が第二次大戦に参加したばかりの時で、私は海軍で化学者として働くためにフィラデルフィア市に来たのです。私が自分の故郷から離れたのはそれが初めてで、二二歳になったばかりでした。周囲に知った人は誰もいませんでしたが、クラークはいつも私が来るのを歓迎してくれました。私が不思議に思うくらい、彼は親切にしてくれました。私は故郷を離れて寂しさを感じる事が多かったのですが、彼に会うと気持ちが明るくなりました。

彼は親しくしてくれましたが、それでも世間しらずの若者を感心させようとする時が有りました。

彼の部屋の全ての壁は、床から天井までが本棚で、そこに本が詰まっていました。彼はそれを私に見せるのを楽しんでいました。彼はこの本棚は文学の創作活動関係、これは歴史関係、これは軍事関係などと、私に説明してくれました。

「ここに聖書がある。」と彼はある本棚で、聖書を指して私に言いました。真面目な顔をして、「聖書は文学書の本棚の、Ｊの区分の所に入れてあるのが分かるだろう。」と付け加えました。

「どうしてＪの区分ですか?」を私は尋ねました。

彼はにやりと笑って言いました。「聖書の作者はエホバ（Ｊｅｈｏｖａｈ）だからさ。」

しかし、時間の経過と共に、私達の歩む道は徐々に離れて行きました。戦争が終わると、私は博士号を目指してコロンビア大学に戻り（クラークは私が彼に初めて会った時に、もう博士号を取得していました）、クラークはロケット燃料の開発という楽しい仕事に移りました。

今となって振り返ると、ロケット燃料の開発に携わっていた人達は、皆がひどく変わった人達でした。精神異常者とか、少し頭がおかしい人ではなくて、驚くほど斬新な、常識外れの、未来的なアイデアの持ち主ばかりだったと言う事です。

振り返って考えてみると、液体ロケットの推進剤の候補となった化合物には、爆発性の物、急激に燃焼する物、腐食性が極めて強い物、急性中毒を起こす物、耐えられない悪臭を持つ物が有りました。私の知る限り、液体ロケット燃料の分野以外に、こうしたうれしい特性（！）を全て備えた、素晴らしい物質（！）を主要な材料として用いる分野は他には有りません。

ジョン・クラークは、こうしたおぞましい特性を持つ化合物の研究に従事し、無事に生き延びました。その上、彼は一七年に渡り、こうした危険な化合物を扱う研究所を運営してきましたが、その間に、一度も大きな事故を起こしていません。

私はこの危険な研究作業を進めるに当たり、彼は神と取引をしたのではないかと思っています。取引の結果として、神は彼の研究所での事故を無くしてくださり、クラークは神のみ言葉を記した聖書を、文学書の本棚から外す事にしたのではないでしょうか。

そんな目でこの本をお読みいただきたいと思います。あなたはクラークや、彼と同じ分野で活躍した他の並外れた変わり者達について、多くを知る事になります。そして、常に死の危険を伴うにしても、それでも研究を進める価値があると思わせた、研究者達の感動を垣間見る事ができるでしょう（私はそうでした）。もちろん、化学研究ビジネスの実態についても、多くを知る事になります。

この本は、クラークだからこそ、辛辣な表現を取りながら、その裏に深い理解と愛情を込めて書く事が出来た本です。

（訳者注：言うまでも有りませんが、アイザック・アシモフはボストン大学で生化学の教授を務める傍ら、様々なＳＦを数多く書きました。ロボット三原則が出て来るロボット物、宇宙帝国シリーズは特に有名です。同じＳＦに興味を持ち、著作もある仲間として、クラークは、一九三九年に一九歳ですでにＳＦ雑誌にデビューしていたアシモフを、特に親切にしてくれたものと思われます。）

まえがき

ロケット工学と宇宙旅行については、非常に多くの本が書かれてきた。ロケットの歴史と発展についても、同じくらい多くの本が書かれて来ている。しかし、ロケットを飛ばす原動力であるロケットの推進剤（燃料と酸化剤）についていては、詳しく知りたいと思っても、適切な本が見つからないだろう。現用のロケット推進剤について記述している本はいくつかは有る。しかしそうした本では、アポロ計画のサターンV型ロケット、タイタンⅡ型大陸間弾道弾、ソ連のSS‐9大陸間弾道弾などの推進剤が何かは書いて有っても、何故その推進剤なのか、なぜ他の推進剤ではないかは説明されていない。この本では、その理由や経緯を説明したいと思う。また、ロケット推進剤の開発の過程についても、誰が、いつ、どこで、どのように、何故、その推進剤を開発したかを紹介したい。固体ロケットの推進剤については、別途誰かが書いてくれる事を期待したい。

今この時期は、このような本を書くには良い時期である。液体ロケットの推進剤の研究開発は、一九四〇年代後半から一九五〇年代を経て、一九六〇年代前半までが盛んだったが、それ以後、新しい研究は少なくなった。研究開発が一段落し、その時期に活躍した人達からまだ話を聞けるので、研究開発の歴史をまとめるには良い時期になったと言える。私が情報提供をお願いした全員が、私にすり寄って抱きしめかねない程に喜んで協力してくれた。私は、未公表の、非常に貴重な情報を大量に提供してもらったが、これらの情報はその提供者が亡くなると失われてしまったかもしれない。提供者の一人が、「我慢していた欲求不満を解消する良い機会だった」と私宛てに書いて来たが、私も同じ意見である。

この本を書くための情報は、様々な部署にいた多くの人達から提供してもらった。会社や政府機関の進捗報告（進捗でない場合もあるが！）、種々の会合での発表資料、関係者のメモ、情報活動の報告書など様々な形で提供してもらった。どれも役に立った。この本は公式な歴史ではなく、当時の研究開発の担当者の一人として、何が行われたかを率直に語ろうとする本である。公式な記録として書いた本ではない。この本では、出来事によってはその内容を詳細に記述してないが、それは関係者を当惑させたり、場合によっては迷惑をかけるかもしれないからだ！　取材源の秘密を守る必要があるのは、マスコミ関係者だけではない。

もちろん、私自身の記録や記憶も利用している。私が海軍航空機用ロケット試験場（ＮＡＲＴＳ）に一九四九年一一月一日に配属され、一九七〇年一月二日に、その後継組織であるピカティニー陸軍兵器廠の液体ロケット推進研究所（ＬＲＰＬ）を退職するまでの約二〇年間、私は正式な組織には成っていなかったが、実質的には大きな機能を果していた、液体ロケット推進剤研究者の集団の一員だった。そのため、米国と英国でのロケット推進剤の開発状況については、いろいろ情報を入手していた（ソ連の研究状況については、一九五〇年代末になるまで情報が入手できなかった。ロケット推進剤の研究開発の歴史の大筋については、米、英、ソの三国以外は無視してかまわない）。

この本は、興味を持つ初心者向けだけでなく、ロケット業界の専門家も念頭に書いてある。初心者の読者にはできるだけわかりやすく書くようにした。ロケット業界の専門家の中には、自分の職業であるロケットについて、その歴史に無知な人を見かける事がある。そうした人は、しっかり監督しないと、我々が一五年前に経験したように、愚かであるだけでなく、人命に影響する事故につながるような失敗をする可能性が高い。哲学者のサンタヤーナが言っていたように、物事にはちゃんと原因があるものだ。

そんな訳で、しっかりとした事前検討により成功した研究開発計画だけでなく、控え目に表現しても、賢明とは言えない研究開発計画についても、同じように取り上げてある。ロケット推進剤の開発成功談についても書いたが、周囲から批判され、袋小路に入り込んで失敗に終わった研究開発計画についても書いてある。

この本は私の主観に基づいて書かれている。様々な研究開発計画や研究開発提案の内容の妥当性（または妥当性の無さ）について、私の見解を率直に書いている。自分の見解について私は言い訳しない。また、私の下した批判は、結果を知った上での批判ではない事をはっきり言っておく。この本の中で、以前に誰かが行った提案について厳しい評価をしているが、その当時も同じように感じたのか、自分でも確認したいと思った。私の当時の業務日誌（個人的な日誌）を調べてみると、私はその提案について、簡潔に「混乱していてでたらめだ！」と書いていた。だから、私の意見は基本的には変わってない。

この本が完全無欠とは思ってないが、主要な研究開発の流れについては、自分なりに正確に記述しようと努めた。もし、私が不当にもどなたかの業績を無視しているとか、私の記憶が間違っていると思われたら、私にご連絡いただくようその方にお勧めいただきたい。私はこの本の次の版で、訂正させていただくつもりだ。自分の研究所での事ばかり詳しく書いていると思われるとしたら、それは私の研究所が特に優れているからではなく（他の研究所より変わった事を多く行ったかもしれないが）、その当時の国内の他の多くの研究所でも行われていた事の、良い代表例だからだ。

文中での私の知人の名前の表記方法はまちまちである。姓の前に、頭文字ではなくて名前が表記してあるのは、私がその人を良く知っているからに過ぎない。称号や学位は基本的には示していない。この業界では学位を持っているのが普通だ。そして、ある人の所属先が章によって違っていても、それは間違いではない。この業界では、研究者は絶えず勤務先を変えている。私のように一つの勤務先に二〇年もいるのは、記録的かもしれない。

ここで言っておきたいのは、この本はごく少数の人について書かれている事だ。液体ロケットの推進剤の研究者の世界は、大きくはなかった。関係者は多分、最大に見積もっても二〇〇人くらいで、その内の四分の三は、ただ言われた事をするだけの実務者に過ぎない。二〇〇人の内の四分の一だけが、特に注目すべき面白い人達だ。その中にも少し頭のおかしい人が少しは居た（他の業界の同様なグループと比べて比率は小さいが）。我々はお互いの事を良く知っていたので、情報は非公式な形であっという間に全体に伝わってしまう。そうした非公式の情報は、私にはとても役立った。私は国の研究所で働いていたので、民間企業の人達は「社外秘」の情報も教えてくれたからだ。もし私が耳よりな話を本人から直接聞きたい時は、推進剤の次の研究会で、会議の後で個人的に教えてもらえる事が分かっていた（推進剤の大きな会合の多くはホテルで開かれ、主催者は賢明にも会場の外にバー・コーナーを準備してくれていた。会場がホテルでない時は、近くのホテルのバーを探せば良かった。目当ての人間はたいていはそこにいた）。私は彼の隣に座り、自分の飲み物が来ると、「やあ、君の所のこの前のロケット燃焼試験では何が有ったの？　僕は君の報告書は読んだよ。でも、自分でもその事を記録しておきたいんだ。本当はどうだった？」と尋ねれば良かった。それで簡単に正確な情報が得られた。

この関係者達には、杓子定規な人間はあまりいなかった。ほとんど全員が個性的な人間だった。お互いの関係はうまく行く時もあれば険悪な時も有った。そんな人達の上司は、彼らの人間関係を理解している必要があった。チャーリー・テイトがワイアンドット社から、ルー・ラップがリアクション・モーターズ社からエアロジェット社に移って来た時には、エアロジェット社の管理職は二人の関係を良く理解していて、一人をサクラメント工場に、もう一人をアズーサ工場に配置する事にして、二人をカリフォルニア州の中でも、北と南に離して配置した。ラップはテイトが会議で発表をする時、テイトの発表用のスライドの中に、女性のヌード写真を一、二枚滑り込ましたが、テイトはそれを不快に思っていた。

しかし、周囲との人間関係に関係無く、我々の研究成果は、関係者達から正当に評価されていた。全員が「君がやれる事なら、僕はもっと上手くやれる」と考えるような、有能な競争相手であり、全員が、自分の研究成果を正当に判断できるのは、このグループのメンバーだけである事を認識していた。我々を管理する人達は、技術的な内容を熟知している事は少なく、我々の研究結果はほとんどが秘密に指定されていたので、我々は外部の科学者たちに向けて、研究成果を公表する事ができなかった。そのため、関係者のグループ内で認められることは大事だった（アーブ・グラスマンが論文を発表した時、「クラークの爆発感度に関する、定評ある研究成果」と言ってくれた事で、私は一週間天にも昇るうれしさを感じていた。そう、「定評ある」なのだ）。グループ内でお互いに評価し合う事は、ある種、集団的な自己満足だったかもしれないが、それを励みに我々が必死に働いていた事も事実だ。

我々は必死になって働くしかなかった。対象としているのは、新しく、刺激に満ちた研究分野で、無限の可能性が有り、関係先からは良い研究成果を切望されていたのだ。我々は突き付けられている問題について、現在は解答を持っていないが、短期間に問題を解決出来る事を確信していたし、研究には熱狂的に励んでいた。熱狂的などと表現できるのは、この時が一番である。この時の楽しさは、他の何物にも代えがたかった。だから、私は大事な友人であり、かつての競争相手だった人達に言いたい。「皆さん、私はあなた方と知り合いになれてとてもうれしい！」

ジョン・D・クラーク

ニュージャージー州ニューファウンドランドにて

一九七一年一月

第1章　ロケット推進剤の開発の始まり

長命で在位が長かったヴィクトリア女王が亡くなり、エドワード七世が日の没する所なき大英帝国の王位を継承した。ドイツのカイザー、ヴィルヘルム二世は軍艦の建造を進め、外交的には強硬な発言を繰り返していた。米国ではセオドア・ルーズベルト大統領が強気の発言をしながら、軍艦の数を増やしていた。それは一九〇三年の事で、この年の一二月には、ライト兄弟が飛行機で、短い距離だが初めての飛行に成功した。ロシア全土を支配しているロシア帝国の首都であるサンクトペテルブルグでは、「科学評論」誌に一つの論文が掲載されたが、その論文に注目した人はほとんどいなかった。

その論文の題名は、印象的だが内容を想像するのが難しい、「反作用利用装置による宇宙探検」で、著者はコンスタンチン・ツィオルコフスキーだった。彼は目立たない町であるカルーガ県のボロフスクの町の、これまた目立たない学校教師だった。

論文の内容は、次の五点に要約する事ができる。

一、宇宙旅行は可能である。

二、宇宙旅行はロケットにより、またロケットを用いる事によってのみ実現可能である。なぜなら、真空中で有効に作用する事が分かっている推進装置はロケットしか無いからである。
三、黒色火薬（無煙火薬もそうだが）は、宇宙旅行用のロケットの推進剤としては、十分なエネルギー量を持っていない。
四、ある種の液体推進剤は、宇宙旅行用ロケットに必要なエネルギー量を持っている。
五、液体水素は燃料としては優れている。液体酸素は酸化剤として優れている。この二つの液体の組み合わせは、ほぼ理想的な推進剤である。

最初の四項目は、読んだ人を驚かせる内容ではなかったし、それに対する反応も無かった。第五項目は全く別で、数年前であれば驚くべき意見であるばかりか、無意味な意見であった。なぜなら、液体水素や液体酸素はまだ作られていなかったのだ。

一八二三年にマイケル・ファラディが塩素の液化に成功して以降、ヨーロッパの科学者達は、身近な気体を冷却、圧縮、又はその組み合わせを用いて液化しようと試みてきた。塩素の液化に続いてアンモニア、二酸化炭素など多くの気体が液化され、一八七〇年代になると、液化が成功していなかったのは数種類の気体だけだった。それらは酸素、水素、窒素で（フッ素はまだ純粋な形での分離がなされていなかったし、希ガス類はまだ発見すらされていなかった）、悲観的な用語だが「永久気体」と呼ばれていた。

一八八三年四月に、オーストリア帝国クラクフ大公国にあるクラクフ大学のZ・F・ウロブリュースキーは、フランス・アカデミーに対して、彼と同僚のK・S・オルゼウスキーは、酸素の液化に成功したと連絡した。数日後には窒素の液化に、二年しない内に液体空気の製造にも成功した。一八九一年には、液体酸素が実験室で使う程度の量なら使用可能になり、一八九五年には、リンデが液体空気を工業用レベルの量で製造できる方法の開発に成功し、液体空気を分留する事により液体酸素（液体窒素も）が作れるようになった。

ロンドンにある王立研究所のジェームズ・デュワー（後にサーの称号を得る。デュワー瓶、つまり魔法瓶の考案者）は、一八九七年にフッ素の液化に成功した。フッ素はモアッソンにより一一年前に単離され、液化フッ素の密度は一・一〇八と報告されていた。この密度の値は、何故か大きく間違っていた（正しくは一・五〇）が、そのまま文献に記載され、六〇年近く間違ったまま使用されて、多くの人を惑わせる事になった。

一八九八年五月に、難関だった水素も、デュワーがついに液化に成功した。デュワーは誇らしげに報告している。「一九〇一年六月一三日、五リットルの液体水素が、ロンドンの市内を、王立研究所の研究室から王立協会へと運ばれた！」

この液化の成功が有ったので、ツィオルコフスキーは一九〇三年に、液体水素と液体酸素を用いるロケットによる宇宙旅行について書く事が可能になった。ウロブリュースキーとデュワーが居なければ、ツィオルコフスキーの論文は書かれなかっただろう。

後にツィオルコフスキーは、水素以外のロケット燃料の可能性について述べている。メタン、エチレン、ベンゼン、メチルアルコール、エチルアルコール、テルペン、ガソリン、ケロシンなど、液体で燃える物ならほとんど何でも燃料として検討したが、酸化剤としては液体酸素しか考えていない。彼は死を迎える一九三五年までロケットの論文を書き続けたが、彼のロケットは机上の存在で終わった。ツィオルコフスキーは現実のロケットを作らなかった。ロケットを現実に製作したのは、ロバート・H・ゴダードである。

ゴダード博士は一九〇九年にはすでに液体ロケットの構想を固めていて、ロシア人の先達であるツィオルコフスキー（彼の事をゴダードは知らなかったが）と同じく、液体水素と液体酸素はほぼ理想的な組み合わせとの結論に達していた。一九二二年、ゴダードがクラーク大学の物理学の教授だった時、彼は液体ロケットの実験を始めた。その当時は、液体水素の入手は難しかったので、彼はガソリンと液体酸素の組み合わせを用いる事にして、その以後の実験では全てガソリンと液体酸素を推進剤に用いた。一九二三年一一月には試運転台でロケットエンジンの燃焼試験を行い、一九二六年三月一六日には液体ロケットの初の打ち上げを行った。ロケットは発射後二・五秒で、高度五五メートルに達した（四〇年後の同じ日に、アームストロング宇宙飛行士とスコット宇宙飛行士は地球周回軌道上で、制御不能な回転運動を起こした宇宙船ジェミニ8号を何とか落ち着かせようと苦闘していた）。

ゴダードの初期の実験で不可解なのは、燃料であるガソリンに対して、酸化剤である液体酸素の比率が非常に低い事だ。彼のロケットエンジンの実験では、ガソリン一キログラムにつき、理想的な酸素の量は約三キログラムなのに、酸素を一・三から一・四キログラムしか使用していない。そのため、彼のロケットエンジンの性能は非常に低く、比推力が一七〇秒を越える事はほとんどなかった（比推力はロケットエンジンやその推進剤の性能の指標である。比推力はロケットエンジンが発生する推力を、一秒間当たりの推進剤の消費量で割った値である。例えば、推力が二〇〇キログラムで、推進剤の消費量が毎秒一キログラムの場合、比推力は二〇〇秒になる）。おそらく、ゴダードはロケットエンジンの温度が高くなりすぎて壊れるのを防ぐために、最適な比率から外れた混合比を採用して、燃焼温度を下げようとしたのだろう。

一九二三年に、トランシルバニア地方出身のドイツ人で、全く無名の存在だったヘルマン・オーベルトが、『惑星間宇宙へのロケット』と題した本を刊行して、次世代のロケット開発者達の意欲を刺激した。驚くべき事に、この本はかなりの部数が売れた。この本に刺激された何人かは、必要もないのに秘密裡に研究を進めていた米国のゴダードの事を知らないまま、自分達でロケットの研究を進める事にした。彼らはまず団体を設立する事にした。略称のＶｆＲで知られる、ドイツ宇宙旅行協会（ＶｆＲ：Verein fur Raumsheiffart）が一九二七年六月一日に設立された。一九三〇年の初めに米国惑星間協会が、一九三三年に英国惑星間協会が設立された。ロシアでも一九二九年にレニングラード（現在のサンクトペテルブルク）とモスクワで研究会が出来た。その会員たちは、ロケットと宇宙旅行に関する研究会を開いたり、本を書いたりした。その中で最も重要なのは、一九三〇年に発表された、ロベール・エスノー＝

ペルテリの大作『宇宙航空学』と思われる。映画監督のフリッツ・ラングは、宇宙旅行を題材にした映画『月世界の女』の製作で、オーベルトを技術顧問に雇った。ラングと映画会社のＵＦＡは、映画の公開記念の宣伝のために、オーベルトが液体ロケットを設計、製作して打ち上げる資金を提供する事にした。

オーベルトは映画産業に協力する事で、ＳＦ映画の製作に貢献したが、ロケット推進剤についても、この映画に関連して、成功しなかったが技術的に興味深い試みを行った。映画の公開に合わせてガソリンと酸素を用いたロケットを打ち上げるのには失敗したが（準備期間はあまりにも短かった）、そのロケットは短期間に製作可能と思って設計した物だった。そのロケットでは、長いアルミニウムの筒に液体酸素が入れられ、筒の中心に炭素の棒が何本か入っていた。液体水素の上に出ている炭素の棒を、液体酸素で燃焼させると、炭素棒は上から下に向けて燃えて行く。炭素棒の燃焼で生じたガスは、筒の上部の複数のノズルから噴出させる構想だった。この構想はうまく行かず、ロケットは爆発して壊れてしまった。しかし、これは固体の燃料と液体の酸化剤を使用するハイブリット型のロケットの、初めての例だと思われる。（この逆に固体の酸化剤と、液体の燃料を用いるタイプのハイブリッド型ロケットも有る。）

ともあれ、映画は一九二九年一〇月一五日に封切られた（オーベルトのロケットは打ち上げられなかった）。ＶｆＲはオーベルトの試験設備を引き継いだので（いくらか対価は払ったが）、ＶｆＲ独自の研究作業を一九三〇年初頭から行える様になった。

この後、各国のロケット研究者が各地で活動を始める。ＶｆＲも他の研究者達も知らなかったかもしれないが、少なくとも三つのグループがロケットの開発を進めていた。Ｆ・Ａ・ツァンダーはモスクワのグループのリーダーとして、ロケットを研究していた。彼は航空技術者で、ロケットと宇宙旅行について、想像力あふれる文章を数多く書いていた。彼の著作の一つで、宇宙飛行士が燃料が足らなくなった時に、ジュールベルヌの小説『八〇日間世界一周』のフィリアス・フォッグがしたのと同様の、燃料を補う方法を書いている。燃料タンクが空になったら、宇宙飛行士はその燃料タンクを粉々にして、粉末状になったアルミニウムを別のタンクに残っている燃料に加える事で、燃料の発熱量を増加させると書いているのだ！　これは『八〇日間世界一周』に書かれている事と本質的に同じだ。同書では、主人公は乗っている汽船の石炭が無くなった時、船を走らせ続けるために船の一部を壊して、石炭の代わりに燃やした。小説の話としては不自然ではないが、ツァンダーはもう少し現実的に考えていた。彼は一九二九年からロケットの実験を始めた。推進剤は最初はガソリンと圧縮空気だったが、一九三一年にはガソリンと液体酸素を使用した。もう一つのグループは、イタリア人のグループで、ルイジ・クロッコ(訳注1)がリーダーで、資金はイタリア軍がいやいやながら提供していた(注1)。

クロッコは一九二九年から液体ロケットの製作を始め、一九三〇年の初頭には燃焼試験を行なえる段階に達していた。彼のロケットは、ロケットエンジンの設計が非常に複雑であるだけでなく、その推進剤が特徴的だった。彼は燃料にはガソリンを使用したが、それは特別な事ではない。しかし、酸化剤は特別で、酸素ではなく四酸化二窒素（N_2O_4）を用いた。これは重要な選択だった。四酸化二窒素は、液体酸素と違い、室温で保存できる。しかし、彼の小さなグループ以外は、その後の二四年間も、誰も彼の実験の事を知らなかった！(注2)

V・P・グルシュコも航空技術者で、レニングラード（現在のサンクトペテルブルグ）のロケットグループのリーダーだった。彼はロケットの燃料として、油かガソリンにベリリウムの粉末を混ぜた物を使用する事を考えたが、一九三〇年の最初の燃焼試験では、純粋なトルエンを使用した。そして、彼はクロッコと同じ物質を、独自の判断で採用した。彼は酸化剤に四酸化二窒素を使用したのだ。

VfRは、自分達のロケットの開発を始めた時には、これらの動向を全く知らなかった。オーベルトは当初はメタンを燃料に使用しようと思った。しかし、メタンはベルリンでは入手が難しかったので、最初のロケットにはガソリンと酸素を使用した。しかし、ヨハネス・ヴィンクラーはメタンを使用する構想を採用して、VfRとは独立に開発を進めて、一九三〇年末には液体酸素と液体メタンでロケットエンジンの燃焼試験を行った。しかし、メタンはガソリンより性能的には僅かしか優れていないが、取り扱いが非常に難しいので、ヴィンクラーに続いてメタンを燃料に採用する人は居なかった。

フリードリッヒ・ザンダーの行った実験は、ずっと重要な意味が有った。彼は花火製造業をしていて（黒色火薬を使用した花火を作って販売していた）、一九三一年三月に彼のロケットの発射試験を行った。彼は燃料を「炭素含有型」と呼ぶだけで、詳細については説明を避けているが、ウィリー・レイは彼の燃料は軽質油またはベンジンだっただろうと言っている。ザンダーはその中に粉末の炭素か油煙を相当量混ぜていたと思われる。花火製造業をしていたので、ザンダーが炭素を燃料に使用したのは理解できる（訳注2）。また、ヘルマン・ヌールドンク（旧オーストリア帝国陸軍のポトチニック大尉のペンネーム）は、前年にベンジンに炭素の粉末を混ぜた物を燃料にする事を提案している（これは燃料の比重を大きくし、それによって燃料タンクを小型化するためである）。ザンダーの業績で重要なのは、彼が酸化剤として赤煙硝酸（赤色発煙硝酸とも言う：ＲＦＮＡと略語で表現される事もある）を使用した事である（赤煙硝酸は、硝酸に五パーセントから二〇パーセントの四酸化二窒素を溶解させた物である）。彼の実験は、以後のロケット推進剤の開発における、一つの重要な流れの始まりとなった。

エスノー＝ペルテリは航空活動の先駆者で、航空技術者だったが、一九三一年にまずガソリンと酸素を使用するロケットエンジンを製作し、続いてベンジンと四酸化二窒素を使用するロケットエンジンを製作した。これにより、彼は四酸化二窒素を酸化剤として使用する事を、独自に考え出した三番目のロケット製作者になった。こうした事はロケット推進剤の研究では珍しい事では無く、複数の研究者が新しい物質の使用を同時に考え付いた事が何度も有った。彼がベンジンを使用したのは（グルシュコのトルエンの使用も同じだが）、少し奇妙である。ベンジンもトルエンもロケット燃料としては性能的にはガソリンと大差がなく、価格はずっと高い。エスノー＝ペルテリはその後、テトラニトロメタン（略称ＴＮＭ、$C(NO_2)_4$）を酸化剤に使用した実験を行ったが、爆発事故を起こし、指を四本失った（ＴＮＭを使用した場合、爆発事故は多い）。

レニングラードのグルシュコは、ザンダーの研究から更に進んで、一九三二年から一九三七年にかけて硝酸とケロシンを使用して、大きな成功を収めた。この硝酸とケロシンの組み合わせは、ソ連では現在でも使用されている。エスノー＝ペルテリの爆発事故を知りながら、一九三七年には、グルシュコはケロシンとＴＮＭを使用したロケットを製作し、その発射に成功した。しかし、この路線を引き継ぐ人はいなかった。

一九三一年の後半、ＶｆＲのクラウス・リーデルは新しい組み合わせの推進剤を使用するロケットエンジンを設計し、一九三二年の初めに発射試験を行った。そのロケットエンジンは、酸化剤には液体酸素を使用したが、燃料としてはリーデルとウィリー・レイが考案した、メチルアルコールと水を六対四の比率で混合した物を用いた。この燃料は性能的にはガソリンよりやや劣るが、燃焼温度がずっと低いために、エンジンの冷却が簡単で、エンジンの耐久性が向上する。ＶｆＲはこの推進剤を開発した事で、推進剤の発展に対して大きな貢献をした。この推進剤はそのままＡ‐４ロケット（Ｖ‐２ミサイル）につながり、最後まで使用された。ヴェルナー・フォン・ブラウンはロケットの燃焼に関する博士論文の作成を、一九三二年一一月にクンメルスドルフ西実験場で、陸軍の支援を受けながら開始した。ゲシュタポはＶｆＲのそれ以外の活動に介入し、ＶｆＲは一九三三年に解散した。

ウィーン大学のオイゲン・ゼンガー博士は、一九三一年から一九三二年にかけてロケットの燃焼試験を数多く実施した。彼の用いた推進剤はごく普通の組み合わせで、液体酸素（気体酸素の場合も有った）と軽質油だったが、点火には巧妙な化学的方法を採用した。彼は燃焼室に近い部分の燃料配管にジエチル亜鉛を入れ、それを現在の用語で言えば「自己着火性点火剤」として使う事にしたのだ。ジエチル亜鉛を燃焼室に噴射すると、酸素に触れた瞬間に発火する。燃料の軽質油が燃焼室に噴射された時には、燃焼室ではすでに燃焼が始まっている。彼はそれに加えて、その後も多く作成される事になる、燃料として考えられる様々な物質の特性一覧表を初めて作成した。その表には、水素から純粋な炭素に至る様々な燃料の候補物質が含まれ、それらを酸素や五酸化二窒素（無水硝酸）と組み合わせた時の性能も計算している（五酸化二窒素は不安定で扱いが難しく、実際には使用されなかった）。残念ながら、その計算では熱効率は単純に一〇〇パーセントと仮定されている。熱効率を一〇〇パーセントとするためには、(a) 燃焼室内圧が無限大、又は(b)排気は圧力がゼロの真空中に排出される、の二つの条件のどちらかを満足する必要がある。どちらの場合も排気ノズルは無限の長さが必要であり、製作不可能である（ロケットエンジンの熱効率は、通常は五〇パーセントから六〇パーセント程度である）。彼はオゾン（O_3）を酸化剤として使用する事や、ザンダーと同じく、粉末アルミニウムを燃料に混ぜる事も提案している。

その頃、イタリアのルイジ・クロッコは別のアイデアを持っていて、航空省にそれを実験するための資金提供を頼んでいた。それは一液式推進剤と言うアイデアだった。一液式推進剤は、燃料と酸化剤の双方を含む液体である。硝酸メチル（CH_3NO_3）のように、その分子中の酸素が、同じ分子中の炭素と水素を燃焼させる物も考えられるし、ベンジンと四酸化二窒素の混合液のように、燃料と酸化剤を混ぜた物も考えられる。紙の上ではこのアイデアは魅力的に思える。燃焼室に噴射するのは一種類の液体だけで良く、配管は少なく出来るし、推進剤中の燃料と酸化剤の混合比が変化する事はない。燃料と酸化剤が燃焼室内で適切に混じり合うように、噴射器（インジェクター）を設計する事で悩む必要はなく、系統全体が単純になる。しかし物事はそれほど簡単ではない！　燃料と酸化剤を一つにした推進剤は、基本的に爆発性であり、意図しない爆発を起こしやすい。

クロッコはその事は良く分かっていた。しかし、狂的とも言える勇気でもって、彼は一九三二年に、三〇パーセントのメチルアルコールを混合して、爆発性を少し弱めたニトログリセリン（爆薬その物！）を使用して、長期に渡る一連の燃焼試験を開始した。奇跡的にも彼は実験で命を落とす事は無く、爆発の危険性がもう少し少ないニトロメタン（CH_3NO_2）を燃料にする試験にまでたどり着いた。試験の結果は将来性が有りそうだったが、一九三五年には資金が無くなり、あまり有益な成果が得られないまま研究は終了した。

一液性推進剤の初期の研究者には、シラキュース大学で独自に研究を進めたハリー・Ｗ・ブルも居る。一九三二年の中頃、彼は気体酸素でガソリン、エーテル、ケロシン、燃料油、アルコールを燃焼させた。その後、彼はアルコールを濃度三〇パーセントの過酸化水素（当時、米国で入手できる最大の濃度）で燃焼させる事を試みたが成功しなかった。彼はテルペンを硝酸（おそらく濃度七〇パーセント）で燃焼させる事も試みた。一九三四年には「アタレン（Atalene）」と言う、彼が独自に開発した一液式推進剤を試したが、詳細は不明である。試験で爆発事故が起き、彼は病院に担ぎ込まれる羽目になり、研究はそこで終わった。

ベルリンの国立化学研究所のヘルムート・ヴァルター（ワルターとも表記される）は、一九三四年と一九三五年に、その頃に入手可能になった濃度八〇パーセントの過酸化水素を使用する、一液式推進剤のロケットエンジンを製作した。適当な触媒を作用させるか加熱をすると、過酸化水素は酸素と過熱水蒸気に分解し、一液式推進剤として使用できる。この発明はドイツ空軍がその軍事的な有用性を見抜いたため、一般には公開されなかった。この方式のロケットエンジンは開発が進められ、その後の数年間に様々な用途に使用が拡がった。

第二次大戦前の研究としては、GALCIT（カリフォルニア工科大学グッゲンハイム航空研究所）のフランク・マリーナのグループについても触れない訳にはいかない。一九三六年二月、マリーナは博士論文を書くための研究として、液体燃料を用いる観測用ロケットの開発を計画した。開発グループの参加者が募集され、一九三七年には全員がそろった。六名で、マリーナ自身に加え、化学者のジョン・W・パーソンズ、資金の一部を提供したウェルド・アーノルド、三〇年後に中華人民共和国の弾道ミサイル開発の生みの親と呼ばれるようになった銭学森が含まれていた。GALCITの所長で、温厚なテオドール・フォン・カルマンが研究計画全体を監督していた。

最初に必要だったのは、液体ロケットの運転方法と、燃焼試験の実施方法を知る事で、それを目指した研究作業は一九三六年一〇月から始められた。推進剤はメタノール（メチルアルコール）と気体酸素だった。しかし、他の推進剤についても検討を行い、一九三七年にはパーソンズは何十種類もの推進剤の性能を計算し（ゼンガーと同じく熱効率は一〇〇パーセントと仮定）、比較表を作成した。その比較表には、ゼンガーが検討した燃料に加え、各種のアルコール、飽和炭化水素、不飽和炭化水素、更には、リチウムメトキシド、デカボラン、水素化リチウム、トリメチルアルミニウムと言った特殊な物質も含まれていた。酸化剤としては、酸素、RFNA（赤煙硝酸）、四酸化二窒素を検討している。

研究グループが次に試験したのは、四酸化二窒素とメタノールの組み合わせだった。燃焼試験は一九三七年八月に始まった。マリーナは普通なら試験は屋外で行うべきだが、何を考えたのか機械工学部のビルの屋内で実施した。そのため、点火に失敗した時は、実験室の中はメタノールと四酸化二窒素の蒸気が充満した。四酸化二窒素は空気中の酸素と水分に反応して硝酸を生成し、建物内の高価な実験器具類に付着して、腐食させた。マリーナの評判は一挙に悪くなり、彼の実験装置とグループ員は建物から外に放り出された。この事件の後、マリーナは「自殺部隊」の隊長と言われるようになった。先駆者はいつも理解されないものだ。

それでもマリーナのグループは研究を続け、一九三九年七月にはハップ・アーノルド元帥の命により、陸軍航空隊が発注者となってＪＡＴＯを開発する事になった。ＪＡＴＯは短い滑走路から、燃料等を搭載して機体重量が重くなった飛行機を離陸させる時に使用する、離陸補助用のロケットである。

それ以後、ロケットの研究開発は軍が資金を出し、秘密扱いになった。ＧＡＬＣＩＴはマリーナが初めて爆発事故を起こした時のような、純粋な研究的性格を失い、学究的な立場ではなくなった。

第2章　ペーネミュンデとジェット推進研究所（ＪＰＬ）

フォン・ブラウンは博士論文（「ロケットの燃焼過程について」）の作成を一九三二年一一月に開始した。彼の実験は全てクンマースドルフ西試験場で行われた。クンマースドルフはベルリンの近くにある大砲の試射場で、ドイツ軍が彼のためにロケット試験設備を建設してくれた。一九三七年にフォン・ブラウンが博士号を取得すると、彼はロケット研究所の技術部長に任命された。研究所は間もなくペーネミュンデに移転した。一般的には、ナチスの宣伝用の名前であるＶ‐２と呼ばれるＡ‐４ロケットの設計と開発は、そこで行われた。

Ａ‐４ロケットの開発では、新しい推進剤の開発はほとんど行われなかった。最初から酸化剤は液体酸素で、燃料としてはアルコールと水を七対三の比率で混ぜた混合液が用いられた（ＶｆＲと同じ組み合わせ）。ヘルムート・ヴァルターの濃度八〇パーセントの過酸化水素が、推進剤を燃焼室に送り込むターボポンプの駆動用に用いられた。過酸化水素は分解室に注入されると、少量の過マンガン酸カルシウムの水溶液と混合される。過マンガン酸カルシウムの触媒作用により、過酸化水素は直ちに酸素と過熱水蒸気に分解され、その高温の気体がターボポンプ用のタービンを駆動する事で、タービンと同軸のポンプが回り、酸素とアルコールが主燃焼室に送り込まれる。

Ａ‐４ロケットは長距離用の戦略兵器であり、即時に発射が出来る設計ではない。実際の使用においては、ミサイルを直立させ、発射の直前にアルコールと酸素を注入してから発射する。しかし、ドイツ軍は即時に発射できる対空用ロケットミサイルを必要としていた。前線の監視兵が爆撃機の襲来を連絡してきた時には、対空ミサイルに液体酸素を注入している時間は無い。必要なのはミサイルに搭載しておける貯蔵可能な推進剤である。つまり、事前にタンクに注入しておいて、発射ボタンを押すまでそのまま搭載して置ける推進剤だ。液体酸素ではそれは出来ない。液体酸素は加圧しても、臨界温度のマイナス一一九℃以上では気化して減っていってしまう。

ドイツ軍が対空ミサイルの必要性を認識したのは遅かった。ドイツ軍はヘルマン・ゲーリング元帥が「もし英国がベルリンを爆撃するような事があれば、自分をゲーリングではなくマイヤーと呼んでもらいたい（そんな事はあり得ない、の意味）」と豪語した事を信じていたのかも知れない。しかし、ベルリン爆撃が始まった頃には、貯蔵可能推進剤の開発は進んでいた。その開発はまず、キールにあるヘルムート・ヴァルターのヴィッテ工場で行われた。前述のように、高濃度の過酸化水素（八〇～八三パーセント）は、一九三四年になって初めて利用できるようになった。ヴァルターはそれを一液式推進剤として用いた燃焼試験を行い、ドイツ空軍はそれに大きな関心を抱いた。米国のアーノルド元帥のように、ドイツ空軍はＪＡＴＯを使用すれば、爆撃機は通常よりも多くの爆弾を搭載して離陸が可能になる事に気付いた。一九三七年二月には、ハインケル・カデット機に、過酸化水素を推進剤とするヴァルター式のＪＡＴＯを装備して、離陸試験を行った。その年の内には、過酸化水素を用いたロケットエンジンを装備した機体が飛行した。実戦で用いられたメッサーシュミット１６３・Ａ迎撃機は、同じように過酸化水素を使用している。

しかし、過酸化水素は一液式推進剤であるだけでなく、酸化剤としても優れた特性を有している。ヴァルターは過酸化水素用の燃料に「Ｃ物質」と名付けた抱水ヒドラジン（$N_2H_4 \cdot H_2O$）を含む物を採用した（過酸化水素は「Ｔ物質」と呼んだ）。抱水ヒドラジンは過酸化物（ペルオキシド）と接触すると瞬間的に発火する（ヴァルターはこの現象を発見した最初の人間だと思われる）。Ｃ物質は、抱水ヒドラジン三〇パーセント、メタノール五七パーセント、水一三パーセントで構成され、そこに一リットル当たり三〇ミリグラムのシアン化銅カリウムを入れて、点火と燃焼用の触媒にしている。メタノールや水を使用している理由は、抱水ヒドラジンの入手が困難だったからで、そのために戦争末期になると、C物質中の抱水ヒドラジンの量は、三〇パーセントから一五パーセントに低下したほどだ。Me163B型迎撃機は、C物質とT物質を使用している。

次にロケット製作に参入した組織は、ブラウンシュヴァイク航空研究所（ARIB）だった。その研究所で一九三七年から一九三八年にかけて、オットー・ルッツ博士とヴォルフガング・C・ネーゲラート博士はC物質とT物質を使ったロケットの研究を始めた。次に、BMW社（あのオートバイと乗用車のメーカー）が、ドイツ空軍の要望によりロケット研究に参入した。第一次大戦前の有名なレーシングドライバーの従兄弟である、ヘルムート・フィリップ・フォン・ズボロウスキーが研究主任で、ハインツ・ミュラーが彼の補佐だった。一九三九年の夏に、BMW社はC物質とT物質を用いるJATOの開発契約を獲得し、数カ月、開発作業を進めた。しかし、フォン・ズボロウスキーは濃度九八パーセントの硝酸の方が酸化剤として性能が良く、入手性も良い（I・G・ファルベン社はいくらでも供給する事を保証した）と確信し、軍の上層部に酸化剤の変更を働きかけた。一九四〇年の初めには、フォン・ズボロウスキーとミュラーは硝酸とメタノールの組み合わせの研究を進め、一九四一年には推力一・四トン程度で三〇秒間の運転に成功して、彼らの考えの正しさを証明した。彼らは、酸化剤として適しているのは酸素だけだと信じていたゼンガーも説得して、硝酸も認めさせた。

その間、一九四〇年の初めに、フォン・ズボロウスキーとミュラーは非常に重要な発見をした。ある種の燃料は硝酸と接触すると瞬間的に発火する事を発見したのだ（最初に発見した燃料はアニリンとテルペンだった）。ネーゲラート博士はそれを知ると、この興味深い特性を持つ燃料の研究にBMW社を参加させた。博士は暗号名として、硝酸を「イグノル」、燃料を「エルゴル」と呼ぶ事にした。博士はギリシャ系の家系だったので、接触と同時に発火する物質をギリシャ語的な「ハイパーゴル（自己着火性物質）」と呼ぶ事にした。「ハイパーゴル」やその形容詞「ハイパーゴリック（自己着火性）」はドイツ語の用語として定着しただけでなく、英語でも、またフランスのシャルル・ド・ゴール大統領はフランス語の使用を奨励していたのに、フランス語でもこの用語が使用されている。

自己着火性の発見は重要だった。点火後のロケットエンジンを運転し続ける事は比較的容易である。穏やかに停止する事は、運転を続ける事より難しい。しかし、ロケットエンジンをうまく始動する事はとても難しい。電気式の点火装置が用いられる事もあるし、火薬を用いた点火装置もある。どちらも絶対確実にロケットを始動させるとは言えないし、取り扱いも難しいし、始動系統も複雑になり、ただでさえ複雑なロケットエンジンをもっと複雑化してしまう。推進剤の組み合わせが自己着火性なら、点火系統は不要になり、化学反応によりエンジンは自動的に始動する。全体がより単純化され、信頼性が向上する。

しかし、物事には常に表と裏がある。自己着火性の推進剤を燃焼室に噴射し、燃料と酸化剤が接触した瞬間に点火すれば、ロケットエンジンの作動が始まる。しかし、噴射された推進剤が一カ所に溜まってから着火すると、爆発が起き、エンジンや周囲を破損してしまう。こんな状況は、婉曲に「ハードスタート」と表現される。したがって、燃料と酸化剤が接触してから、自己着火性により燃焼が始まるまでの時間（着火遅れ時間）は、非常に短時間である必要がある。そうでないと、自己着火性はむしろ有害な結果をもたらす。ドイツでは、許容できる着火遅れ時間を五〇ミリ秒までとしていた。

ちなみに、記録によると、ズブロウスキーは彼の考えた推進剤を、植物の名前で呼んでいた。硝酸はハーブの一種のセージのドイツ語の名前「ザルバイ」で、燃料はバニラに似た香り成分のクマリンが抽出できるトンカ豆の名前から「トンカ」と呼んでいた。彼の扱っていた物質の臭いを考えると、それ以上不適当な名前は無いと私は思う。

着火遅れ時間を測る最初の試験は、控え目に言っても、やや原始的な試験方法で行われた。硝酸と急激な反応を起こす物質を探すために、一晩中かかって古い化学の教科書を調べた末に、ズボロウスキーとミュラーはウエス（ぼろ布）に燃料になりそうな物質を浸み込ませ、そこに硝酸を振りかけ、発火するか、発火するとしたらどれくらいの速さで燃え上がるかを調べた。その実験である事実に気が付いた。機械工場で使い古しの、油が浸みたウエスは、同じ物質を浸み込ませた新品のウエスより、ずっと速く発火する事があるのだ。会社の化学研究室はその答えを見つけてくれた。機械工場からのウエスには、微量の鉄や銅、又はそれらの金属塩が含まれていて、その触媒作用が着火を促進するのだ。そこで、彼らは濃度九八パーセントの硝酸である「ザルバイ」を基に、そこに六パーセントの塩化鉄（Ⅲ）の水和物を加え、それを「ザルベイク」と名付けた。

ウエスを用いる方法は、すぐにもう少しましな装置を用いる方法に変更された。その装置では、燃料の候補物質を一滴、微量の硝酸に滴下して、その自己着火性を観察する。これで実験室が火事になる危険性が減少した。ＢＭＷ社とＡＲＩＢのネーゲラートはそれぞれに、手あたり次第にいろいろな物質の自己着火性を調査した。ＢＭＷ社ではヘルマン・ヘメザートの指揮のもと、二〇〇〇種類以上の燃料の候補物質が調べられた。間もなく、Ｉ・Ｇ・ファルベン社のルドヴィックスハーフェン工場でも、同様な研究が始められた。残念ながら、想像力に欠けるＩ・Ｇ・ファルベン社は、燃料物質に愛称を付けず、推進剤の組み合わせにＴ93／４４１１のような番号を付ける事にした。

この三つの組織は多種多様な燃料を開発したが、硝酸に対して自己着火性を持ち、しかも入手が容易な物質は多くなかったので、それらは互いに非常に似ていた。トリエチルアミンのような第三級アミンは自己着火性で、アニリン、トルイジン、キシリジン、Ｎ‐メチルアニリンのような芳香族アミンはもっと自己着火性が強かった。試験した燃料は、単一成分の物は無く、ほとんどがアニリン系の物質で、そこにトリエチルアミンを混ぜ、更にキシレン、ベンジン、ガソリン、テトラヒドロフラン、ピロカテコールを加えた物が多かったが、他の脂肪族アミンを加える事も有った。ＢＭＷのトンカ２５０燃料は、キシリジンが五七パーセント、トリエチルアミンが四三パーセントの混合液で（これは「タイフン」非誘導地対空ロケット弾に使用された）、トンカ５００は、トルイジン、アニリン、ガソリン、ベンジン、キシリジンの混合液だった。ネーゲラートは、トンカ２５０燃料にフルフリルアルコールを混ぜた燃料を「エルゴル‐６０」と名付けた。彼はこの燃料は「最良」の自己着火性燃料だと思っていた。彼は少し羨望を込めて、フルフリルアルコールはドイツでは入手が容易ではないが、米国では入手が容易だと報告書に書いている。

燃料に適した混合物を見つけると、すぐに特許が出願された（このような出願は、特許の認定がより厳密な米国の特許法の下では、考えられない事だろう）。驚く事ではないが、研究者達、特にヘメザートとネーゲラートは、他の人達が自分の特許を盗んでいると非難し始めた。戦後の一九四六年、ヘルムート・ミュラーが米国に来てネーゲラートと再会した時、ネーゲラートはまだ怒っていて、「ＢＭＷ、特にヘメザートは僕らから多くの特許を盗んだ！」とミュラーに話している

一九四二年か一九四三年頃、Ｉ・Ｇ・ファルベン社は燃料開発の重点を、最初に研究していたトンカやエルゴルに類似の物質から、ビニルエーテルである「ヴィゾル」の系統に移した。ビニルエーテルは、硫酸一〇パーセント、硝酸九〇パーセントの混合液であるＭＳ・10と接触させると、ごく短時間に自己着火し、着火遅れ時間の温度による変化も、純粋な硝酸との場合より少ない（この温度による着火遅れ時間の変化は大きな問題だった。燃料と酸化剤の組み合わせによっては、室温では五〇ミリ秒で着火するが、マイナス四〇℃以下では一秒以上かかったりする）。また、ＭＳ・10はステンレススチールを腐食させないと、半ば盲目的に信じられてきた。それは間違っていたが、そうと分かるまでは五年間もかかった。

ヘラー博士が一九四三年に特許を取得した代表的な燃料用混合物は、ヴィゾル・1（ビニルブチルエーテル）、又はヴィゾル・6（ビニルエチルエーテル）を五七・五パーセント、ヴィゾル・4（ジビニルブタンエジオールエーテル）を二五・八パーセント、アニリンを一五パーセント、ペンタカルボニル鉄又はナフテン酸鉄を一・七パーセント混ぜた物である（ヘラーは鉄触媒を酸化剤ではなく燃料に入れる必要が有った。酸化剤は硫酸を含んでいて、鉄触媒は硫酸と反応して硫化鉄になるが、それは酸化剤の硝酸には解けない）。この燃料にはビニルイソブチルエーテルの代わりにｎブチル化合物を使用するなど、組成を変えたタイプがいろいろ有った。二〇〇種類以上の混合液が試され、その内で燃料として良好な特性を持つ物は一〇種類以下だった。「オプトリン」はアニリン、ヴィゾル、芳香族化合物に、時にはアミン、ガソリン、ピロカテコールを混ぜた燃料である。地対空ミサイル「ヴァッサーファル」はヴィゾ

ルを燃料に用いていた。

幾つかの研究機関は、ガソリン、ベンジン、メタノールに少量を添加するだけで、硝酸に対して自己着火性にできる添加剤を発見しようとした。鉄カルボニルやセレン化ナトリウムはある程度は効果が有ったが、それは研究的成果に留まり、実用化はされなかった。そうした添加剤は、生産量が少なかったり、高価過ぎたり、反応性が高すぎて危険だった。

ロケットの酸化剤として硝酸が優れているのは明らかだった。ナチス・ドイツのミサイルの多くは過酸化水素を使用する設計だったが、戦争が進むにつれて、ヴァルターエンジンを使用するXⅦ型潜水艦が、過酸化水素の生産量の全てを使用する見込みとなったのに加えて、硝酸が酸化剤として非常に良い成果を収めていたので、ミサイル用ロケットの酸化剤には硝酸が使用される事になった。この時期には、実際に使用された以外にも、多くの組み合わせについても検討が行われ、理論的な性能が計算された。こうした計算は、初期のゼンガーなどの性能計算とは異なり、燃焼室内圧力、排気圧力、熱効率、燃焼温度、燃焼ガスの解離などの全てを考慮していた。このような厳密な計算はとても労力を要した。一つの推進剤について計算するだけで、卓上計算機を使用して丸一日が必要だった。しかし、グレーテ・ランゲ博士達は面倒な計算作業を続けた。燃料としては、アルコール、アルコールと水の混合液、ガソリン、ディーゼル燃料、アンモニア、プロパルギルアルコールなど、酸化剤としては、酸素、硝酸、四酸化二窒素、テトラニトロメタン、オゾン、二フッ化酸素（OF_2）について計算したが、二フッ化酸素については特性を測定できるだけの量を入手する事は出来なかった。一九四三年には、彼らは三フッ化塩素を使用したいと思ったが、この化合物はそれまでは実験室で研究用に使用されていただけの物だった。しかし、三フッ化塩素は焼夷弾に使用するため、この頃、生産が始められていた。彼らはアンモニアを使用した時の性能や、炭素の微粉を水に懸濁させた時の性能についても計算した。

この頃、ネーゲラート博士の計算では、A‐4ミサイルの推進剤を硝酸と軽油に変更すれば、ミサイルの飛行距離が大幅に増加する事が示された。これは推進剤の性能が優れているからではなく、密度がより大きいので、燃料タンクに搭載できる重量を大きくできるからだ。この時点ではこの計算結果はミサイル開発に大きな影響を与えなかったが、A－4ミサイルの後継として計画されたA－10ミサイルは、この新しい推進剤を使用する計画だった。そして、数年後、ロシアではこの推進剤は重要な役割を果たす事になる。

酸化剤では、テトラニトロメタン（TNM）はずっと「夢の」酸化剤だった。これは幾つかの長所を持つ、優れた酸化剤である。貯蔵可能で、硝酸より性能的に優れ、密度が大きいので、燃料タンクの大きさは同じでも、搭載重量をより大きくできる。しかし、融点は一四・一℃なので、気温が下がると固く凍ってしまう。しかも、エスノー＝ペルテリが発見したように爆発しやすく、少なくともドイツの研究所で一回は爆発を起こしている。四酸化二窒素が三六パーセント、TNMが六四パーセントの共晶混合物は、マイナス三〇℃以上では凍結せず液体で、TNMだけの場合より爆発性が低い。しかし、それでも危険性が大きいとして、ネーゲラートはこの推進剤を扱わない事にして、研究室での使用を禁止した。しかし、技術者達はこの推進剤に期待していて、米国ではこの推進剤が広く使用されていると言う情報（全くの間違い）が入ると、ドイツは勇敢にもその製造に挑み、戦争が終わるまでに八トンから一〇トン程度を製造した。しかし、それを何かに利用する事はできなかった。

開発が行き詰ってしまったアイデアに、異種の状態の材料を混合した燃料がある。アルミニウムのような金属の細粉を、ガソリンのような液体燃料に懸濁させたり、泥状（スラリー）にした燃料だ。この燃料はロシアのツァンダー、オーストリアのゼンガーなど何名かの研究者が提唱し、BMW社のハインツ・ミュラーが、軽油にアルミニウムやマグネシウムの粉末を混ぜた燃料を試験した。実測した性能は悪かった。燃焼圧力は目標とする二〇気圧に届かず三・四気圧から六・八気圧だったが、これは金属粉が完全燃焼しなかったためだった。しかし、性能を除けば、試験結果は華々しかった。ロケットエンジンは水平に置かれ、斜めの壁でロケット排気を上に向けるようになっていた。ロケットエンジンで燃焼しなかった金属粉は、近くの松の木に付着したので、松の木はクリスマスツリーに使えるくらい、ぴかぴかの銀色になった。こうしたスラリー状の燃料に使うアイデアは、二〇年後に研究者達を強く引き付ける事になる。

一液式推進剤（ドイツでは「モネゴル」と呼ばれていた）の実験は、第二次大戦が終るまで続けられた。一九三七年から一九三八年にかけて、アンモニアに亜酸化窒素（酸化二窒素：N_2O）や硝酸アンモニウム（NH_4NO_3）を加えた溶液について詳しい研究がなされた（アンモニアに硝酸アンモニウムを加えた溶液は、以前から「危険薬物」と呼ばれていたくらい、爆発しやすい危険物である）。この燃料の試験では成果は得られず、何度も爆発を起こしてロケットエンジンを破損させただけだった。ペーネミュンデではヴァルムケ博士が濃度八〇パーセントの過酸化水素にアルコールを加えた液体を、ロケットエンジンの燃焼室で燃焼させようとした。ロケットエンジンは爆発し、博士は死亡した。Ｗｍ・シュミッディング社はそれでも「ミロル」と呼ぶ一液式推進剤の試験を続けた。「ミロル」は硝酸メチルを八〇パーセント、エタノールを二〇パーセントの比率で混ぜた物で、クロッコが何年も前に試したニトログリセリンとメタノールの混合液によく似ている。Ｗｍ・シュミッディング社はそれを使用した燃焼試験を何とか成功させ、非常に素晴らしい性能を確認したが、何度も爆発に見舞われ、安定して作動させる事には成功しなかった。

最後にＢＭＷ社やＡＲＩＢ（ブラウンシュヴァイク航空研究所）が「リテルゴル」と呼んでいた推進剤がある。これはオーベルトがＵＦＡ映画社と関係した時代に試みたハイブリッド方式のロケットエンジンに戻ったものだった。過酸化物又は一酸化二窒素（N_2O）を、多孔性の炭素棒を数本固定してある燃焼室に吹き込む。一酸化二窒素は発熱反応を起こして酸素と窒素に分解するし、過酸化水素は酸素と高温水蒸気に分解するので、これだけでも一液式推進剤として機能する。しかし、実験を行った研究者達は、分解で出来た酸素で、燃焼室中の炭素棒を燃焼させて推力を増やそうと考えたのだ。第二次大戦でドイツが降伏した時に、ドイツ人の研究者は占領軍に、もう少し研究を進めればこのロケットエンジンをうまく働かせるように出来ると話した。実際にはハイブリッド方式のロケットエンジンが使い物になるには、二〇年の期間が必要だった。

さて、米国国内の状況に話を戻そう。

第二次大戦中の米国のロケット推進剤の開発で最も驚かされるのは、研究開発の進め方がドイツの進め方と似ていた事だ。米国ではA－４ロケットは無かったし、高濃度の過酸化水素も使用できなかったが、それ以外の研究開発活動はドイツの研究開発活動と非常に似ていた。

第一章で述べたように、米軍のためのＧＡＬＣＩＴの最初の仕事は、陸軍航空隊の爆撃機の離陸を補助するＪＡＴＯの開発だった。ＪＡＴＯでは、陸軍航空隊は貯蔵可能な酸化剤の使用を要求した。陸軍は液体酸素で苦労したくなかったのだ。

従って、まず適切な酸化剤を選ぶ必要があった。酸素もオゾンも長期貯蔵が出来ないので、最初から除外された。塩素はエネルギー量が不足する。マリーナ、パーソンズ、フォーマンはＨ・Ｒ・ムーディ博士に支援してもらって検討作業を行い、四酸化二窒素は実用的ではないと考えた。なぜそう結論したのか理解に苦しむが、燃焼ガスも含めて毒性が極めて強い事が、採用しなかった理由かもしれない。彼らは濃度七六パーセントの過塩素酸やテトラニトロメタンも検討したが、最終的には赤煙硝酸（ＲＦＮＡ）に、四酸化二窒素を六から七パーセント混ぜた混合液を使用する事にした。彼らは開放容器で、様々な燃料物質を、この酸の混合液を酸化剤に用いて燃やしてみた。ガソリン、石油、エーテル、ケロシン、メチルアルコール、エチルアルコール、テルペン、亜麻仁油、ベンジンなどの燃料を試して、赤煙硝酸でうまく燃焼する事を確認した。更に、彼らはヒドラジン水和物やベンジンはこの赤煙硝酸の混合液と接触すると自己着火する事を発見したが、自己着火性と言う言葉を聞いた事が無かったので、この赤煙硝酸混合液を単に「酸」による着火と呼んでいた。一九三九年から一九四〇年にかけての、陸軍航空隊ジェット推進研究の報告書、ＧＡＬＣＩＴ－ＪＰＬレポート№３には、全く先見性のない意見が載っている（その頃、マリーナのグループはフォン・カルマンが所長をしているジェット推進研究所に属していた）。

「その酸の問題点は、腐食性が強い事だけだと思われる。腐食については、耐腐食性の材料を使用すれば対処できる。」と書かれていた。何と楽観的な事か！　最終的に硝酸による腐食に対する対処方法が確立されるまでに、耐食性の材料を使用しても、いかに多くの問題が生じたかを知ったら、報告書の著者達は楽観的な意見を恥じて、研究所を飛び出して、首を吊って自殺したく思ったかもしれない。

それを除けば、その報告書は当時としては立派な研究内容で、精密で正確な性能計算がなされていた。その性能計算の方法は、一九四〇年にマリーナが博士論文のために開発した方法で、当然だがドイツ人が開発した方法と本質的には同じ方法だった。この計算に必要なロケット排気の熱力学的特性のデータの初期の資料には、J・O・ハーシュフェルダー(訳注1)が一九四二年一一月に発表したものがある。

マリーナ達は一九四一年にRFNAとガソリンを使用する実験を始めたが、すぐに問題に突き当たった。その問題はとても厄介で解決が難しく、研究者達を途方にくれさせた。まず、ロケットを始動させることがほとんど不可能だった。JPLは点火用にスパークプラグを使用したが、滑らかに着火して始動するより、爆発を起こす事が多かった。もし始動したとしても、ロケットエンジンは息をついたり、唸るような音をたてたりして、結局は爆発してしまっていた。燃料に金属ナトリウムの粉末を混ぜると、着火特性は幾分改善したし、ガソリンよりはベンジンの方が幾分か始動特性は優れていたが、それでも十分ではなかった。彼らが抱えていた問題の解決方法は、米大陸の反対側の東海岸で偶然にも発見された。

ここで少し時計の針を巻き戻してみよう。一九三六年から一九三九年にかけて、ロバート・C・トゥルアックスは米海軍兵学校の学生だったが、余暇にあちこちからかき集めた材料を用いて、液体燃料ロケットを製作し試験を行っていた。彼は兵学校を卒業すると、規定により二年間の海上任務につき、一九四一年には少佐になった。彼はアナポリス技術実験場（EES）で、JATOの開発に当たる事を命じられた。海軍はPBM飛行艇やPBY飛行艇が馬力不足のため、重量が重い状態では離水が困難になる事の対策として、JATOを必要としていた。トゥルアックスもJATOの開発で、点火と燃焼が順調でない問題に直面していた。しかし、数少ない彼の部下の一人のスティッフ少尉は、ガス発生機（小型の燃焼装置で、高圧、高温のガスを発生するための装置）の実験をしていて、アニリンとRFNAを接触させると自動的に着火する事を発見した（この着火は予想もしていない時に起きるので、スティッフ少尉は眉毛を焦がさなかったのだろうかと思ってしまう）。

ともかく、フランク・マリーナは一九四二年二月にアナポリス技術試験場を訪問し、彼らの発見を聞くと、直ちにパサデナのジェット推進研究所（JPL）に電話した。JPLはすぐさまガソリンをやめて、アニリンを使用する事にした。彼らの問題は奇跡的とも思えるほど、速やかに解消された。RFNAとアニリンは接触と同時に着火し、燃焼は安定していた。四月一日には推力四五〇キログラムのロケットエンジンの運転に成功し（当時の人達はプロフェッショナルで有能だった）、四月一五日にはA20‐A中型爆撃機を、JATOを使用して離陸させるのに成功した。米国における液体燃料JATOを使用した初めての離陸だった。

トゥルアックスももちろん、その推進剤を使用した。一九四三年初頭、PBY飛行艇に推力六八〇キログラムのJATOを二本取り付け、重量オーバーの状態の飛行艇を離水させるのに成功した。

海軍のJATO開発に関係した人には、あのゴダード教授もいる。彼の製作したJATOは、一九四二年にPBY飛行艇に取り付けられて、離水させるのに成功し、海軍で初のJATOとなった。ゴダード教授は推進剤に以前からある液体酸素とガソリンの組み合わせを使用したが、JATOの開発を行っていたリアクション・モーターズ社は独創的な推進剤を採用した。

リアクション・モーターズ社は通常はRMIと略した名前で呼ばれるが、一九四一年にアメリカ・ロケット協会（ARS）の会員のジェームズ・ワイルド、レベル・ローレンス、ジョン・シェスタなどにより設立され、JATOの開発を引き受けた。彼らは最初、液体酸素とガソリンを使用した。アメリカ・ロケット協会はそれまで酸化剤には液体酸素だけを使用していた。しかし、彼らの推進剤では燃焼温度が高いので、ロケットエンジンが焼損してしまった。そこで彼らは、燃焼室に噴射するガソリンに、水を計量バルブで流量を調節して混ぜる事にした。燃焼の安定度が向上し、ロケットエンジンは壊れなくなった。この対策は、燃焼温度を低下させる方法としては、ＶｆＲ（ペーネミュンデも同じ）が採用したアルコールと水の混合液を燃料に使用する方法と比べてやや乱暴な感じがする。ＲＭＩのＪＡＴＯは一九四三年にＰＢＹ飛行艇に使用されて成功した。セバーン川で行われた試験飛行の際、ＪＡＴＯの排気で飛行艇の尾部が火災を起こした。しかし、テストパイロットは飛行艇を尾部から着水させて消火した。それはまるで、古い喜劇映画で、喜劇俳優が自分が着ているフロックコートのお尻に火がついて、それを消すために水が入ったバスタブにお尻から入ると、シューシュー音がして蒸気が立ち昇るシーンの様だった。

　アニリンとＲＦＮＡの組み合わせには、一つだけだが、重要な利点が有った。その利点を除けば、この推進剤はとても厄介な物質だった。まず、アニリンはガソリンに比べて入手が困難である。特に、戦争の際には爆発物の需要が大きいので、原料となるアニリンは手に入りにくい。第二に、この推進剤は毒性が極めて強く、皮膚からの吸収が速い。第三に、凝固点がマイナス六・二℃なので、周囲の温度が低い時には使用できない。陸軍と海軍は、珍しく口をそろえてこの推進剤に文句をつけた。しかし、それ以外の選択肢はなかった。

　この欠点に関して、相互に密接に関連する二種類の研究が、戦争が終わるまで進められた。一つはアニリンの凝固点を下げる研究で、もう一つはガソリンに添加剤を加えて、硝酸系の酸化剤に対して自己着火性にする事だった。アメリカン・シアナミド社は後者の路線で、ガソリンの添加剤を研究する契約を結んだ。ＪＰＬは、硝酸系の酸化剤の改良に取り組むと共に、両方の研究を行う事にした。ＪＰＬはこれまでは四酸化二窒素を六パーセント入れていたのを一三パーセントにしたり、ドイツの研究者の推進剤と類似だが、もう少し酸の濃度を高くした物を試した。試験した酸の混合液には、硝酸を八八パーセント、硫酸を九・六パーセント、三酸化硫黄（SO_3）を二・四パーセント混ぜた混合液も有った（これは爆薬の製造で使用される酸の混合液に非常に近い）。そして、彼らもこの酸の混合液はステンレススチールを腐食させないと思っていた。

　アニリンの凝固点を下げるには、何かを混ぜる必要があるのは明らかだった。多分、アニリンと同じくらいの自己着火性の物を混ぜるのが良いだろう。また、ガソリンを自己着火性にするには、自己着火性を持つ物質を混ぜる必要がある事は明らかだった。この両方の路線について、熱心に研究が行われた。

ＪＰＬではアニリンに、それに近い化合物のオルトトルイジンを混ぜて、共晶凝固温度をマイナス三二℃に下げる事が出来た。しかし、オルトトルイジンはアニリンと同じくらい入手が困難で、その混合液はうまく点火できたが、実用には至らなかった。より実用的な添加物はフルフリルアルコールだった。フルフリルアルコールの使用はＢＭＷ社のズブロウスキーが研究していたものだ。フルフリルアルコールはオート麦のもみ殻から取り出せるが、クエーカー・オーツ社はフルフリルアルコールをタンク車何台分も持っていて、欲しい人には喜んで売ってくれた。アニリンにフルフリルアルコールを二〇パーセント混ぜると、凝固点はマイナス一七℃に下がる。共晶溶液であるアニリンが五一パーセント、フルフリルアルコールが四九パーセントの溶液は、凝固点がマイナス四二℃になる。しかも、フルフリルアルコール自体が、アニリンと同程度の自己着火性を持つ。

ガソリンの自己着火性に関しては、ＪＰＬはアニリン、ジフェニルアミン、キシリジン、アニリンに近い他の物質など、有望そうな物を添加して試験した。各種の脂肪族アミンなど、他に可能性のありそうな物についても試験を行い、着火遅れ時間を計測した。しかしガソリンに少量を添加する事で、ＲＦＮＡやそれを混ぜた混合酸に対して、速やかに自己着火するような添加剤は発見出来なかった。一番良かった添加剤はキシリジンだったが、確実かつ速やかな自己着火性を持たせるには、ガソリンの五〇パーセントの量のキシリジンを混ぜる事が必要で、そうなると添加剤とはいえず、主要成分になってしまう。更に悪い事には、米国にはキシリジンの製造施設は無く、エアロジェット社が数年後（一九四九年）に類似の混合液を検討したが、実用には成らなかった。

アメリカン・シアナミド社も同様の経験をした。彼らは重油、軽油、ガソリンから始めて、そこにアニリン、ジメチルアニリン、モノエチルアニリン、ジエチルアニリン、精製してないモノエチルアニリン、テルペンを混ぜて試験した。ほとんどの試験は、混合酸を使用したが、ＲＦＮＡや濃度九八パーセントの硝酸（ＷＦＮＡ：発煙硝酸）を使用した試験も有った。どの試験でも、使い物になる添加物は発見できなかった。しかし、テルペンは混合酸やＲＦＮＡに対して、高い自己着火性を有する事が分かり、テルペンその物が燃料に適しそうだと分かった（テルペンを採取する、南部の薫り高い松の木には気の毒だが！）。

エアロジェット社（当初の名称はエアロジェット・エンジニアリング社）は一九四二年三月に設立されたが、この会社は実質的にはＪＰＬの製造部門の役割を果たすために設立された会社である。設立したのは、ＪＰＬのフォン・カルマン、マリーナ、パーソンズ、サマーフェルド、フォーマンと、フォン・カルマンの弁護士のアンドリュー・ハーレイだった。エアロジェット社は独自の推進剤の研究を開始したが、ＪＰＬと独立して研究を進めるようになったのは数年後だった。

エアロジェット社は精製していないＮ‐エチルアニリン（別名モノエチルアニリン）を燃料として使用する研究を、本格的に行った初めての組織だった。この物質はアニリンと同じくらい、自己着火する時間が短い。精製されていない、又は市販のＮ‐エチルアニリンは、ジエチルアニリンを約一〇パーセント、アニリンを二六パーセント、残りはモノエチルの化合物で、凝固点はマイナス六三℃である。一番の長所は、凝固点を低く出来る事だが、それまでの自己着火性燃料と同じくらい毒性が強く、入手性も悪かった。

しかし、それでも何とかするしかない。第二次大戦末期に量産されたエアロジェット社のＪＡＴＯの推進剤は、混合酸とモノエチルアニリンだった。この推進剤はリアクション・モーターズ社の、海軍の対空ミサイル「ラーク」用の推進剤と同じである。ラーク・ミサイルの開発は一九四四年に始められた。同じ一九四四年に開発が始まった、地対地ミサイル「コーポラル」は、ＲＦＮＡ、アニリン、フルフリルアルコールを混ぜた推進剤を使用した。

一液式推進剤については、戦争中は三つの組織が研究を行ったが、それはあまり大々的ではなかった。三つの組織とも、ニトロメタンの使用を検討した。まずＪＰＬが研究を行い、一九四四年頃、少量の三酸化クロム（後にはクロムアセチルアセトナートも）を燃料に混ぜると、燃焼特性が改善される事が分かった。エアロジェット社も同じ燃料を試験し、ブチルアルコールを八パーセント混ぜて爆発性を弱める事が必要な事を発見した。海軍技術試験場のトゥルアックスも同様の研究を行ったが、関係者の誰かがバルブに接続する配管を間違えたためにタンクが爆発して、危うく命を落とす所だった。ＪＰＬのデイブ・アルトマンはベンジンとテトラニトロメタンの混合液を試したが、これは当然ながら混ぜた途端に爆発した。

そうしている間に戦争は終わり、ドイツのロケット開発の状況が明らかになった。ロケット開発の動向はとても複雑になって来た。

第3章　自己着火性推進剤の研究

第二次大戦の末期、米国の技術調査隊が戦線のすぐ後方を、時には戦線を追い越しながら進んでいると、ドイツのロケット科学者達と遭遇した。科学者達は喜んで投降しようとし（そして新しい職場を見つける事を願い）、知っている事は何でも話したがった。米国の調査隊は主要な科学者の多くを確保したのに加え、ペーネミュンデの技術資料（フォン・ブラウンの技術チームは賢明にも廃坑に隠していた）やA‐4ロケット（V‐2ミサイル）の完成品や部品を入手した。若くて精力的な米国の調査隊員達は、ドイツで見つけたヒドラジン水和物、高濃度の過酸化水素は全て没収した。更に、過酸化水素運搬用のアルミニウム製タンク車も当然だが没収し、それら全てをすぐに米国へ送った。

ここまではやるべき事ははっきりしていた。次に何をするかは意見が分かれた。

アルコールと液体酸素を組み合わせた推進剤は、長距離ミサイルに使えそうだったが、米国では長距離ミサイルを作る計画は無かった。推進剤の「トンカ」や「ヴィゾル」は、米国で開発されたモノエチルアニリンや、アニリンとフルフリルアルコールの混合液より優れてはいなかった。硝酸についても、新しい発見は無かった。米国のロケット関係者は、ドイツ側もそうだったが、相手側の技術情報には目新しい物はないと思った。根拠の無い自己満足と、的外れの自信は、世界のどこでも有りうる物だ。

米国の関係者は、誘導式の弾道ミサイルが、将来は長距離火砲の代わりに使用される事には何の疑いも持っていなかった。問題は（他にも多くの問題があるかもしれないが）、開発中や計画中のミサイルの推進剤として、最適な燃料と酸化剤の組み合わせを見つける事だった。そのため、この問題に少しでも関係がある多くの人が、燃料と酸化剤の様々な組み合わせについて、それぞれが検討を行って、最も良い組み合わせを見つけようとした。ＪＰＬのレモンは一九四五年春に、彼の広範囲な検討結果を海軍に提出した。それ以降の数年間に、ノースアメリカン航空社、リアクション・モーターズ社、ランドコーポレーション、Ｍ・Ｗ・ケロッグ社など六社がそれぞれの検討結果を海軍に提出した。どこの検討結果も、既存の、あるいは可能性がありそうな組み合わせの推進剤の特性と、それを計算する複雑な計算方法がいくつも含まれていた。化学の知識がある人には予想できる事だが、全ての組織が同じ結論に達していた。

推進剤は用途別に二種類に区分された。一つは、長距離弾道弾や人工衛星打ち上げ用ロケット（すでに一九四六年には、空軍も海軍も、地球を周回する人工衛星について真剣に検討していた）に使用する推進剤だった。この用途には極低温推進剤（非常に低温にしないと液化しない物質を使用する推進剤）が適していると考えられた。この推進剤については、関係者は全員が次の内容に同意していた。

一、酸化剤としてもっともすぐれているのは液体酸素である。（「フッ素も良いかもしれないが、密度が低すぎるし、その取り扱いは極めて難しい。」）

二、燃料に関しては、性能的には液体水素が最も優れている。（しかし、液体水素は取り扱いが難しく、入手性も良くない。密度が小さいので燃料タンクを大きくする必要がある。液体水素を除けば、他の燃料は大きな差はない。アルコール、ガソリン、ケロシンは全て燃料として使用でき、取り扱いも難しくない。「しかし、ジボランやペンタボランのような物質は使えないだろうか？」それらは計算上の性能は素晴らしい。「そうだが、そうした物質はごく少なくて高価で、その上、有毒性だ。それでも……?」)

もう一つは、JATOや短距離戦術ミサイル用の推進剤だった。これについては貯蔵可能でなければならない事については意見が一致したが、それ以外については、意見が分かれた点が有った。

一、現時点で使用可能な酸化剤は硝酸、過酸化水素(米国での生産開始後)、四酸化二窒素である(しかし、四酸化二窒素と濃度九〇パーセントの過酸化水素の凝固点は、どちらもマイナス一一℃で、二月のシベリアや成層圏では……?)。硝酸または硝酸系の酸化剤が最も有力な候補と思われる。(「もし他の二種類の酸化剤の凝固点を下げる事ができたら……? また、三フッ化塩素(ClF_3)のような特殊な物質は……?」)

二、貯蔵可能な燃料については、結論はあまり明確ではない。わずかな例外的物質を除けば、使用できそうな物質の燃料としての性能には大差はない。どれを使用するかは、入手性、自己着火特性、燃焼の安定度、毒性などの、付随的な特性で決める必要がある。重要な燃料で、例外はヒドラジンだ(ドイツが使用したヒドラジン水和物ではなく、無水ヒドラジン、N_2H_4の事だ。RMIのデイブ・ホービッツは、一九五〇年にヒドラジンと酸素で燃焼試験を行った。しかし、それ以外に米国ではこの推進剤を使用した他の例は知らない。ドイツから接収したヒドラジン水和物は、無水ヒドラジンに転換してから、米国内での試験用に配られた。この転換を行った方法の一つに、ヒドラジン水和物を酸化バリウムの上を流してから、減圧して蒸留し無水ヒドラジンにする方法が有った)。ヒドラジンは有望そうな酸化剤と組み合わせた場合、自己着火性があり、燃料として比重が大きく(一・〇〇四)、性能的には他の候補となっている燃料よりずっと優れていた。しかし、凝固点は一・五℃で、水の凝固点より高い! しかも、価格は一キログラム当たり五〇ドル近い。そのため、次の二点を改良しないといけないは明らかだった。ヒドラジンの価格を下げるのと、凝固点を下げる事だ。(そこでまたペンタボランはどうかと考えてしまう……?)

誰もが同じ意見だった推進剤がある。誰もアニリンとＲＦＮＡ（赤煙硝酸）の組み合わせは、絶対に使いたくないと思っていた。ＲＦＮＡは、ミサイルのタンクに対する腐食性が非常に強いので、発射の直前に注入しなければならない。それも実際の戦場でしなければならないのだ。注入すると、非常に有毒な二酸化窒素（NO_2）の濃い蒸気が発生する。また、ＲＦＮＡは、人間の皮膚に附着すると有害であり、鋭い痛みを伴う火傷を生じる。まだいろいろあるが、硝酸系の酸化剤と、それを使いこなすための苦闘については詳しく紹介するに値するので、後でまた述べる事とする。

アニリンもほとんど同じくらい使用が難しい材料だが、硝酸系の材料より作用が激しくない。もしアニリンが人体に大量にかかった場合、すぐに除去しないと、チアノーゼを起こして、皮膚が紫色から青色になり、数分の内に死亡する。そのため、この組み合わせの推進剤が不人気なのは当然で、もっと毒性が弱く、取り扱いが容易な推進剤を要求する声が大きくなった。

ＪＰＬのカプランとボーデンは、一九四六年の初め頃、そのような推進剤を提案した。それは発煙硝酸（ＷＦＮＡ）とフルフリルアルコールの組み合わせだった。フルフリルアルコールは、他の推進剤と同程度に無害で、ＷＦＮＡの腐食性はＲＦＮＡと同程度だし、有害でもあるが、少なくとも有毒な二酸化窒素の蒸気を発生しない。二人はこの推進剤を、ＷＡＣコーポラル・ロケットのエンジンで燃焼試験を行い、燃料にフルフリルアルコールが二〇パーセント、アニリンが八〇パーセントの混合液、酸化剤にＲＦＮＡを使った場合と比較した。そして、両者の間に、性能的には計測可能な程度の差はない事を確認した。（ＷＡＣコーポラル・ロケットは気象観測用ロケットとして計画され、開発中の推力九トンのエンジンを持つ「コーポラル」短距離ミサイルの、「妹」分であり、エアロビー気象観測ロケットの先駆けとなったロケットである。）おまけに、この推進剤は、点火が速くて穏やかであり、コーポラル・ミサイルの推進剤に比較して、酸に含まれる水分の量の影響が小さい事を発見した。

同じ頃、ＲＭＩも同じような試験を行っていた。試験は全て推力一〇〇キログラムの「ラーク」ミサイル用のロケットエンジンを用いて行われ、ラーク・ミサイルの混合酸とモノエチルアニリンを用いた推進剤の性能を基準として、それとの比較で評価が行われた。ＲＭＩは三種類の燃料で試験した。八〇オクタンのガソリン、フルフリルアルコール、テルペンだ。酸化剤には硝酸系を三種類使用した。混合酸、ＷＦＮＡ、四酸化二窒素を一五パーセント混ぜたＲＦＮＡの三種類だ(注1)。ガソリンを使用した試験では、点火に自己着火性の化合物を少量使用した始動剤（ＳＬＵＧと言う）を使用した。少し意外な事に三種類の酸化剤の全てについて、始動はうまく行った。フルフリルアルコールは、混合酸ではうまく行かなかった。この組合せでは煙とすすが多く、混合酸の中の硫酸がアルコールと反応してタールや固形の燃え殻を生じ、ロケットエンジンを詰まらせた。しかし、フルフリルアルコールとＲＦＮＡ、ＷＦＮＡとは非常に良好な特性を示した。始動は基準とした推進剤の場合よりずっと滑らかだった。テルペンはＲＦＮＡやＷＦＮＡでは爆発的に着火したが、混合酸の場合は滑らかに始動した。そのため、二種類の推進剤を選んだが、そのうちの一つがこの組み合わせだった。もう一つの組み合わせはフルフリルアルコールとＷＦＮＡだった。（ＲＦＮＡの方が性能は少し良かったが、二酸化窒素の発生が問題だった！）フルフリルアルコールは取り扱いが容易だが、凝固点はマイナス三一℃で、やや高い。

一九四〇年代後半から一九五〇年代前半にかけて、他にも多くの燃料が試験された。ＪＰＬではアニリンをエタノールやイソプロパノールに溶かした燃料を、酸化剤にＲＦＮＡを使用して燃焼試験を行った。一九四九年にはＪＰＬはアンモニアの燃焼試験（酸化剤はＲＦＮＡ）も行い、その翌年には、コールとフォスターはアンモニアと四酸化二窒素との燃焼試験も行った。Ｍ・Ｗ・ケロッグ社はアンモニアとＷＦＮＡで燃焼試験を行った。一九五一年には同社のＲ・Ｊ・トンプソンが、その組み合わせは様々な用途に使用できそうだと発表した。ＲＭＩは、アンモニアとメチルアミン（アンモニアの蒸気圧を下げる効果がある）の混合液を試験し、デカボランを一・五パーセント添加すると、アンモニアはＷＦＮＡに対して自己着火性を持つ事を証明した。一方、ベンディックス社は一九五三年に、燃焼室への配管で、噴射器のすぐ上流にリチュウムの金網を置き、それを通してアンモニアを流すと、ＷＦＮＡに対して自己着火性になる事を発見した。

ＪＰＬは、ＲＦＮＡにフルフラールや、メチル化し、部分的に還元したピリジンであるテトラパイア、ペンタプリズマンのような特殊な物質を混ぜて試験を行なった事がある。これらの試験の目的は不明だし、また、ＲＭＩがシクロオクテンとＷＦＮＡの組み合わせを試験しようとした事があるが、その理由も不明である。シクロオクテンは高価であるばかりか、入手も難しいし、凝固点も高く、特に良い燃料ではない。また、ＮＡＲＴＳが、わざわざエチレンオキシドとＷＦＮＡの組合せの燃焼試験をした理由もわからない。エジソンのような独創的な研究は良い事だが、行き過ぎてしまう事もある。最も奇妙な試験は、ＲＭＩが行ったｄ‐リモネンとＷＦＮＡを使用した試験である。ｄ‐リモネンはテルペンの一種で、レモンの皮から抽出する。試験をしていると、レモン油の良い香りが、試験場全体に立ち込めた。他のロケット推進剤を燃やした時の臭いは良くないので、この試験は紹介に値するだろう。

関係者達はすぐに、様々な候補物質を組み合わせた推進剤の燃焼試験をめったやたら行う事で、その自己着火性の有無や着火するまでの速さを確認するのは、あまり良い方法ではない事が分かっては来た。研究なので、試験では成功よりも失敗が多い事はやむを得ないが、多くの組み合わせを試験した結果、燃料と酸化剤を接触させた時に、自己着火するまでの時間が遅い組み合せの方が、速い組み合せより多い事が分かった。試験用ロケットエンジンを使用する試験では、着火が遅れるとロケットエンジンを破損させるので、推進剤を選ぶため試験（スクリーニング試験）としては面倒で試験費用も高くつく。そのため、初期段階のスクリーニング試験は、試験場でのロケットエンジンによる燃焼試験よりも、実験室での試験が多くなり、多くの研究機関がそれぞれに点火遅れを調べる装置を製作した。これらの装置の大部分は、推進剤が自己着火するかだけでなく、その際の着火時間も測れるようになっていた。それぞれの装置の構造は、研究者により大きく違っていた。もっとも簡単な装置はビーカーとスポイトだけで、研究者が目視で観察する物だった。複雑な装置には、小型のロケットエンジンその物と言って良い物が有った。他の装置はその両極端の中間的な物だった。NARTSで私の上司のポール・テルリッチが考案した試験装置は、手の込んだ装置だった。彼は着火の過程を、シュリーレン撮影法（気体の密度差を撮影）で動画を高速度撮影しようとした（彼がそれで何が分かると思っていたのか、当時の私は理解できなかったし、今でもわからない）。(注2) その装置では、小型の燃焼室に、推進剤用の高速で開閉可能なバルブと噴射器が装備されていた。燃焼室には観測窓を付け、高速撮影カメラと、大半がドイツの潜水艦の潜望鏡の部品を再利用した、重量が合計一八キロにもなるレンズ、プリズムなどを組み付けた。ミルトン・シア博士が何週間もかけて、光学系を調整した。

実験の初日になった。推進剤はヒドラジンとWFNAの組み合わせだった。実験室の全員が装置の周囲に集まって、試験の開始を待った。その時、シア博士が叫んだ。「待て。酸化剤のバルブが洩れている！」

「やれ、点火するんだ！」とテルリッチが命令した。

私は周囲を見渡し、部下に実験始めの合図をした。それからそっと後に下がった。ハワード・ストライムは抗議しようと口を開けかけたがやめた。後に彼は、「テルリッチが待ちきれない顔をしていたので、僕は黙っていたんだ。」と言っている。誰かが装置の点火スイッチを押した。黄色い炎が揺らめいたかと思うと、次の瞬間、青白い閃光とともに、耳をつんざく轟音がした。燃焼室の蓋は天井を突き破って飛んで行った（その蓋は、何週間も後になって屋根裏で見つかった）。燃焼室の観測窓はどこかへ飛んで行ってしまい、一八キログラムの重さの光学ガラス系は、一瞬で粉々になった。

私は両手で口を覆って実験室から逃げ出すと、外の芝生の上に転がって大笑いした。テルリッチは不機嫌な顔をして出て来た。しばらくして私が実験室に戻ると、部下達が実験装置が載っていた机の中央部分の一・二メートルを、のこぎりで切って、どこかへ見つからないように持っていってしまったのを見つけた。テルリッチの「STIDA」が二度と再び、我々の実験室に据え付けられないようにしたのだ。

他の研究機関でも点火遅れの計測装置では問題を起こしていたが、我々の失敗ほど派手な失敗はあまり無かった。

彼らは研究結果をどんどん発表し始めた。意外な事ではないが、実験結果は研究機関ごとに違っていた。そのため、一九四五年から一九五五年の間は、それぞれの研究機関が、自分の実験結果と他の研究機関の実験結果との関係を調べるために、点火遅れに関する共同研究を各所で行った。問題点の一つは、実験装置ごとに燃料と酸化剤を混合させる速さと量が大きく異なっていた事だ。更に、着火に関する定義が実験者によって違っていた。ある実験者は、炎が識別できた瞬間を（感光素子や電離真空計、高速カメラで計測）着火の瞬間とするのに対し、他の実験者は、マイクロモーターを使用した装置で、推力が設定値に達したか、燃焼室の圧力が設計値に達した時を着火としていた。

実験者によって計測結果の数値が異なっていても、全般的には推進剤の順位付けはほぼ同じだった。Aと言う組み合わせの推進剤の着火時間の測定値がミリ秒の単位まで同じである事は無くても、AがBの組み合わせの推進剤よりは着火がずっと速いと言う事については、たいていの場合は意見が一致した。

ほとんどの目的にはそれで十分だった。結局のところ、だれもが発煙硝酸とフルフリルアルコールの組み合わせの着火は、実用上は十分な速さであり、他の推進剤を計測してそれより着火が速い事が分かれば、その推進剤はロケットエンジンで燃焼試験する価値があると思われていた。

多くの研究機関がこの研究を行ったが、ＪＰＬのドン・グリフィンと、ＲＭＩのルー・ラップは、点火時間の初期の研究で大きな成果を収めた。ＪＰＬはコーポラル・ミサイルの開発を担当したので当然だが、ミサイルのアニリンとフルフリルアルコールを混合した燃料について、多くの研究と実験を行い、一九四八年に点火遅れを最小にする組み合わせは、フルフリルアルコールが六〇パーセント、アニリンが四〇パーセントの組み合わせであると結論した。この燃料は、両者が共晶となる、フルフリルアルコールが四九パーセント、アニリンが五一パーセントの混合液に近く、開発中のコーポラル・ミサイルの燃料は、フルフリルアルコールが二〇パーセントだったのが、五〇パーセントに変更された。

また、彼らはフラン化合物と芳香族アミンが、硝酸と自己着火反応を起こす事を確認し、後者の組み合わせでは、四酸化二窒素を加えると良い事を確認した。また、彼らはアミン、特に三級アミンと、不飽和アミンの化合物が一般的に自己着火性を有し、脂肪族アルコールと飽和アミンは一般的には自己着火性を有さない事を実証した。彼らの研究の大部分では硝酸が使用されたが、一九四八年以降は、自己着火性が硝酸と同程度なので四酸化二窒素もかなり使用された。

ＲＭＩは同様な化合物の他に、フラン、ビニルアミン、アリルアミン、ポリアセチレン系の物質、C≡C—C—C≡C の炭素骨格を持つ化合物も試験した。また、ＲＭＩはシラン系の化合物の多くは、酸と接触させた時に自己着火する事を発見した。一九四八年にテキサス大学は同様な研究を行い、テトラアリルシランの三〇パーセント溶液は、ガソリンに対して自己着火性を有する事を発見した。テキサス大学は、一六年前のドイツのゼンガーと同じく、アルキル亜鉛についても試験を行った。

スタンダード・オイル・オブ・カリフォルニア社は、石油会社としてはロケット推進剤の研究に大々的に参入した最初の会社で、会社の研究部門、カリフォルニア研究所のマイク・ピノは一九四八年の秋から着火遅れの測定を始めた。

彼の研究は、最初のうちは他の研究者の研究と似ていた。彼はジエン系の炭化水素、アセチレン系の化合物、アリルアミンは、酸と接触させると、速やかに着火する事を実験で確認した（何年か後の一九五四年に、ＲＭＩのルー・ラップは初期の着火遅れ時間の実験結果をまとめて、法則性を見つけようとした。彼の主な結論は、炭化水素やアルコール類の着火では、二重結合又は三重結合部が酸と反応を起こす。もし二重結合や三重結合が無い場合は、着火前に多重結合をさせる必要がある、という事だった。後に、硝酸に関しては、この仮説の妥当性が検討される事になった）。

しかし、一九四九年にピノが、ひどい悪臭と関連する発見をした。彼はブチルメルカプタンが混合酸と接触すると、非常に短時間で自己着火する事を発見した。この発見は、スタンダード・オイル・オブ・カリフォルニア社を喜ばせた。彼らの原油には、メルカプタンと硫化物が大量に含まれていて、市販するガソリンでは悪臭のもとになるそれらを取り除く必要があるからだ。スタンダード・オイル社は、大量のブチルメルカプタンを保有していたが、それを使う用途が無かった。もしそれをロケット燃料用に販売できれば、こんな良い事はない。

メルカプタンには利点が二つ、いや三つ有るかもしれない。混合酸に対して自己着火性があり、燃料としては密度が大きい。そして、腐食性がない。しかし、性能的には炭化水素系の燃料より低く、臭いがひどい！　臭いは何とかする必要がある。臭いは、強くてこびりつきやすく、怒ったスカンクの出す臭いに似ているが、それよりもずっとひどい。その臭いは服や皮膚にしみつく。しかし、ロケット関係者はタフなので、メルカプタン入りの推進剤はロケットエンジンに使用された。しかし、臭いがしみついた作業員が帰宅しようとした時に、駐車場から全員が帰った後でしか帰らせてもらえなかったとのうわさが有る。その燃料がＮＡＲＴＳで使用されてから一〇年後でも、臭いは試験場にまだ残っていた（私はＮＡＲＴＳで、冷静な判断と言うより、感情的な動機から、悪臭の残存性について解析を行った！）。

スタンダード・オイル・オブ・カリフォリニア社のカリフォルニア研究所は、サンフランシスコ湾岸のリッチモンドに、素晴らしい研究所を持っていて、ピノは、その研究所で研究を始めた。しかし、メルカプタンを使用する研究を始めると、彼の研究グループは、研究所の建物から二〇〇メートル以上離れた、誰もいない場所の掘立小屋に追い出されてしまった。それにめげたり後悔したりせず、彼は研究を続けたが、彼が重点を置く研究テーマが変化した事は重要である。彼が次に燃料として研究したのは、石油の副産物でもなく、市販の化学物質でもなかった。彼が研究対象にしたのは、彼の研究グループが、燃料用に特別に合成した物質だった。一九五〇年代の初め頃は、要求に合わせて既存の化学製品ではない新しい推進剤を合成する場合には、技術者ではなく化学者が合成作業を行っていた。

いずれにせよ、彼はアセトアルデヒドからエチルメルカプタン（メタンチオール）を、アセトンからのエチルメルカプトルを作ったが、それぞれの骨格は次の構造だった。

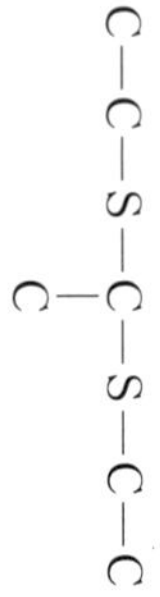
と
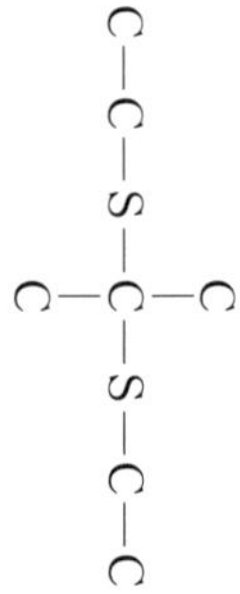

これらの物質の臭いは、スカンクの臭いほどひどくなく、ニンニクに似た臭いがした。世界中の安いギリシャ料理店の裏口で、いつも感じるあの臭いだ。彼はメルカプタンにジメチルアミン系の化合物を結合した物質まで作ってしまったが、その悪臭は言葉ではとても表現できないくらいひどかった。その化合物はハエも引き寄せた。これにはさすがにピノと彼の所の大学生達もたまりかねた。彼らはその化合物を、自分達の掘立小屋から更に二〇〇メートル離れた草の茂った湿地に、穴を掘って埋めた。数カ月後、彼らはその化合物を掘りだし、深夜にこっそりとサンフランシスコ湾に投棄した。

次の推進剤研究グループを紹介する前に、少し時間をさかのぼって、もう一つの研究活動を見てみる方が良いだろう。軍は最初から研究者達が提案する燃料は気に入らなかった。それぞれに欠点がある上に、一番良くないのは、ガソリンではない事だった。軍はガソリンを大量に保有していた。だったら、何故ガソリン以外の物を使用しなければならないのか？　しかしこれまで述べてきたように、ガソリンは燃料としては、酸化剤の硝酸との相性は良くなく、軍もそれは渋々ながら認めざるを得なかった。しかし、一九四〇年代後半から一九五〇年代前半にかけて、海軍も空軍も使用する航空機を、ピストンエンジン機からジェットエンジン機へ急いで変更していた。そのため、ガソリンに替えてジェット燃料（ケロシン）の購入を始めたので、ロケット燃料についても検討し直す事が必要になった。軍はミサイルの開発関係者に、ミサイルの燃料をジェット燃料にする事を要求した。

では、ジェット燃料とは何だろう？　その定義はいろいろだ。ジェットエンジンは燃料をあまり選ばない。燃える物で流体なら、石炭粉末から水素にいたるまで何でも使用できるか、使用できるようにする事が出来る。しかし、軍部はジェット燃料の購入用の規格を定めるに当たり、最も重要な条件は、手に入れやすく取り扱いが易しい事だと判断した。米国では燃料としては、石油系の物が最も入手しやすいし、長年使ってきているので、石油系燃料について軍は良く分かっていた。そのため、軍はロケットの燃料は石油系のケロシン（灯油）にすると決めた。

軍が規格を定めた最初の燃料はＪＰ－１だった。ＪＰ－１燃料はややナローカット型で、パラフィン成分が多いケロシンである。この規格について石油会社は、設備と原油の関係で、国内の精油所でこの燃料を作れる所は多くないので、供給量は大きく出来ないと指摘した。そのため、次に規格が定められたのはＪＰ－３燃料（ＪＰ－２燃料は実験的な燃料で、実用にはならなかった）で、その規格は緩やかで、分留温度の幅が大きいワイドカット型で、オレフィンや芳香族の含有量の制限も緩かったので、密造蒸留酒の蒸留所くらいの技術水準の精油所なら、どの精油所でも原油からその半分くらいの量のＪＰ－３燃料を作る事ができるほどだった。この規格はゆる過ぎて、沸点の低い成分を多く含む事が許されていたので、ジェット機が高々度を飛行すると、燃料が蒸発する量が多くなりすぎてしまった。次の規格では、この欠点を解消するためにカット幅が狭くされたが、芳香族とオレフィンの許容含有量（それぞれ二五パーセントと五パーセント）は据え置きだった。この規格による燃料がＪＰ－４燃料で、石油製品としては石油成金のコール・オイル・ジョニー・ロックフェラーの時以来とも言える、非常に緩やかな規格による燃料だった。ＪＰ－４燃料はＮＡＴＯの標準的な燃料に採用され、米国でもボーイング７０７旅客機からＦ－１１１戦闘機に至るまで、ほとんどの機体に使用された（ＪＰ－５、ＪＰ－６燃料も作られたが、ＪＰ－４に代わる事は無かった。ＲＰ－１燃料もあるが、それについては後で記述する）。

しかし、ＪＰ－３やＪＰ－４をロケットエンジンで、硝酸と一緒に燃焼させる事は難しかった。第一に、燃料の規格が緩いので、購入するたびに成分が異なっていた（ジェットエンジンでは、燃料は燃焼して規定の熱量を出せば、成分に何が入っているかは問題にならない。しかし、硝酸を使用するロケットエンジンではそうは行かない）。ジェット燃料は酸に対して自己着火性でないし、燃焼後にはタールのような、べたつく、様々な色をした得体のしれない化合物が残って、ロケットエンジンを故障させる。自己着火性の始動剤を使用してロケットエンジンを始動させても、ジェット燃料でうまく燃焼が続く時もあるが、たいていはうまく行かない。酸とガソリンを使用した時と同じで、燃焼は安定せず、脈動音を出してロケットエンジンは壊れてしまい、技術者は絶望の声を漏らす事になる。燃焼を安定させるために、神にすがるような気持ちで、酸に触媒を混ぜたりするなど、様々な対策が試みられた。私が聞いた中で最も風変りな実験は、ベル航空機社が行った実験だ。誰かが、音響振動がロケットの燃焼に良い影響を与えるかもしれないと思いついた。そこで彼はロケットエンジンが順調に運転されている時の音をテープレコーダーで録音し、推進剤にその音を聞かせれば、推進剤の混合状態が改善されて、燃焼が上手くいくのではと思ったのだ（この試みを非難できるだろうか？　彼はあらゆる事を試してきたのだ！）。残念ながらこのアイデアも成功しなかった。ジェット燃料がロケットに関しては適していないのは明らかだった。

こうした事情から、一九五一年の春に海軍の「石油系燃料から派生したロケット燃料の開発」計画が発足した。ただし、この名前が正式になったのは翌年だった。ジェット燃料がロケット燃料に使えなくても、石油から何かロケット燃料に使える物が作りたい（できれば安価なものを）と言う構想だった。もしくは、ジェット燃料に混ぜる事で、ジェット燃料がロケットエンジン用に使用できる物でも良い。

計画の名称は実際の内容を表していない。「派生した」は便利な表現で、海軍航空局の高官達は、自分達がどんな内容の計画を承認したのか、気付いていなかったと思う。しかし、海軍航空局のロケット部の化学者は、化学者なら時間と資金を与えられたなら、石油系燃料から、RFNAを含む、どんな有機化合物でも作り出せる事を十分に理解していた。この研究では、研究契約の受注者は、「何ができるかやって見て欲しい。良い物が出来たら、それを石油系燃料から作る方法は何とかするから！」と指示されたに等しい。

スタンダード・オイル・カリフォルニア研究所を中心とした研究に参加したのは、シェル開発、スタンダード・オイル・インディアナ社、フィリップス石油社、ニューヨーク大学の化学工学部だった。それからの二、三年間は、着火遅れの研究が続けられた。各研究機関は、自己着火性用の新しい添加物を考え出すと、他の全ての研究機関にその添加物を送った。受け取った研究機関は、それを自己着火性のない普通の燃料に混ぜて、その着火遅れ時間を計測する。自己着火性のない普通の燃料としては、トルエンやｎ‐ヘプタンが使用される事が多かったが、ニューヨーク大学はその学術的独立性を重視して、ベンジンとｎ‐ヘキサンを使用した（ＪＰシリーズの燃料は、購入するたびにその成分が一定しないので、標準の燃料としては用いられなかった）。

燃料とそれに混ぜる添加物については、シェル開発とニューヨーク大学はアセチレン系の化合物を、フィリップス石油社はアミンを重点的に研究した。スタンダード・オイル・オブ・インディアナ社は、別の方向で研究を進めた。姉妹関係のスタンダード・オイル・オブ・カリフォルニア社に対する対抗意識からと思われるが、硫黄化合物に加えて、リン化合物についても研究を行った。ホスフィンの置換体については、トリメチルホスフィン、ブチルホスフィン、オクチルホスフィン、モノクロロ（ジメチルアミノ）ホスフィンなどについて研究し、最終的にはアルキルトリチオ亜リン酸塩にたどりついた。これは$(RS)_3P$の形で表現できる化合物で、Ｒはメチル、エチルなどを示す。一番力を入れたのは、「アルキルトリチオ亜リン酸塩の混合物」で、これは主としてエチルやメチル化合物を混ぜた物である。その長所は、メルカプタンと同じで、自己着火性があり、密度が大きく、腐食性が無い事である。しかし短所もメルカプタンと同様だが、もっとひどい。燃料としての性能はメルカプタンより悪く、臭いはピノの化合物ほどはひどくないが、それでも表現する言葉がないくらいひどい。その上、その構造式はレイチェル・カーソン（訳注１）が警告をした「神経ガス」（Ｇ剤）とかある種の殺虫剤に似ている。その不安は現実となった。アルキルトリチオ亜リン酸塩を含む燃料をＮＡＲＴＳで燃焼させたところ、二人の作業員が病院に担ぎ込まれ、その二人はそれ以後、職場に復帰出来なかった。スタンダード・オイル・オブ・インディアナ社はこの物質を売り込もうと考え、一九五三年には研究会も開催したが、結局はメルカプタンと同様に、それを使用しようとする人は居なかった。メルカプタンもこの燃料も、現在では悪臭しか印象に残っていない。

アセチレン系の燃料開発の教訓ははっきりしている。二重結合、三重結合が有る事で自己着火を起こりやすくなり（ルー・ラップやマイク・ピノなどの研究による）、燃料の分子に酸化が始まりやすい部分が有る事で、燃焼を安定化させる事が期待できる。それに加えて、燃料の基礎となるアセチレン自体も、研究者達から燃料として有望な物質として注目されてきた。アセチレンは三重結合を含むので、燃焼によるエネルギー発生量が増える事で性能上は有利だが、分子中の水素原子の比率が小さい事は性能上は不利に働く。（性能の章を参照）しかし、純粋の液化アセチレンは取り扱いが危険すぎる。何の兆候も、理由もないのに突然爆発すると言う、困った性質を持っている。アセチレン誘導体ならもう少し安定した特性にできるかもしれない。そして、アセチレン誘導体を燃料にしたい理由がもう一つある。

一九五〇年代前半には、多くの人が奇妙とまでは言えないにしても、通常とは異なる推進方式を検討していた。その中にラムロケットがある。これはラムジェットの内部に、ロケットエンジン（推進剤には通常は一液式推進剤を用いる）を組み込んだ物である。ラムジェットは大気中を高速で飛行しないと作動しない。そのため、使用する際はブースト用ロケットのような別のエンジンで加速する必要がある。もしこの複合型のエンジンに組み込まれたロケットエンジンが、全体をラムジエットの作動速度まで加速できて、作動中のロケットエンジンの排気に燃焼成分が残っていて、それをラムジェットの燃料として利用できれば、ブースト用ロケットの必要はなく、ロケットだけで飛ぶ巡航ミサイルより燃費の良い巡航ミサイルを実現できる。例えば、一液式推進剤でプロピンつまりメチルアセチレンを燃焼させたとして、その燃焼生成物にメタンと炭素の微粒子が多く含まれるとしよう。その場合は、メタンと炭素の微粒子はラムジェットに流入した空気で燃焼し、水と二酸化炭素になる。こうして、二つのエンジンをうまく作動させる事ができる。（エチレンオキシド（C_2H_4O）を燃焼させた時の生成物には、メタンと一酸化炭素を多く含み、同じように使用できる。）そのため、アセチレンはラムロケットに適していると考えられた。

その上、アセチレンは石油燃料からクラッキングと部分酸化法により容易に生成できる。ニューヨーク大学とシェル開発のアセチレン利用に関する研究方針は全く異なっていた。ニューヨーク大学はアセチレンの化合物を数多く試したのに対し、シェル開発は二種類の化合物にしぼり、燃料として使用できるようにするための添加物を研究した。二種類の化合物のうちの一つは炭素骨格がC≡C—C—C—C≡Cである1，6-ヘプタジエンだった。もう一つは、2-メチル-1-ブテン-3-イン、別の表現では「イソプロペニルアセチレン」または「メチルビニルアセチレン」と呼ばれる物質で、その構造は次の通りである。

アセチレン化合物は、歴史的にいろいろな命名法があるので、混乱を起こしやすい！

彼らが詳しく調べた最初の添加物は、リントリアミド $P(NH_2)_3$ のメチル誘導体で、水素原子三個から六個をメチル基で置換した物だ。試験結果は良好だったが、着火特性を良くするには、添加量を多くする必要があり、添加物の枠を越える上に、爆発的着火を起こす事も良く有った。

次に1，3，2-ジエキサホスホラン（構造式を次に示す）の誘導体を試験し、最終的に2-ジメチルアミノ-4-メチル-ジオキサホスホランに行きついた。

この物質は、ありがたい事に、普通はもっと簡単な名前の「基準燃料２０８」と呼ばれている。この物質も、着火用の添加剤としては成功しなかったが、それまでの中では着火が速い物質の一つだった、毒性も強くなく、良い燃料

になったと思われるが、研究が進む前に状況が変わり、研究対象から外れ、今では全く忘れ去られている。

一九五一年から一九五五年にかけて、ニューヨーク大学のハッペルとマーセルは、アセチレン系の炭化水素、アルコール、エーテル、アミン、ニトリルなどの化合物を約五〇種類作り、その特性を調べた。プロピン（メチルアセチレン）のような簡単な構造（C—C≡C）の物もあれば、次に構造式を示す、多重結合が四カ所以上有るジメチルジビニルジアセチレンのような複雑な物も有った。

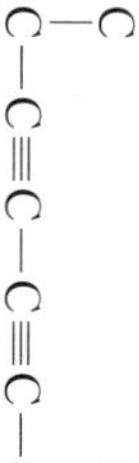

不飽和化合物の最たる物は、ブチンジニトリル（ジシアノアセチレン、N≡C—C≡C—C≡N）で、水素原子を含まず、三重結合部が三カ所有る。この物質は、不安定で、凝固点が高すぎるので、燃料には全く不適だが、一つだけ注目すべき点が有った。テンプル大学のグロス教授は（彼はいつも危険な実験を好んだ）、この物質を実験室でオゾンで燃焼させていたが、安定して燃焼している状態の燃焼温度は太陽の表面温度の六〇〇〇Kに達したのだ。

アセチレン系の化合物の多くは貯蔵性が悪く、放置するとタール状やゲル状に固まる傾向が有った。また、大気に暴露しておくと、爆発性の過酸化物を生じる。そうした酸化物の多くは、衝撃に敏感で、わずかな刺激を受けても爆発的に分解する。ジビニルアセチレンのような物質は、いつ爆発しようかと待っているかのように思える。そうした化合物の幾つかは、ロケットエンジンでの燃焼試験に成功したが（RMIはプロピン、メチルビニルアセチレン、メチルジビニルアセチレン、ジメチル‐ジビニルアセチレンを酸素で燃焼させた）、燃料として硝酸と組み合わせるには不向きだった。これらの化合物は、酸化剤と接触すると爆発する事が多かった。その事は、爆発で着火遅れ試験装置が滅茶苦茶になってしまった研究者達が証言してくれるだろう。

しかし、その内の幾つかは、一液式推進剤や添加剤としては有望で、一九五三年中頃にこの分野に参入したエアリダクション社は、プロピン、メチルビニルアセチレン、ジメチルジビニルアセチレンを一九五五年には販売用に生産した。

そうした化合物には、ＪＰ‐４燃料の添加剤に適した物が有った。一九五三年八月には、ＲＭＩはＪＰ‐４燃料にメチルビニルアセチレンを一〇パーセント加えるだけで、ＲＦＮＡとの燃焼では広い混合比で安定した燃焼をさせる事が出来、着火性も著しく改善する事を確認した。自己着火性の点火材を用いた場合も、主推進剤の燃焼への移行は滑らかに行われる。また、着火について言えば、点火剤を用いる点火装置を用いなくても、粉末着火剤を用いて容易に点火できる。他にもいくつか同様な特性の物質は有ったが、それが確認された頃には、アセチレン系の化合物は過去の遺物となり、用いられる事はなかった。

フィリップス石油社のホーマー・フォックスとハワード・ボストは、アミンについて研究を行った。アミンは石油燃料とはほとんど関係ないが、ロケット燃料として使用された事が有った（トリエチルアミンはドイツの「トンカ」燃料で使用された）。この物質はロケット燃料として有望そうだったが、体系的に研究された事はなかった。フィリップス石油燃料は体系的に様々なアミン化合物について研究した。一級、二級、三級アミンについて研究を行い、飽和アミン、不飽和アミン、アリルアミン、プロパギルアミンも研究した。モノアミン、ジアミンも研究対象で、トリアミン、テトラアミンさえ研究対象にした。彼らは少なくとも四〇種類以上の脂肪族アミンを研究したが、その中には、ヒドロキシ基やエーテル結合を含む物も含まれていた。

彼らは研究対象を三級ポリアミンに絞った。これには理由がある。三級アミンは一般的に硝酸に対して自己着火性があるので、彼らが二級ポリアミンや三級ポリアミンは自己着火性が強いと考えるのは理解できる（彼らの予想は正しかった）。彼らが研究した化合物は、１，２，ビス（ジメチルアミノ）エタンから、１，２，３，トリス（ジメチルアミノ）プロパンやテトラキス（ジメチルアミノメチル）メタンのような特殊な物質も含んでいた。この最後の化合物は、ネオペンタン分子の各角に、ジメチルアミン基がついた物と考えれば良い。付け加えれば、この化合物の凝固点は高すぎるが、分子構造が対称形である事を考えれば、それは予想できる事である。様々なアミン誘導体が合成されたが、その幾つかはこれまでの物より性能が良さそうだからと言う理由ではなく、実験担当者がこんな物を合成できるぞと自慢するために合成したのではないかと思えるくらいだ。

三級ジアミンは特に詳しく研究された。分子構造をいろいろ変えて、その化合物の特性を調べた。その一環で、次のように末端基を変化させた一連の化合物を作り、その特性を調査した。

1，2ビス（ジメチルエチル、又はアリルアミノ）エタン

又、次のように、中央部の炭化水素鎖の長さを変えた物の研究も行った。

{1，1 / 1，2 / 1，3 / 1，4 / 1，6} -ビス（ジメチルアミノ）{メタン / エタン / プロパン / ブタン / ヘキサン}

彼らはアミノ基の位置を移動させた次の物質も研究した。

{1，2 / 1，3} ビス（ジメチルアミノ）-プロパン　及び

{1，2 / 1，3 / 1，4} ビス（ジメチルアミノ）ブタン

又、次のような不飽和化合物についても研究した。

1，4ビス（ジメチルアミノ）｛ブタン
2ブテン
2ブチン

彼らはこうした変更を、順列組合せ的に適用した化合物の他に、ヒドロキシ基やエーテル結合を加えた場合も研究した。

予想できる事だが、ヒドロキシ基を結合させた化合物は、低い温度では粘性が大きくなり過ぎた（燃料用として検討されたトリエタノールアミンは、そうした性質を持つ極端な例で、そのため使用される事は無かった）。アリル基を末端基とするアミンも粘性が大きく、空気で酸化される。これも予想通りだが、これらの化合物はお互いによく似ていて、複雑な構造の物が単純な構造の物より優れている事はなかった。

どれもジェットエンジン用の添加剤としては適さなかった。添加しても燃焼特性は改善されず、大量に混ぜなければ、ジェット燃料を自己着火性にできなかった。しかし、それ自体は燃料として使えそうだったので、フィリップス石油社は、その内の四種類を燃焼試験用に空軍のライト航空開発センターに送った。それらの化合物はビス（ジメチルアミノ）型の、1，2エタン、1，2プロパン、1，3プロパン、1，3-1ブテンだった。

一九五六年にライト航空開発センターのジャック・ゴードンは、それらの化合物の特性と入手方法を確認してから、RFNAを酸化剤に用いて燃焼試験を行った。燃料としては優秀だった。点火は自己着火で行われ、エンジンは速やかに始動し、燃焼の状況は良好で、性能は良かった。飽和化合物は少なくとも熱に対しては非常に安定で、再生冷却（訳注2）に使用可能だった。

しかし、それらの化合物は、その時点でもう時代遅れになっていた。

こうした研究が行われている一方で、ヒドラジンが大きく台頭してきた。これは誰もが使いたがる燃料だった。高性能で、密度が大きく、貯蔵可能な酸化剤に対して自己着火性だった。ほぼ理想的と言って良い燃料だった。「ほぼ」ではあるが。

価格は高かったが、今もそうだが当時は、化学製品の常として、購入される量が多ければ、価格が下がる事が期待できた。触媒によって分解され易いが、燃料タンクの材料に適切な物を選び、不純物の混入、接触に注意すれば、それは大きな問題ではない。しかし、凝固点がマイナス一・五℃なのは、戦術ミサイル用としては高すぎる。軍は推進剤の凝固点の上限を、製品規格で定める事をとてもためらっていた。現実的に不可能な数字を軍が要求するのではと思われたが、軍は現実的な値を受け入れる事にして、許容温度をほとんどの用途に対して、マイナス五四℃とした（海軍は一時期、凝固点をマイナス七三℃（マイナス一〇〇℉）とする事を要求した。そんな低温でどうやって戦うかは明らかにしなかった。切りの良い数字のしたかったのではないかと思ってしまう）。

そのため、ヒドラジンの燃料としての長所はそのままに、凝固点をマイナス五四℃に下げる研究が一斉に始まった。しかし、それは不可能だった。それは予想されてはいたが、当時の我々は奇跡が起きる事を期待していたのだ。

最初から最後まで、八つの組織がその研究を手掛けた。エアロジェット社、ＪＰＬ、メタレクトロ社、海軍航空機用ロケット試験場（ＮＡＲＴＳ）、海軍兵器試験場（ＮＯＴＳ）、ノースアメリカン航空社、リアクション・モーターズ社（ＲＭＩ）、シラキュース大学の各組織だ。

最初に試験された凝固点低下用の物質は、特に意図したわけではないが、水だった。ヒドラジン・水和物（抱水ヒドラジン）は水分子を三六パーセント含むが、凝固点がマイナス五一・七℃で、水分子の量を四二パーセントにした混合液ではマイナス五四℃である。（ロシアのＶ・Ｉ・セミーシンは一九三八年に、ヒドラジンと水の比率に応じた状態図の一部を作成し、米国のモールとオードリースは一九四九年に、英国のヒルとサマーは一九五一年に状態図を完成させている。）しかし、水は燃料に添加する物質としては非常に良くない。燃焼エネルギーには全く貢献しないので、水の重量はロケットにとっては全く無駄で、ロケットの性能を低下させる。

ヒドラジンに混ぜる物としては、アンモニアは水ほど悪くなかった。F・フレデリックスは一九一三年と一九二三年にヒドラジンとアンモニアの状態図を発表している。JPLのD・D・トーマスも同じ研究を行い、その結果を一九四八年に発表している。アンモニアは水と違い、それ自体が燃料でもある。しかし、アンモニアは非常に安定な物質で、燃焼する時の発熱量はあまり大きくない。また、ヒドラジンとの混合液で、凝固点をマイナス五四℃に下げるには、アンモニアの比率を六一パーセントにする必要がある！　この混合液は性能が大幅に悪くなるばかりか、密度も小さくなるし、何より悪いのは、蒸気圧が高くなるため、ヒドラジンだけなら沸騰点は一一三・五℃なのが、混合液ではマイナス二五℃になってしまう。RMIのデイブ・ホービッツは、一九五〇年にヒドラジン、水、アンモニアの三元混合物の研究を行ったが、ヒドラジンの比率が大きくて、凝固点が十分に低い混合物は見つける事が出来なかった。水とアンモニアは、ヒドラジンの特性改善の解決策にはならなかった。

RMIで研究された添加剤には、メタノールも有る（一九四七年）。ヒドラジンが四四パーセント、エチルアルコールが五六パーセントの混合液の凝固点はマイナス五四℃であり、他の物理的特性も悪くない。しかし、その性能はヒドラジンだけの時に比べて大幅に悪い。何年か後に、後で説明する状況により、この混合液が再び注目される事になった。

エアロジェット社のドン・アームストロングは、一九四八年夏に、しばらくの間は非常に有望だとみなされた物質を提案した。彼はヒドラジンに水素化ホウ素リチウムを一三パーセント加えると、その混合液の（共晶）凝固点はマイナス四九℃である事を発見した。目標のマイナス五四℃ではないが、それでもなかなか良い値である。密度も一・〇〇四から少し減って〇・九三になる。しかし、水素化ホウ素自身が高エネルギーの化合物なので、これを混ぜても燃料としての性能が大きく低下するとは考えられない。残念ながら、彼の勝利は一時の幻に過ぎなかった。しばらくすると、この混合液は本質的に不安定である事が判明した。ゆっくりではあるが分解し続け、水素を発生するのだ。エアロジェット社はこの化合物を一九五二年には完全にあきらめたが、RMIは一九五八年まで興味を持ち続けたし、一九六六年か一九六七年になっても、ヒドラジンの凝固点を低下させるために水素化ホウ素リチウムを使用する事を提案する人もいた！　これには、自分の仕事の過去について無知である事以外の事情があるのかもしれないが、私にはその事情が何か理解できない。

同じ頃、ノースアメリカン航空社のT・L・トンプソンは、凝固点低下用に別の物質を考えたが、その物質は加熱に対して安定性が悪いという欠点があるが、最大の問題点はとても恐ろしい物質である事だ。トンプソンは青酸（シアン化水素、HCN）を一五パーセント混ぜると、ヒドラジンの凝固点はマイナス五四℃に低下する事を見つけた。しかし、青酸と聞くだけで、周囲は恐怖を感じて採用されなかった（実は、もっと有毒な物質についても、研究がなされてきたし、これからも研究されるだろうが、それが特に問題にされる事は無かった）。

同じ頃（一九四九年から一九五〇年頃）、NOTSはラーク艦対空ミサイルを開発していた。E・D・キャンベルと彼の研究グループは、そのミサイル用に凝固点が低い燃料を考え出した。その燃料はヒドラジンが六七パーセント、チオシアン酸アンモニウムが三三パーセントの溶液で、凝固点はマイナス五四℃だった。この燃料は実用可能だったが、性能はやや低く、蒸気圧が高いので使いにくい燃料だった。

一九五一年初頭、メタレクトロ社のデイブ・ホービッツ（彼はRMIからこの会社に移っていた）は、ヒドラジンとアニリンの混合液を研究して、ヒドラジンが一七パーセントしか入っていない溶液は、共融状態では凝固点がマイナス三六℃である事を発見した。彼は粘度と凝固点を下げるために、その溶液にメチルアミンを加える事にして、最終的にヒドラジンにアニリン、メチルアミンを混ぜた燃料を作り出した（この燃料の名前は、各成分の頭文字を並べたら「まずいジュース（HAMジュース）」になるのが残念だが）。この燃料は、凝固点がマイナス五〇℃だが、ヒドラジンはわずか九・一パーセントで、メチルアミンが一九・三パーセント、アニリンが七〇・一パーセントの溶液だった。この溶液の特性は詳細に調査され、燃焼試験も行われたが、ミサイル用の燃料には採用されなかった（しかし、陸軍は一九五三年にコーポラル・ミサイルのアニリンとフルフリルアルコールを混ぜた燃料に、ヒドラジンを五パーセントを加える事にし、二年後にはその比率を七パーセントに上げた）。

詳細に調査、研究が行われた添加剤に、硝酸ヒドラジンがある。これに類似のアンモニアの溶液に、ダイヴァース溶液と言われる（訳注３）、硝酸アンモニウムをアンモニアに溶かした溶液がある。この溶液は、もう何年も前から知られており、この溶液が有望なのは明らかで、何人もの研究者が同じ時期に、それぞれが独立にこの溶液を使う事を考え付いた。アメリカ海軍兵器研究所（ＮＯＬ）のドウィギンズと、ＮＡＲＴＳの私のグループはこの溶液を一九五一年に研究した。一九五三年末には、ＮＯＴＳのＪ・Ｍ・コルコランと彼の研究グループは、ヒドラジン、硝酸ヒドラジン、水の混合液について研究した。ヒドラジンが五五パーセント、硝酸ヒドラジンが四五パーセントの混合液の凝固点はマイナス四〇℃だった。目標のマイナス五四℃は、ヒドラジンが五四パーセント、硝酸ヒドラジンが三三パーセント、水が一三パーセントの混合液で実現できた。この混合物は悪くなったが、いつものように、一、二の問題点が有った。この混合液は低温では粘性が大きく、泡ができやすい性質があり、そのためロケットエンジンにポンプで送るのがうまく行かない。また、この種の混合物で水の含有量が少ない物のほとんどは、驚くほど簡単に爆発する（固体の硝酸ヒドラジンは、取り扱いを間違えると艦砲射撃のような爆発を起こす。ＮＡＲＴＳではそれを実際に体験した！）。しかし、この系統の混合液には、一液式推進剤として使える物が有り、そのため、何年にもわたり詳しく調査され、大砲の液体装薬として試みられた物も有った。

ＮＡＲＴＳの研究グループは、硝酸塩系の化合物だけでなく、凝固点を下げる目的で一九五一年に過塩素酸ヒドラジンの評価を行い、ヒドラジンが四九パーセント、過塩素酸ヒドラジンが四一・五パーセント、水が八・五パーセントの混合液は、マイナス五四℃でも液体のままでいる事を発見した。しかし、この混合物は硝酸塩系の化合物を混ぜた時より爆発しやすかった（この物質の熱安定性を調べている時に、我々のグループは爆発を起こして、試験室の天井を吹き飛ばしてしまった）。私は過塩素酸ヒドラジンの半水和物（結晶の形態をしている）から、結晶中の水分子を取り除いた無水塩を作ろうとして、自分の頭を吹き飛ばされそうになり、これは危険な化合物である事を実感した。そのため、過塩素酸系の化合物は硝酸塩系の化合物より高エネルギーではあるが、その使用は現実的ではない。それでも、シラキュース大学のウォーカーは、一年後に過塩素酸ナトリウムの一水和物を調査して、ヒドラジンを五〇パーセント混ぜた混合液の凝固点は、マイナス四六℃付近である事を見出した。彼は死亡事故を引き起こさずに、何とか試験をやり遂げた。

他にも凝固点低下用の添加物が様々な研究グループで試みられたが、どれもほとんど良い成果を上げる事ができなかった。添加剤で特性を改善する方向の行き詰まりは明らかだった。添加剤方式では、性能が下がるか、爆発で事故を起こす事にしかならない。何か新しい方向の研究が必要だった。

海軍の研究計画が突破口を開いた。一九五一年初頭、海軍航空局のロケット部は、メタレクトロ社およびエアロジェット社と、三種類のヒドラジン系の化合物の合成と、それがロケットの推進剤に適しているかを研究する契約を結んだ。

そのヒドラジン系の化合物とは、モノメチルヒドラジン、対称型ジメチルヒドラジン、非対称ジメチルヒドラジンだった。期待されたのは、それらの化合物の構造に、メチル基を追加する程度のごくわずかな変更を加えれば、発生するエネルギー量をあまり低下させずに、凝固点を低下させる事だった。

NARTSでは私も同じ事を考えて、モノメチルヒドラジンを一ポンド（四五〇グラム）手に入れる事ができた。値段は五〇ドルだった。私はそれとヒドラジンを混ぜた混合液を検討し、その年の終わりには、ヒドラジンを一二パーセント含む共融混合物（凝固点マイナス六一℃）を重点的に研究すべきだと提言した。硝酸を酸化剤として使用した時、発生熱量はヒドラジンだけの時の九八パーセントで、密度も悪くなく（〇・八九）、凝固点は低く、粘度は心配する必要が無い程度で、貯蔵と取り扱いは特に問題なかった。しかし、メチルヒドラジンは触媒による分解性が、ヒドラジンより強かった。

メタレクトロ社やエアロジェット社は、この化合物が有望そうな事にすぐ気づいた。対称型ジメチルヒドラジンは使い物にならない（凝固点がわずかマイナス八・九℃）が、モノメチルヒドラジン（以後はＭＭＨと略す）の融点はマイナス五二・四℃で、非対称ジメチルヒドラジン（以後はＵＤＭＨと略す）の融点はマイナス五七・二℃である。そして、メタレクトロ社のデイブ・ホービッツは、ＵＤＭＨとＭＭＨを60対40の比率で混ぜた共融混合物は、マイナス八〇℃になってやっと凝固するので、海軍の不可解な目標値を満足する事を発見した。その上、粘度はマイナス七三℃でわずか五〇ポアズなので、そのような低温まで使用できる。この頃、ペンシルベニア州立大学のアストンと彼の研究グループは、ヒドラジンの置換体の熱力学的特性（生成熱、熱容量、蒸発熱など）を測定し、一九五三年にはＵＤＭＨ、ＭＭＨについては必要な情報は全て確定した。

ＵＤＭＨとＭＭＨは、どちらも優れた燃料だった。そのため、どちらを重点的に研究すべきかが問題だった。ヒドラジンとその誘導体について、その性質と使用に関するシンポジウムが一九五三年二月に開かれ、その件について長時間、熱心に議論がなされた。ＭＭＨはＵＤＭＨより密度が少し大きく、発生熱量もやや多い。一方、ＵＤＭＨは触媒分解作用を受けにくく、熱安定性は非常に良くて、再生冷却にも安心して使用できる。どちらもＪＰ‐４燃料をロケットに使用する時の添加剤に使用できる。しかし、ＵＤＭＨはＪＰ‐４燃料への溶解性がより優れていて、燃料中の水の含有率が大きくても分離しにくい。どちらも硝酸に対して自己着火性があるが、ＵＤＭＨの方が着火が速い。なんと言っても、ＵＤＭＨはヒドラジンであり、第三級アミンでもあるのだ。どちらも推進剤として良好な性能を有していて、発生熱量は、第三級ジアミンや、リン酸系や硫酸系の化合物、以前からあるアニリンやフルフリルアルコールを用いた燃料より大きい。私のＭＭＨとヒドラジンの混合物は、一九五四年初頭にＮＡＲＴＳで燃焼試験が行われた。ＷＡＤＣでは、同じころにＵＤＭＨの、その少し後にはＭＭＨの、一九五五年にはＵＤＭＨとＭＭＨの共融混合物の燃焼試験を行った。どの試験も酸化剤にはＲＦＮＡが用いられた。ＪＰ‐４にＵＤＭＨを混ぜた推進剤は、燃焼が非常に安定していたので、ナイキ・アジャックス地対空ミサイルはＪＰ‐４にＵＤＭＨを一七パーセント混ぜた物を用いる事になった。置換ヒドラジン研究計画は大成功だった。置換ヒドラジンの出現により、それまでの貯蔵可能推進剤は全て時代遅れとなった。

　経済的な理由から、ＵＤＭＨを重点的に研究する事が最終的に決定された。置換ヒドラジンの最初の製造契約は、メタレクトロ社と、フードマシーン・アンド・ケミカル社（ＦＭＣと略す）のウエストバーコ・クロール・アルカリ事業部の競争になった。メタレクトロ社はヒドラジンを作る時の古典的なラシヒ法を一部変更して、顧客が希望する二種類のヒドラジンの種類に合わせて、クロロアミンをモノアミンまたはジメチルアミンと反応させる方法を用いる。提案書には、発注量に応じた価格表が用意されていた。

　ＦＭＣのウエストバーコ事業部は、別の製造方法を採用した。彼らは、硝酸とジメチルアミンを反応させてニトロソジメチルアミンを作る方法を提案した。ニトロソジメチルアミンは、簡単にＵＤＭＨに変化させる事ができる。この製造方法はＭＭＨでは使えない。そのためＦＭＣはＭＭＨを提案書から外し、初回の契約では損失が出る事は覚悟の上で、メタレクトロ社より大幅に低い見積もり金額を提出した（結局のところ、ＦＭＣのような大会社では、この契約で損失が出ても、それは問題にならない金額だった）。ＦＭＣ社は契約を獲得し、メタレクトロ社はこの分野から撤退してしまった。ＵＤＭＨに対する最初の米軍規格は、一九五五年九月に発行された。

　契約の獲得に喜んだＦＭＣ社ウエストバーコ事業部の広報部は、それを広報活動に利用する事にした。広報部門は、米軍規格の名称がどうであれ、彼らの燃料の商品名を「ジマジン（ＵＤＭＨの登録商品名）」とし、社員にはそう呼ぶ事を強制した。私はＦＭＣ社の化学者が、ロケット燃料のいろいろな関係先を回る時に、その科学者自身も、自社のＵＤＭＨはオリン・マシソン社などの他社のＵＤＭＨと全く区別がつかない事を知っているのに、会社の命令で恥ずかしく感じながら、学識豊かな相手に「ジマジン」として説明して、相手から馬鹿にされるのを見て、気の毒に思った。

　ＵＤＭＨの改善が試みられた。カリフォルニア研究所のマイク・ピノは、前述のようにアリルアミンを使った研究をしたが、一九五四年にはその研究を更に進めて、モノアリルヒドラジンと非対称ジアリルヒドラジンを用いる事を考えた。これらの化合物は興味深いが、UDMHより性能的にはそれほど優れていず、酸化や重合しやすい。ダウ・ケミカル社は少し後に、モノプロパルギルヒドラジンと、非対称ジプロパルギルヒドラジンを作った。しかし、これらもUDMHより良くなく、低温では粘性が非常に高かった。NOTSのマックブライドの研究グループは、UDMHの酸化の研究をしていて、一九五六年にテトラメチルテトラゼン$(CH_3)_2N—N{=}N—N(CH_3)_2$を見つけた。しかし、その性能はUDMHとほとんど変わらず、凝固点は非常に高かった。

そのため、数年間は、硝酸や四酸化二窒素を酸化剤とする時の燃料にはUDMHが使用された。しかし、ロケットの設計者は、設計しているロケットエンジンの比推力を少しでも大きくしたいと思うので、MMHは魅力的だった（MMHについても軍用規格が制定された！）。また、凝固点が低い必要が無い場合には、ヒドラジンそのものや、その誘導体を混ぜた物が使用された。タイタンII型大陸間弾道弾は、地下の暖房されたサイロに格納されるので、燃料の凝固点が低い必要はない。しかし、できるだけ高い性能が必要なので、燃料としてはヒドラジン単体がまず候補となった。しかし、ヒドラジンは再生冷却に用いると爆発の危険があるので、最終的にはヒドラジンとUDMHを五〇対五〇の比率で混合したものを燃料にした。この燃料を、最初に製造したエアロジェット社は「エアロジン-50」と名付けたが、エアロジェット社以外では一般に「50-50」と呼ばれている。

現在ではヒドラジン系の燃料には多くの種類があり、MAF-3（アミン混合燃料-3）、MHF-5（ヒドラジン混合燃料-5）、ハイダイン、エアロジン-50、ヒドラゾイドN、U-DETAなどがある。名前はいろいろでも、これらの燃料は、ヒドラジン、MMH、UDMH、ジエチレントリアミン（略称DETA、密度増加用）、アセトニトリル（DETAを含む混合液の粘度低下用に添加する）、硝酸ヒドラジンの内の二つ、または三つを混合した物である。ある特別な用途（サーベイヤー探査機の精密制御用バーニアスラスター）では、無水化合物より冷却性能を良くするために、MMHに水を加えて一水和物にして使用している。他の燃料としては、一九六二年の初頭にダウ社が合成した、エチレンジヒドラジン（$H_3N_2C_2H_4N_2H_3$）が有る。この化合物自体は、凝固点が一二・八℃で、特に役立つものではないが、その密度が高い（一・〇九）ので、密度を高めるための添加剤としては、ＤＥＴＡよりは優れていると思われる。

こうして、現在ではロケットの設計者は、信頼性が高く、取り扱いが容易で、入手性も良い高性能燃料を、自由に選択して使用できる。どの燃料を選ぶか、それとも必要に応じて自分で混合して作るのかは、対象とするロケットの個々の要求条件による。今や設計者は自分の選んだ燃料が、自分の予測通りに機能する事が分かっている。これは、少なくとも、技術の進歩と言えるだろう。

第4章　自己着火性推進剤用の酸化剤

一九四五年頃は、ＲＦＮＡ（赤煙硝酸）はそれを扱う人達からひどく嫌われていた。それには理由がある。まずＲＦＮＡは極端に腐食性が強かった。例えば、ＲＦＮＡをアルミニウム製のドラム缶に入れたとしよう。周囲の温度が高い間は、特に変わった事は何も起きない。しかし、周囲の温度が下がると、ぬるぬるしたゼリー状の白い浮遊物が現れ、ゆっくりとドラム缶の底に沈殿する。この沈殿物はドロドロしていて、ロケットエンジンの燃焼室でドラム缶に入っていた液体を噴射器から噴射しようとすると、噴射器を詰まらせてしまう。これは硝酸アルミニウムの化合物が水に溶解した物と思われる。この沈殿物は困った物だが、その成分を明らかにする事は難しかった。

ＲＦＮＡをステンレス（材質としてはＳＳ・３４７が最善）のドラム缶で保存しようとすると、もっとひどい結果になる。アルミニウムのドラム缶より腐食が速く進み、ＲＦＮＡの色は不気味な緑色になり、燃料としての性能が大きく低下する。ドラム缶内の液体の成分が大きく変化する事が分かると、この現象を理解できるようになった。一九四七年の年末に、ＪＰＬは二種類のＲＦＮＡについて次に示す調査結果を発表した。一つは製造業者から納入された直後の新しいＲＦＮＡの調査結果で、容器のドラム缶はまだほとんど腐食していない状態だった。もう一つは「古い」ＲＦＮＡの調査結果で、数カ月間、ＳＳ・３４７製のドラム缶に保存してあった物だ。調査の結果は一目瞭然だった。もし私自身の経験が当てはまるのであれば、ドラム缶の底には、謎の成分の、水に溶けない沈殿物が少し溜まっていたはずだ。このような沈殿物を生じる酸は、肥料の製造には役立つかもしれないが、ロケットの推進剤には適さない[注1]。

成分	新しい酸	古い酸
硝酸（HNO_3）	九二・六パーセント	七三・六パーセント
四酸化二窒素（N_2O_4）	六・三パーセント	一一・七七パーセント
硝酸鉄（Ⅲ）（$Fe(NO_3)_3$）	○・一九パーセント	八・七七パーセント
硝酸クロム（Ⅲ）（$Cr(NO_3)_3$）	○・○五パーセント	二・三一パーセント
硝酸ニッケル（Ⅱ）（$Ni(NO_3)_2$）	○・○二パーセント	○・七一パーセント
水（H_2O）	○・八三パーセント	二・八三パーセント

従って、ＲＦＮＡはミサイルのタンクには長期間入れたままにしておけない。入れたままにしておけば、使い物にならなくなる。ＲＦＮＡは発射直前に搭載しなければならない。つまり、戦場で注入作業をしないといけないと言う事だ。

これは全く困った事だ。ＲＦＮＡは皮膚や肉を、ピラニアのように貪欲に攻撃する（私は自分の腕にＲＦＮＡを一滴垂らした事があるが、その傷跡は一五年以上後になってもまだ残っている）。ＲＦＮＡを容器に注ぐと、毒性の強い二酸化窒素（NO_2）の、濃厚な蒸気を発生する。それを吸い込んだ人は、数分間咳き込んだ後、もう大丈夫だと言うかもしれないが、翌日にはばったりと倒れて死んでしまうかもしれない。

そのため、推進剤を扱う人は防護服（これを着るとひどく暑くて動きにくいので、事故を防ぐよりもそれで事故を起こす事が多いかもしれない）や、顔面を保護するフェイスシールドを着用する必要があり、ガスマスクや自給式呼吸装置を付けなければならない事も良くある。

ＲＦＮＡの代わりの酸化剤には、発煙硝酸（ＷＦＮＡ）を主成分として、そこに硫酸を一〇パーセントから一七パーセント加えた、混合酸も考えられる。混合酸は、推進剤としてはＲＦＮＡより性能がやや低い（硫酸は安定なのと、硫黄分子が重い事が影響）が、密度的には他の酸より少し優れている。そしてこの混合酸は多くの燃料に対して、自己着火性が非常に良い（私の実験室に就職したい人が来た時に、この性質を利用する事が有った。私が実験室のスタッフに目立たない合図をすると、彼は古いゴム手袋の先をこの混合酸が一〇〇cc入ったフラスコに入れてから、後ろに下がる。ゴム手袋は膨れ上がったかと思うと、次の瞬間には音を立てて、ロケットの排気のような炎がフラスコから噴き出す。その時の反応を見て、就職希望者が推進剤の研究に適した性格かどうかを判断していた）。混合酸は二酸化窒素の蒸気は発生させないし、一九四九年当時には、誰もそれがステンレススチールを腐食させるとは思ってもいなかった。一九四九年に海軍はこの混合酸を入れるためのドラム缶を数百本と、タンクローリーを何台か購入した。どちらもＳＳ‐３４７ステンレス製で値段は高かった（ドラム缶は一本が約一二〇ドルだった）。

皆が間違っていた。この混合酸は、最初のうちはステンレススチールを腐食させなかった。しかし、しばらくすると（数分の事もあれば何か月の事もある）、混合酸の組成（特に水の含有量）、気温や容器のそれまでの使われ方、その他の何だか良く分からない原因で、腐食が始まり、急速に進展する。最終的な結果はＲＦＮＡの場合よりひどい。混合酸の状態が悪くなり、ドラム缶が駄目になるばかりか、おぞましい外観の、濃厚で暗い緑色がかった灰色で、組成が不明な浮遊物が底に沈殿する。私はこの混合酸のドラム缶で、底に三〇センチも沈殿物が溜まっているのを見た事がある。もっと悪い事に、ドラム缶やタンクローリー内の圧力が徐々に上がるので、圧力が上がりすぎないように、内部の気体を時々、外に逃がす必要がある。混合酸に吸収された水分（混合酸は吸湿性が強い）は腐食を加速する。海軍の高価なタンクローリーとドラム缶は、二年もしない内に、廃棄処分になった。

もう一つの候補はＷＦＮＡ（発煙硝酸）だった。これは容器に注いだ時に、有害な二酸化窒素を発生しない。しかし、凝固点は許容できないほど高い（純粋な硝酸の凝固点はマイナス四一・六℃で、市販のWFNAはもう数度低い）。WFNAはRFNAと同じくらい腐食性が強く、燃料に対する自己着火性はRFNAより弱い。そして、WFNAは別の欠点を隠し持っていた。以前から、WFNAを入れた容器は、徐々に内圧が高くなるので、時々圧力を逃がす必要が有る事は知られていた。しかし、その圧力上昇は容器の腐食が原因だと思われていて、それについて深くは検討されていなかった。しかし、一九五〇年代前半に、圧力上昇の原因が疑問視されるようになった。研究者はWFNAをガラス製の容器に入れ、暗い場所に置いた（光が化学反応を促進して実験結果の解釈が難しくなるのを防ぐため）。驚いた事に、ガラス容器に入れた時の圧力上昇は、アルミニウムの容器に入れた場合より大きかった。硝酸、つまりWFNAは、本来的に不安定な物質であり、放置しておいても自然に分解するのだ。これは本当に困った性質である。

四番目の候補は四酸化二窒素（N_2O_4）だった。これは有毒な物質であるが、それを戦場で取り扱わなくてすむなら、有害な事はあまり大きな問題ではない。そして、水を吸収しないように注意すれば、四酸化二窒素はたいていの金属に対して、腐食性は無い。保存容器はアルミニウムやステンレススチールである必要はなく、通常の軟鋼の容器で良い。そのため、ミサイルの製造工場で、四酸化二窒素をミサイルのタンクに入れたら、そのままにしておけるので、ミサイルの操作関係者は四酸化二窒素を見たり、匂いを嗅いだり、吸い込む事はない。しかも四酸化二窒素は貯蔵しても全く安定していて、容器の圧力が上昇する事はない。しかし、その凝固点はマイナス九・三℃で、軍はそれは許容できなかった。

こうして、四種類の酸化剤が見つかったが、どれにも難点があり、満足して使用できる物はなかった。この状況は「酸化剤競争」と言えるものであり、約五年間続いた。ロケット業界の化学者の多くが研究に取り組んだが、他の分野の化学者でも研究に取り組む人がいた。

関係者全員にとって、避けて通れない課題が多かった。その結果、多種多様な研究が進められたが、時には相反する方針に沿った研究も有った。幾つかの研究グループはWFNAの凝固点を下げる事に直接的に挑戦し、凝固点を妥当な温度まで下げるため（中にはマイナス七三℃などと言うきびしすぎる温度を目指したグループも有ったが）、多くの種類の添加剤を試した。ベル航空機社のＲ・Ｗ・グリーンウッドと、ＮＡＣＡルイス飛行推進研究所のＲ・Ｏ・ミラーの二人は、硝酸アンモニウム、硝酸塩の五〇パーセント水溶液を検討した。ライト航空開発センター（ＷＡＤＣ）が勧めた濃度七二パーセントの過塩素酸（無水過塩素酸は取り扱いがあまりにも難しすぎる）、硝酸カリウムの五〇パーセント溶液（固形の硝酸塩はＷＦＮＡにはほとんど溶解しない）も検討した。二人は凝固点を目標値まで下げる事には成功したが、その代償は大きすぎた。ロケットエンジンの点火は遅く、爆発的になる事もしばしばだった。燃焼は許容できないほど不安定だった。そして、硝酸カリウム溶液は、思いもよらなかった難点が有った。硝酸カリウムを燃焼させると、排気の噴流には高濃度のカリウムイオンと自由電子が含まれたプラズマが含まれ、電波を吸収してしまうために、ミサイルをレーダーで追尾し誘導する事が全くできなくなるのだ。グリーンウッドは、無水酢酸、２，４，６トリニトロフェノール（ピクリン酸）などの有機添加剤を試験したが、成果は得られなかった。硝酸は無水酢酸と反応するし、トリニトロフェノールは強力な爆薬であり、それを推進剤としてロケットに搭載するのは、あまり歓迎できる事ではない。

カレリー化学社のＷ・Ｄ・シェクターは、冷静な判断と言うより、冒険的な勇気から無水過塩素酸を試験したが、危険でない程度までの添加量では、意図通りに凝固点を低下させられない事が分かった。彼は過塩素酸ニトロニウムも試験したが、凝固点はほとんど下がらず、混合物はＷＦＮＡだけの時より不安定で、腐食性が非常に強かった。彼はスタンダードオイル・オブ・インディアナ社のＡ・ズレッツと同じく、添加剤としてニトロメタンも試験した。ズレッツはエチルアルコールや、２プロピルアルコールの同族体も試験した。ニトロメタンはその性質上、凝固点を下げるには最適の物質で、特に問題なく凝固点をマイナス七三℃まで下げる事ができたが、ニトロメタンを混ぜた混合液は、あまりにも爆発しやすく実用にはできなかった。

カリフォルニア研究所のマイク・ピノは、亜硝酸ナトリウム（凝固点を下げる効果は有ったが、硝酸とゆっくり反応して硝酸ナトリウムを生成し、それが沈殿する）、ヘキサニトロコバルト（Ⅲ）酸ナトリウムを試験し、それを四パーセントと水を一パーセント加えると、凝固点は無水化した酸より低下してマイナス五四℃になる事を発見したが、水の比率を調節しても目標のマイナス七四℃は実現できなかった。彼は着火遅れに対する水の影響（悪い側に作用）を非常に重視していて、水を多く含む混合液は避けるようにしていた。この混合液は安定性も悪かった。そこで、彼は研究の方向を変えて、混合酸を試験する事にした。彼はそれまでにニトロシル硫酸（$NOHSO_4$）を試験した事があり、凝固点を下げるには硫酸より効果があるが、沈殿物はより多くできる事を発見していた。彼は研究対象をアルカンスルホン酸、なかでもメタンスルホン酸に重点を置いて、ＷＦＮＡにこの化合物を一六パーセント加えると、凝固点はマイナス五九℃までしか下がらないが、その温度より相当低い温度まで過冷却状態で凝固しない事を発見した。この混合液は有望そうだった。この混合液は、彼がその当時想定していた燃料（アリルアミンとトリエチルアミンの混合物）に対して、着火特性は良好だった。腐食性はＷＦＮＡや通常の酸の混合液に比較して、同等または少し弱かった。そして大きな長所が一つ有った。沈殿物を生じないのだ。同じ頃（一九五三年）にノースアメリカン航空社でも同じような酸の混合物が研究されていた。彼らはメタンスルホン酸の代わりに、フルオロスルホン酸を使用し、その特性のほとんどは他の酸の混合物とよく似ていた。しかし、当時はだれもこの混合物に注目しなかった。

研究者の多くは、ＷＦＮＡについてはその凝固点よりも着火遅れに興味を持っていて、水分含有量が着火遅れに及ぼす影響を正確に知るために、できるだけ水分含有量の低い酸を入手したいと思っていた。アライドケミカル・アンド・ダイ社の汎用化学事業部が、そうした酸を供給できる能力があり、提供してくれた。彼らの酸の製造施設は非常に優秀で、水分含有量が一パーセント以下の酸を作ってくれた。特別に注文すれば、容量五三リットルのガラス容器に入ったその酸を、保護用のアルミニウム製のドラム缶に入れて送ってくれた。酸が到着すると、酸の容器は冷蔵庫内に保管する。酸が自然に分解するのを防ぐためには、温度は低いほど良いからだ。

この「無水化」した酸を用いた研究により、ＷＦＮＡにおける着火遅れには、含有水分量の影響が支配的である事がはっきりした。他の要因はほとんど影響しないのだ。

ミサイルの発射に失敗しないためには、酸をミサイル注入する前に、その水分含有量を知る事が必要な事は、疑問の余地がなかった。戦場の現場に化学分析施設を設置するのが非現実的なのも明らかだ。硝酸を「現地で分析」する方法に対する要求が強くなった。軍が望むのは、小さな計測器に酸の試料を入れれば、その酸が使用できれば緑のランプが、使用できない場合は赤のランプが点灯する事だ（計測センサーを試料に向けるだけで合否が判定出来ればもっと良い）。

この様な計測器を作る事は、易しい事ではない。しかし、二人の科学者がその開発に取り組んだ。

一人目は空軍の依頼を受けた、サザンリサーチ研究所のＬ・ホワイト博士だった。彼は単純で直接的な計測器を考えた。硝酸中に溶解している水は、近赤外線領域で吸収線を示す。酸の試料に、適切な波長の赤外線を照射し、吸収率を測定すれば水分含有量が分かる（赤外線領域の別の吸収線が、四酸化二窒素の含有量の測定に使用できる）。すっきりとしていて簡単で、ロケットの整備員ならだれでも使用できる。

しかし、実際にはそうは行かなかった。予想されたように（予想以上にと言うべきかも）、酸とその蒸気の腐食性が強いために問題が生じた。酸や蒸気で計測器が駄目になってしまうのだ。更に、もっと困った事が明らかになった。ホワイト博士は、水を含んでいないとされている酸の試料を、いくつも集めた。それを計測してみると、存在しないはずの、近赤外線領域の吸収線が観測されたのだ。水が含まれている時の吸収線そのものだ。硝酸はそれまで皆が考えていたより、もっと複雑な特性を持っているように思われた。

実際、硝酸の特性は複雑だった。純粋な硝酸がここに有ったとしよう（どうやってそれが手に入るかは問題だが）。それを単に、HNO_3だと言って済むだろうか？　そんな簡単な事ではない。一九三〇年代の、インゴールドとヒューズ、ダニングなどの研究によれば、HNO_3は各成分と次の平衡状態を保っている。

$$2HNO_3 \rightleftharpoons NO_2^+ + NO_3^- + H_2O$$

従って、完全に「無水」の硝酸でも、多くではないが少しは「ある種」の水を含む事になる。そのため、知りたかった「数値上」の水分含有量と、吸収線の程度との関係は単純な比例関係ではなく、多くの酸の試料から校正曲線を求める必要がある。ホワイト博士はその作業に取り掛かった。

ＮＡＲＴＳで海軍の仕事をしていて、私も別の含有水分計測器を製作した。私は酸の電気伝導率で計測する方法を用いる事にした。純水に硝酸を加えていくと、奇妙な現象が起きる。電気伝導率は純水ではゼロだが、硝酸の量を増やして行くと、電気伝導率は上昇し約三三パーセント付近で緩やかに最大値に達する。そこから更に硝酸を加えると電気伝導率は減少し、硝酸の量が九七・五パーセントで最小値に達する。ところが、そこから更に硝酸を加えると、硝酸が一〇〇パーセントになるまで電気伝導率は上がって行く。さらに、ややこしい事には、酸の中に四酸化二窒素があると、電気伝導率が変化する。四酸化二窒素（N_2O_4）の一部はNO^+とNO_3^-のイオンに分かれるからだ。

一九五一年春、私は失敗を重ねた後、次の方法を採用した。酸の検査用標本を三つに分ける。一番目の標本はそのまま。二番目の標本は酸五〇ccに水を二・五ccだけ加える。三番目の標本は酸一〇ccに対して水を三〇ccと、もっと水で薄める。三つの標本全ての電気伝導率を測定し、二種類の比を計算する。一番目の標本と二番目の標本の電気伝導率の比と、二番目の標本と三番目の標本の電気伝導率の比の二つだ（こうした比を利用する事で、伝導率を計測する電気伝導率セルのセル定数を計算に入れなくてよいし、温度変化の影響も除外できる）。酸の中の水と四酸化二窒素の含有量は、原理的にはこの二つの比から計算できる。もちろん、この方法を用いるに当たっては、組成が分かっている一五〇個程度の試料について、電気伝導率を計測して、計算値に対する補正係数を算出した。

それでは、どうやって酸の組成を知る事が出来るだろう？　もちろん、分析によってだ。だれでもそう思うだろう。だから、計測器を作った時、計測結果を正確に補正できるほど硝酸が精密に分析されていない事を知って、計測器の製作者としては驚きを感じた。

計測値を補正するために補正係数は、正確に決める必要がある。しかし、硝酸に含まれる水の比率を、〇・一パーセントの精度で測れた人はいなかった。四酸化二窒素の含有量を正確に測定するのは簡単だ。硫酸セリウムを用いた滴定法で短時間に正確に測定できる。しかし、水分含有量を直接的に正確に測定できる方法はない。硝酸の含有水分量を求めるには、まず酸全体の重量（HNO_3 と N_2O_4 を合計した量）から、四酸化二窒素の重量を引く。わずかな量を引き算で求めるので、誤差が大きい。

調べた結果、四酸化二窒素が〇・七六パーセント、硝酸が九九・二±〇・二パーセントだったとしよう（酸の比率が〇・二パーセントの精度で分かるのは大変な事だ！）。そうすると水分の比率はいくらになるだろう？　〇・〇四パーセント、それともマイナス〇・一六パーセントとか〇・二四パーセントだろうか？　どうとでもいえる。この範囲ならどの数字でも良い。

水の含有量を直接的に測定する方法を見つける試みが数多く行われたが、どれも失敗だった。私はともかく単純な方法にしたいと思い、現場で計測値を補正できるよう、昔からの方法を手直しして用いる事にした。考えられる誤差の要因は全て調査した。そして、古典的な中和滴定法で、正しい方法で行わないと、間違った結果になってしまう事が多いのを知って驚いた。自分が失敗するまで、誰もそれを信じないだろう。例えば一・四規定度の水酸化ナトリウム（NaOH）が二〇リットル有る場合、全体の濃度の差を一万分の一以内にするためには、溶液を一時間は撹拌しなければならない。また、空気が保管容器にはいった場合、同じ溶液のトラップで容器内の気泡を抜かなければならない。もし空気が残ると、空気の中の水分が水酸化ナトリウム溶液の表面を薄めるので、測定結果がおかしくなる。また、その一・四規定度のアルカリ溶液で、フェノールフタレインで滴定の終点に達した時、〇・一規定度の塩酸で、溶液のピンク色が識別できる限界まで逆滴定を行うと良い。信頼できる結果を得ようとするなら、こうした細かな気配りが必要である。

分析作業で最も重要な改善は、滴定用の特別製の、二五℃の温度を一定に保つ、精密ビュレットだった（一・四規定度の水酸化ナトリウムの熱膨張係数はまだ正確には分かっていず、もし分かっていたとしても、その補正を間違えないようにする必要がある！）。私の精密ビュレットは、エミルグレイナー社製で、価格は一本が七五ドルだった。このビュレットはとても役立ったので、他の研究機関の人が私から借りて行って、嘆かわしい事に、返してくれない事が何度も有った（注2）。

この作業はほとんど一年間を要したが、その結果、酸の中の水の量は、〇・〇二五パーセントまで測定できるようになった。そして、測定結果が出るまでの時間も、一年前の精度の低い測定より長くかかる事は無かった。

その後は、補正係数を求める作業は順調に進んだ。全く水を含まない硝酸を入手しようとする時に苦労しただけだ。水を含まない硝酸を作る古典的な方法は、WFNAに五酸化二リン（P_2O_5）を混ぜ、脱水された酸を減圧下で蒸留する方法だ。これはとんでもなく厄介な作業で、三時間かけて無水化された酸がやっと一〇ccできる。しかも、我々の場合は一〇ccでなく何リットルも必要なのだ。そこで、我々はもっと楽で、神経を使わなくて済む方法を考え付いた。大きなフラスコに、一〇〇パーセントの硫酸を入れ、それからその三倍の量のWFNAを入れる。その後、フラスコの温度を約四〇℃に保った状態で、そこに乾燥空気を吹き込む。フラスコから出た空気から、硝酸を凝縮させてできるだけ多くの量を回収する。この作業を夕方に始めると、翌朝には無色透明な酸が一、二リットル出来ている（四酸化二窒素は全て蒸発して除去されている）。この酸を冷凍保存する。この蒸留した液には酸が九九・八パーセントから一〇〇パーセント以上含まれている（重量的に酸が一〇〇パーセント以上になる場合には、当然、五酸化二窒素（無水硝酸：N_2O_5）が含まれている）。この方法は極めて効率が悪い。吹き込んだ空気と共に逃げる酸が多いので、回収できるのは三分の一だけだ。しかし、使用する酸の値段は一ポンド（四五〇グラム）当たり九セントなので、誰が気にするだろう？

ホワイト博士は一九五一年末に、水と四酸化二窒素の含有量の光学的測定方法についての論文を発表した。私も自分の電気伝導率で測定する方法を、ホワイト博士の九カ月後に発表した（注3）。どちらの計測器も問題なく使用できた。そして、当然ながら誰もがWFNAの着火遅れの研究に対して興味を持たなくなった。

他にも、純度を高めた硝酸の分析に関して、いくつかの問題が有った。ＷＡＤＣのハリス博士は、ＲＦＮＡの分析試料を入れる、ガラスとテフロン製の、巧妙な構造の容器を開発した。この容器を使えば、試料の酸の滴定を行うために希釈する時、四酸化二窒素が失われるのを防ぐ事ができ、ＷＦＮＡを分析するのと同程度の精度で分析ができる。私は混合酸と、マイク・ピノのＷＦＮＡとメタンスルホン酸の混合液を分析する方法を考案した。この二つの内容については、我々が必要な成果を得るために、どんなに大変な手間を掛ける必要が有ったかを紹介するためだけにでも、ここで説明する事を許していただけるだろう。どちらの場合も、四酸化二窒素と酸の総量は、改善されたＷＦＮＡ分析方法と同じくらい正確に求める事ができる。問題は添加剤として加えた酸の量だ。混合酸の場合は、試料中の硝酸の大部分は、ホルムアルデヒドで破壊され、生成されたギ酸はメタノールと反応してギ酸メチルの形で蒸発する。（この蒸気はいつも簡単に発火して、青い炎を上げて華々しく燃える。）残った溶液は水と１‐プロパノルを沸騰させた中に注ぎ、酢酸バリウムを用いて導電率滴定を行う。これはとても難しい手順の様に思えるが、とても有効な方法で、期待通りの正確な測定結果が得られる。マイク・ピノの溶液は別の方法が必要だ。硝酸を温めたギ酸と反応させて破壊し、それで出来た溶液を、氷酢酸を電解液に使用して、酢酸ナトリウムで電位差滴定を行う。この時、片側の電極は、pHを求める時と同じ普通のガラス電極を用い、もう一方の電極は、酢酸に塩化リチウムを飽和させた溶液を使用するカロメル電極の一種を使用する。これも、独特ではあるが有効な分析方法である。そして、こうした方法が考え出された時には、ＷＦＮＡやＲＦＮＡの混合酸は使用されなくなっていた！

多くの観点から、四酸化二窒素は酸化剤として硝酸より魅力的だった。性能的には少し優れていて、腐食性は弱かった。一番の欠点は、凝固点が高い事で、いくつかの研究機関がその問題を解決しようとした。凝固点を下げるための添加物で、一番有力なのは一酸化窒素（ＮＯ）だった。ヴィットルフはすでに一九〇五年に、この混合物の相変化を調べた。バウメとロバーツも一九一九年に同じ研究を行った。しかし、一酸化窒素と四酸化二窒素の混合物は、四酸化二窒素だけの時より蒸気圧が高い。そこで、楽観的な研究者は、蒸気圧は上げないが、凝固点は下げる添加剤を見つけようとした。四酸化二窒素に溶ける物質は多いので、このような添加剤は比較的簡単に見つかったが、許容できない副作用をもたらした。JPLのL・G・コールは一九四八年に、この種の添加剤として、モノニトロベンゼン、ジニトロベンゼン、ピクリン酸、硝酸メチルなどを試してみた。そして、これらを四酸化二窒素に混ぜた事で、敏感でいつ爆発するか予測がつかない、非常に強力な爆発物を作り出してしまった事に気付いた。三年後、ノースアメリカン航空社のT・L・トンプソンは、ニトロメタン、ニトロエタン、ニトロプロパンを添加剤として試してみて、やはり強力な爆発物を作ってしまった事に気付いた。カレリー化学社のコリン、ルイス、シェクターは、一九五三年にテトラニトロメタンやニトロアルカン類も添加剤として研究し、四酸化二窒素、ニトロメタン、テトラニトロメタン（TNM）を混合した場合の三元状態図を作成した。

これらも強力な爆発物だった。同じころ、エアロジェット社のS・バーケットは、もう一歩進んで、上記の添加剤だけでなく、危険な事で悪名高いトリニトロメタン（ニトロフォーム）に加え、ジエチルカーボネート（炭酸ジエチル）、シュウ酸ジエチル、ジエチルセロソルブまでも試験した。それらも全て、大事故を引き起こしそうな爆発物だった。まるで、窒素酸化物に溶解させられる物質は、別の種類の窒素酸化物しか無いように思える状況だった。

T・L・トンプソンは一九五一年に亜酸化窒素を試してみて、この化合物は四酸化二窒素にあまり良く溶けない事を知った。その事はデュポン社のW・W・ロッカーも確認した。従って、一酸化窒素を使うしかない(注4)。

一酸化窒素は、四酸化二窒素の凝固点を下げる効果が大きい。一酸化窒素は、圧力をかけるか、低温にすれば四酸化二窒素と反応して不安定な三酸化二窒素（N_2O_3）を生成する。そのため、共晶点での成分は四酸化二窒素と生成された三酸化二窒素になり、少量の一酸化窒素を加えるだけで、三酸化二窒素の量が増えるので、凝固点を大きく低下させる効果がある。NOTSのG・R・メイクピースとその研究グループは一九四八年に、一酸化窒素を二五パーセント加えると、四酸化二窒素だけの時より凝固点が低下して、要求値であるマイナス五四℃以下に、三〇パーセント加えれば、あの夢のマイナス九三℃以下にできる事を証明した。しかし、三〇パーセント混ぜた時には、液温七一

℃の時の蒸気圧は二〇気圧もあり高すぎる。何人かの研究者がこの混合液を研究したが、その中にはノースアメリカン航空社のＴ・Ｌ・トンプソン、アライドケミカル・アンド・ダイ社の窒素事業部のＴ・Ｊ・マクゴニグルがいるが、ＪＰＬとＮＯＴＳの研究が決定的な成果を上げた。

一九五〇年から一九五四年の間、ＮＯＴＳのウィテカー、スプレイグ、スコルニクと彼らの研究グループ、ＪＰＬのＢ・Ｈ・セイジと彼の研究グループは、四酸化二窒素と一酸化窒素の組み合わせを、それ以上の研究は必要が無くなるほど、徹底的に調査した。彼らの細部までおろそかにしない研究は、数年後にタイタンⅡ型大陸間弾道弾の開発で、酸化剤に四酸化二窒素が採用された事につながった。

幾つかの研究機関が四酸化二窒素に一酸化窒素を混ぜた酸化剤（Mixed Oxides of Nitrogen（ＭＯＮ）：ＭＯＮ‐25やＭＯＮ‐30などで、数字は混合液中の一酸化窒素のパーセントを示す）と、様々な燃料の組み合わせについて試験し、ＭＯＮ酸化剤では四酸化二窒素だけの時より良い性能（理論的な性能に対する実際の性能の比率）を得る事が難しい事が分かった。明らかに、一酸化窒素の化学的反応速度が遅い事が、燃焼速度を遅くしている。この事と、蒸気圧が高い事で、研究者は何年間かＭＯＮの研究を見合わせていた（現在、宇宙ロケットでＭＯＮ‐10を使用しているものがある）。（注５）

ＭＯＮ酸化剤が使われない事には、他にも理由が有った。ＲＦＮＡが使いやすいように改良されたのだ。二つの改良がなされた。オハイオ州立大学とＪＰＬは詳しい研究を行って、ＲＦＮＡの自然分解と容器の圧力上昇の問題を解決した。また、ＮＲＴＳでの思いがけない発見により、腐食性は問題にならない程度にまで軽減された。こうして問題が解決した事で、改良されたＲＦＮＡは「パッケージ化」、つまり工場でミサイルに搭載しておく事が出来、現地で取り扱わなくても良くなった。それにより、有害な蒸気を吸い込んだり、酸が体に付着してやけどする危険を無くす事ができた。

一九五一年の初めまでには、硝酸の性質と挙動は良く理解されるようになった。実際、硝酸はひどく複雑な物質で、単一の物質と言うより、ある意味、複数の物質が組み合わさって出来た物と言える。一九五〇年には、C・K・インゴールド教授と彼の研究グループが歴史的な論文を発表し、その中でこの硝酸における様々な成分間の化学的平衡状態を明らかにした。ドイツのフランクとシルマーは、同じ一九五〇年に硝酸の自然分解の過程を解明した。彼らの研究を以下に簡単に紹介する。

まず、濃硝酸では次の平衡状態が成立している。

(1)　$2HNO_3 \rightleftharpoons H_2NO_3^+ + NO_3^-$

しかし、$H_2NO_3^+$の濃度は極度に小さいので、次の平衡状態が成り立つ。

(2)　$H_2NO_3^+ \rightleftharpoons H_2O + NO_2^+$

従って、実質的には(1)は次のように記述できる。

(3)　$2HNO_3 \rightleftharpoons NO_2^+ + NO_3^- + H_2O$

$H_2NO_3^+$が(2)のように分離する事を考慮すると、薄めた硝酸では次の平衡状態が成立する。

(4)　$H_2O + HNO_3 \rightleftharpoons H_3O^+ + NO_3^-$

従って、水を二・五パーセント以下しか含まない硝酸では、NO_2^+（ニトロニウムイオン）が主要カチオン（陽イオン）で、それ以上の水を含む場合は、H_3O^+（ヒドロニウムイオン）が主要カチオンとなる。水の含有量が正確に二・五パーセントの時は、どちらのイオンもごくわずかしか存在しないので、電気伝導率が最小となる理由が良く分かる。もし強酸中の酸化作用を担うイオンがNO_2^+であるなら（私は数年後の腐食の研究の際に、そうである事を証明した)、水分の含有量が着火遅れに影響を与える理由が良く分かる。(3)の式を見ると、無水硝酸に水を加えると、酸化作用を担うNO_2^+の濃度が下がる事が分かる。NO_3^-を加えても同様の影響を与えるので、硝酸に硝酸アンモニウム(NH_3NO_3)を加えた時に、燃焼特性が低下する事も理解できる。

ニトロニウムイオン(NO_2^+)は、二重結合や三重結合を持つ燃料の分子の、負電荷側に自然に引き付けられる。これはルー・ラップの、着火時間を短くするには多重結合が望ましいとの見解と一致する。

イオンを考える事で、亜硝酸塩が濃硝酸中で不安定な事も次の反応で理解できる。

$$NO_2^- + NO_2^+ \longrightarrow N_2O_4$$

四酸化二窒素が濃硝酸中に存在すると、次の平衡関係が生じる。

(5)　$$2NO_2 \rightleftarrows N_2O_4 \rightleftarrows NO^+ + NO_3^-$$

これらを総合した結果は(溶媒和を無視したとしても)、N_2O_4を含む濃硝酸には、少なくとも次の七種類の物質が有る事になる。

HNO_3　N_2O_4　NO_2　H_2O
NO_2^+　NO^+　NO_3^-

それに微量のH_3O^+と$H_2NO_3^+$が有る。これらすべてが、平衡状態に関係している。しかし、これだけでは圧力上昇は説明できない。硝酸(HNO_3)は次の反応で分解する。

(6)　$$4HNO_3 \longrightarrow 2N_2O_4 + 2H_2O + O_2$$

でも、これでどうして圧力上昇が生じるのだろう？　フランクとシルマーは別の平衡状態が存在し、別の物質が関係する事を示した。

(7)　$NO_3^- + NO_2^+ \rightleftarrows N_2O_5$

このN_2O_5が不安定な事は良く知られていて、次の反応を起こして分解する。

(8)　$N_2O_5 \longrightarrow N_2O_4 + \frac{1}{2}O_2$

分解で出来たO_2は基本的には硝酸には溶解せず、気泡を生じるので、それで容器の圧力が大きくなり、NO_2により酸は赤い色になる。

ではどうしたら良いだろう？　二つの対処方法が考えられる。すぐ思いつくのは(6)の反応だ。方程式の下辺の物質の濃度を増やす事で（または、酸素については、その圧力を高める事で）、平衡状態を分解前の方向に戻す。ＷＦＮＡの表面を酸素で覆うだけでは不十分な事がすぐに明らかになった。平衡状態を分解前に戻すのに必要な酸素の圧力が大きすぎるのだ。私は実際にロケットの整備員が、ＷＦＮＡの分解で生じた酸素の圧力で膨らんだドラム缶で、その膨らみの大きさを測って内圧を知ろうとしている恐ろしい光景を見た事がある。私は本当に震え上がった！　一〇〇パーセントの硝酸で、容器の余積が無い状態（タンクが一杯まで詰まっている状態）で、温度が七一℃の時に、分解を抑えるための酸素の平衡圧力は、七〇気圧を越える。だれもこんな爆弾のような容器を扱いたくないだろう。

酸素の平衡圧力を下げるには、四酸化二窒素（N_2O_4）の量を増やすか、水の含有量を増すか、その両方とも実行するかである事はすぐわかる。ＷＦＮＡや無水化した硝酸は、この問題のために使用できない事は明らかだ。

ＪＰＬのＤ・Ｍ・メイソンと彼のグループ、オハイオ州立大学のケイと彼のグループが、この問題に果敢に取り組み、硝酸、四酸化二窒素、水の組み合わせについて、使用が想定される、四酸化二窒素が五〇パーセント、水が一〇パーセントまでの組成範囲と、室温から一二〇℃までの温度範囲について、相変化の状況と平衡圧力を調べる作業をやり遂げた。この研究が完了すると（彼らの研究報告は一九五五年に発表された）、硝酸に関して必要な情報は全て明らかになった。熱力学的な挙動、分解、イオン化傾向、各相の性質、輸送時の注意事項、作業方法など、全てについてだ。このような危険な物質を扱う事の難しさを考えると、彼らの業績は英雄的としか表現できない。

そして、彼らの研究は役に立った。酸の分解による圧力が、七一℃でも実用的な範囲（七気圧以下）であるＲＦＮＡが作れるようになった。ゼネラルケミカル社は四酸化二窒素を一三パーセント、水を二パーセント含む製品を、ＪＰＬは四酸化二窒素を一四パーセント、水を二・五パーセント含むＲＦＮＡをＳＦＮＡ（Stablized Fuming Nitric Acid: 安定化発煙硝酸）と名付けて発表した。

硝酸、四酸化二窒素、水の混合液の、使用全範囲に渡る凝固点が調べられた。ＬＦＰＬのＲ・Ｏ・ミラー、ＪＰＬのＧ・Ｗ・エルベラム、ＷＡＤＣのジャック・ゴードンらがこの研究を行い、研究は一九五五年に完了した。

彼らの結果は完全には一致しなかったが（この混合液は過冷却になりやすく、前にも述べたように、ＲＦＮＡは分析が難しい材料である）、ゼネラルケミカル社の製品も、ＪＰＬのＳＦＮＡも凝固点がマイナス五四℃以下である事は一致していた。この頃、米海軍は規定を緩める事にして、凝固点がマイナス七一℃以下と言う不可解な規定をとりやめた。研究の関係者は全員がほっとした。この規定はもう気にしなくて良い！

腐食性の問題は、ある解決策に気付くと、意外と簡単に解決出来た。一九五一年春、我々ＮＡＲＴＳでは、18‐8ステンレススチール、特にＳＳ‐３４７がＷＦＮＡで腐食する事に関心を持ち、研究を進めていた。エリック・ラウは私の所に数カ月前に来たばかりだったが（彼が所属する化学研究室は前年の夏にできたばかりだった）、ステンレス鋼の表面にフッ素化合物を塗れば、酸の腐食作用を防げるのではないかと考えた（なぜ彼がそう考えたのか、私に質問しないで欲しい！）。そこでラウはアライドケミカル・アンド・ダイ社の子会社の、ゼネラルケミカル社の友人にＳＳ‐３４７鋼の試験片を何枚か渡して、それを工場内のフッ化水素（ＨＦ）の輸送管の内部に、何日間か入れておいてくれるように頼んだ。その試験片を回収して腐食性を試験してみると、何も処理しない物と同じくらいのひどさで腐食する事が分かった。しかし、腐食の始まりは遅く、酸に浸して一日か二日経過してから腐食が始まった。その事から次の二点が推測できる。（一）フッ素化合物を表面に塗ると腐食を防ぐ効果がある。しかし、（二）その効果はWFNA中では長続きしない。ラウはWFNAにフッ化水素を少し加えれば、フッ素化合物の表面コーティングを自己修復性にできるのではないかと考えた。しかし、実験室にあるのは一般的に良く使用される、フッ化水素が五〇パーセントの水溶液（フッ化水素酸）だけだったし、ラウはWFNAに水を加えたくないと考えた。そこで、私は彼にフッ化水素アンモニウム（$NH_4F \cdot HF$）を試すように言ってみた。この化合物の三分の二以上はフッ素だし、取り扱いもずっと易しい。しかも、実験室に手持ちがある。彼は試してみたが、驚いた事にそれは腐食防止効果が有った。思っていたよりはるかに有効だった。数週間、いろいろ試験してみて、酸の溶液にどんな形でも良いので、〇・五パーセントのフッ化水素を入れると、ステンレス鋼の腐食の進展速度は、一〇分の一以下に遅くなり、〇・五パーセント以上入れても結果はほとんど変わらない事が分かった。我々はこの発見をNARTの、一九五一年の季刊報告書集で発表した。しかし、NARTは出来てまだ二年で、我々の報告書を読んでくれる人はほとんどいなかった。

国防省で硝酸に関する研究会が一〇月一一日から一二日まで開かれ、産業界、政府、軍でロケット燃料に関心のある人達が約一五〇人ほど集まった。私のグループからは、私とミルトン・シア博士が参加した。一一日の午後の部で、シア博士はラウの発見を報告した。うれしい事に（我々にとってだが）、その日の午前中、ベル航空機社のR・W・グリーンウッドが、WFNAの凝固点低下用にフッ化水素アンモニウムを加えた試験結果の報告を行ったし、その報告の三人後には、ノースアメリカン航空社のT・L・トンプソンが無水フッ化水素と、フッ化水素の水溶液の双方を、RFNAの凝固点降下用に試験した事を報告したが、二人とも、フッ化水素の腐食防止効果には全く気付いていなかった！

この研究会の後は、ノースアメリカン航空社、JPLなど、多くの所で腐食防止の研究が始められた（我々はもう研究に着手済だった）。この後分かったのは、フッ化水素はステンレス鋼ＳＳ‐３４７よりも、アルミニウムに対して腐食防止効果が大きい事だった。ＲＦＮＡでもＷＦＮＡでも同じくらいの効果がある。しかも、その防食効果は液体の酸に対してだけでなく、液面より上で、金属が酸の蒸気で腐食される状況でも有効だった。

しかし、フッ化水素はアルミニウムと18‐８ステンレス鋼の腐食防止には有効だが、全ての金属に有効ではなかった。ニッケルとかクロミウムには効果がないし、タンタルでは腐食速度を二〇〇〇倍にするし、チタニウムでは八〇〇〇倍にも大きくする。

この時期は、ロケットでのチタニウムの使用が注目されていて、多くのロケット技術者がチタニウムの使用を検討していたので、ＲＦＮＡによる腐食は無視できない問題だった。しかし、チタニウムの腐食防止の研究は、全く予測できなかった事故により、中断する事になった。一九五三年一二月二九日、エドワーズ空軍基地の整備兵が、ＲＦＮＡに浸漬したチタニウムの試験片を調べていた時、突然、全く何の予兆もないのに、試験片を浸していたＲＦＮＡが爆発して彼を吹き飛ばし、彼の上にＲＦＮＡと飛散した窓ガラスが降りそそぎ、部屋には二酸化窒素が充満した。整備兵は意識を失ったまま、呼吸困難で死亡した。意識を回復しなかったのは、むしろ幸運だったかもしれない。

この事故は重く受止められ、ＪＰＬが原因調査をする事になった。Ｊ・Ｂ・リッテンハウスと彼の同僚が事故を調査し、一九五六年には原因が明らかになった。チタニウムの試験片に、まず粒界腐食によりチタニウムが主成分である細かな黒い粉末ができた。この粉末は硝酸で湿った状態では、ニトログリセリンや雷酸水銀のように爆発しやすい（この時の爆発反応は、酸化チタン（Ⅳ）（TiO_2）を生成する反応である）。すべてのチタニウム合金がこのような爆発反応を起こす訳ではないが、この事故で推進剤関係者は、チタニウムを数年間、使用できなくなった。

チタニウムでは大きな事故を起こしたが、ロケット産業では硝酸系の酸化剤が実用的に使用できる事になり、ＷＦＮＡやＲＦＮＡの軍用規格を改定するのが妥当と思われた。

一九五四年に、軍と産業界の代表者が、軍用規格の検討のために空軍が主催した会議に参加した。私も海軍の代表者の一人として参加した。

参加者の多くが、RFNAについては、四酸化二窒素の含有量は一二パーセントと二二パーセントのどちらが良いかを議論していたが、まだWFNAを支持する人もいた。化学産業側は、どれが採用されても歓迎する姿勢だった。「どちらの酸になっても製造は問題ない。どれが欲しいか言ってもらうだけで良い！」との態度だった。そこで我々は全員が受け入れる事ができる規格を作成する事にした。この規格では公式用語としてWFNAとRFNAを使わず、四種類の硝酸に分ける事にした。その名称は驚くほど月並みな表現で、「硝酸、Ⅰ型、Ⅱ型、Ⅲ型、Ⅳ型」とした。規格では四酸化二窒素の含有量は、番号順に、〇パーセント、七パーセント、一四パーセント、二一パーセントだった。フッ化水素を加えた抑制硝酸については、Ⅰ・A型とかⅢ・A型とかAを付け加える事にし、〇・六パーセントのHFを含むとした。

私は腐食抑制剤が何かを、軍の規格で公開する事には反対だった。この腐食抑制方法は、簡単ではあるが思いつくのが難しい方法なので、しばらくはそれを秘密にしておきたかったのだ。私は諜報関係の友人に、鉄のカーテンの向こう側はこの方法を知っているのかを調べてもらうように、そっと頼んでみた。すぐに答えが返ってきた。ソ連側は知らないし、彼らのフッ化水素製造は難航していて、その生産責任者はシベリアに送られたとの事だった。そこで私は軍用規格にフッ化水素関連の記述をする事に強硬に反対したが、空軍が決定権を持っていて、私の意見は採用されなかった。軍の規格が公表されると、フッ化水素の秘密はばれてしまった。

軍用規格の中には、酸の分析方法も記述されていた。フッ化水素の分析方法以外は普通の分析方法だった。フッ化水素の分析は複雑で、フッ化物によるジルコニウム・アリザリン染料の漂白作業を含む、難しい技術を要する光学的な方法が指定されている。私の研究室ではそんな難しい事はやめて、労力が少なく、諜報活動などには何の関係もない、単純な（簡単な考え方とは言ってほしくないが）、分析方法を採用する事にした。ポリエチレンのビーカーに、酸を一、水を二の比率で入れ、そこにガラスのチューブに入った磁気攪拌棒を入れ、その重量を測る。それから、そのビーカーを一晩中ずっと磁気攪拌機で攪拌してから、重量を再度測定する。事前に、ＨＦの濃度を変えた酸で、ＨＦの濃度事にその重量変化を測定しておけば、その結果を利用してＨＦの濃度が分かる。軍用規格用の計測方法としては、これで十分な精度が得られる。

ＪＰＬのデイブ・メイソンは、ＨＦの量を測定する、簡単でスピード重視の方法を考えた。私の方法と同じくらい簡単で、ずっと時間がかからない。彼の方法は比色法で、フッ化物イオンが紫色のサルチル酸第二鉄を漂白する現象を利用する

結局、軍用規格のⅢ・Ａ型の酸が、他の酸を押しのけた。現在では硝酸を用いた酸化剤と言えば、このⅢ・Ａ型の事である(注6)。技術者はこの型の酸を、抑制赤煙硝酸（ＩＲＦＮＡ）と呼んでいる。最近の技術者で、他の組成の酸が有った事や、「抑制」の意味を知っている人は少ない。数年前、私はロケット技術者と自称している人間が、ステンレススチールのタンクに、フッ化水素を添加せずにＲＦＮＡを入れて、溶液の色が緑色に変わったのを見て、何故だろうと不思議そうにしているのを見た事が有る。

他の種類の酸で紹介しておくべきなのは、「最大密度硝酸」だけである。これはエアロジェット社が、密度が第一優先で、凝固点に関する要求は厳しくないロケットエンジン用に提案した酸である。この酸は四酸化二窒素を四四パーセント含み、密度は一・六三である。他の酸が実用化されると、この酸に対する興味は失われた。Ⅲ・Ａ型硝酸は、ＵＤＭＨとの組み合わせでは非常にうまく自己着火し、水の含有量が多少変化してもその影響はほとんど無く、空気中の水分を吸収しないように密封しておけば保存でき、フッ化水素を添加すれば容器を腐食させる心配はない。だったら他の酸の事を考える必要があるだろうか？　購入者によっては、酸化剤の酸を購入した時に、酸の組成分析をする事があるが、一般的には製造業者の出荷成績書で十分で、購入した酸をロケットに注入し、点火すれば良い。それでうまく行く。

従って、現在の状況は次の通りだ。推進剤の凝固点が問題になる戦術ミサイルでは、ＩＲＦＮＡのⅢ・Ａ型が酸化

剤として使用される。例を挙げれば、ランス・ミサイルの推力二一トンのロケットエンジンは、燃料にＵＤＭＨ、酸化剤にこの酸を使用している。ブルパップ・ミサイルも酸化剤は同じで、燃料はＵＤＭＨ、ＤＥＴＡ、アセトニトリルを使用している。宇宙ロケットでは、ベル航空機社が製造する、アジェナ衛星／ロケット用の非常に信頼性の高いロケットエンジンは、推力七・二トンで、ＵＤＭＨとＩＲＦＮＡを使用している。

戦略ミサイルは、強固な防御が施され、空調されたサイロから発射されるので、少し高性能な四酸化二窒素が酸化剤として使用されている。米国で最大のＩＣＢＭであるタイタンⅡ型には、一段目に推力九八トンのロケットエンジン二基が装備されている。そのエンジンは、酸化剤には四酸化二窒素、燃料にはヒドラジンとＵＤＭＨを50－50の比率で混合したエアロジン－50を用いている。

他にも四酸化二窒素を用いるロケットエンジンが、宇宙ロケットに数多く用いられている。その中には、推力九・八トンで、燃料にエアロジン－50を用いているアポロ宇宙船の機械船のエンジンから、姿勢制御用の推力〇・五キロのスラスター・エンジンまで様々なエンジンがある。燃料はどれもヒドラジンかそれを混ぜた物だ。それが使用されるのは、性能が良く、信頼性が高いせいだ。

科学者と技術者は、酸化剤で苦労したが、これからの人はそのような苦労をしなくて済むだろう。

●この章のあとがき

一九五五年五月二三日と二四日に、液体ロケットの推進剤に関する研究会が国防省（ペンタゴン）で開かれた。一九五一年一〇月の研究会が、主として推進剤開発上の問題点が主な議題だったのに対して、一九五五年五月の研究会は、推進剤にまつわる一連の苦闘とその克服についての報告が主なテーマだった。

一番盛り上がったのは、ＯＮＲのバーナード・ホーンスタインがＭＭＨとＵＤＭＨの開発について講演を行った時と、ノースアメリカン航空社のS・P・グリーンフィールドが、NALARの開発の歴史を紹介した時だった。

NALARは米空軍用の直径七〇ミリ（二・七五インチ）の空対空ミサイルの事である。このミサイルに対する要求事項は厳しかった。液体推進剤は自己着火性である事、ミサイルはパッケージ化出来る事、つまり燃料を搭載したまま五年間は即時に使用可能な状態で保管出来る事、マイナス五四℃からプラス七四℃までの環境温度で使用出来る事が要求された。ノースアメリカン社は一九五〇年七月に開発を開始した。

彼らが最初に試した酸化剤は四酸化二窒素を一八パーセント混ぜたRFNAだった。最初から内圧上昇および腐食の問題と戦わねばならなかった。着火特性を良くし、燃焼を安定して行わせるために、彼らは下記の燃料と組み合わせて試験を行った。

テレビン油（テレピン油）
デカヒドロナフタレン（デカリン）
2-ニトロプロパンに一〇パーセントから二〇パーセントのテレビン油を加えた物
イソプロパノール
エタノール
ブチルメルカプタン（ブタンチオール）
トルエン
アルキルチオフォスファイト（アルキルチオ亜リン酸エステル）

しかし、めぼしい成果は上がらなかった。

その後、彼らは研究で使用する酸化剤を、四酸化二窒素が七〇パーセント、一酸化窒素が三〇パーセントのMON-30に変更し、良好な着火性と安定した燃焼を求めて、次の燃料と組み合わせて試験を行なった。

テレビン油

ブチルメルカプタン
ヒドラジン
イソプロパノール
トルエン
2-メチルフラン
メタノール
航空用ガソリン
テレビン油に20~30パーセントのメチルフランを加えた物
ブチルメルカプタンに20~30パーセントのメチルフランを加えた物
イソプロパノールに30パーセントのテレビン油を加えた物
メタノールに20~25パーセントのメチルフランを加えた物
メタノールに30~40パーセントのヒドラジンを加えた物
アルキルチオフォスファイト
テレビン油にアルキルチオフォスファイトを加えた物
JP-4ジェット燃料にアルキルチオフォスファイトを加えた物
JP-4ジェット燃料に10~30パーセントのキシリジンを加えた物
しかし、着火では急激すぎるハードスタートとなり、燃焼は安定しなかった。
一九五三年春になると、ノースアメリカン社の技術者は、硝酸による腐食に対してフッ化水素が抑制効果を持つ事を知った（この抑制効果は二年前に発見されていて、ノースアメリカン航空社の社内でも一年以上前からフッ化水素を研究していた事から考えると、社内のコミュニケーションが悪かったか、それともNALARの担当者は文献を読まないのだろう!)。

何はともあれ、ノースアメリカン社の技術者は、以前に同じ事が有ったと感じたかもしれないが、テレビン油とRFNAの組み合わせに戻り、今回はフッ化水素で腐食を抑制する事にした。着火特性改善のため、彼らはテレビン油に、基準燃料RF-208、つまり2-ジメチルアミノ-4-メチル-1-3-2-ジオキサホスホランを20パーセント加えた。開発費用を出している空軍は、RF-208の代わりにUDMHを使用する事を提案した。UDMHを試験してみると、その結果があまりにも良かったので、ノースアメリカン社はUDMHを使用する事にして、テレビン油は止めてしまった。

彼らが今日ではごく一般的に用いられている、UDMHとIRFNAの組み合わせにたどり着くには四年間を要した。しかし、彼らは正しい組み合わせにたどり着くのに成功したのだ。そして、最近になって、一二年近く保管されていたNALARミサイルの発射試験が行われた。ミサイルは正常に発射された。自己着火性推進剤とそのための酸化剤は、見つけ出され、その正しい使用法が確立された(この話はこれで終わりとしよう)。

第5章　いつも酸化剤の候補に挙がる過酸化水素

過酸化水素（H_2O_2）は、結局は物にならなかった酸化剤と言えるだろう（少なくとも、現時点では物になっていない）。ロケット関係者が興味を持たなかった訳ではない。米国でも関心を集めたし、英国ではもっと関心が強かった。その酸化剤としての性能は、ほとんどの燃料との組み合わせで硝酸に近かったし、密度も硝酸に近い。また、幾つかの点で、過酸化水素は他の酸化剤より優れている。まず、有害な蒸気を発生しないし、酸のように皮膚を傷つけたりしない。もし過酸化水素がかかっても、すぐに水で洗い落とせば、痒みが残り、皮膚が漂白されて、新しい皮膚に替わるまで白いままになるだけだ。また、硝酸のように金属を腐食させる事もない。

しかし（推進剤の世界では、いつも「しかし」が多い）、濃度一〇〇パーセントの過酸化水素の場合、その凝固点は水の凝固点（氷点）より〇・五度低いだけだ（もちろん一九四〇年代に入手可能だった、最も濃度が高い濃度85パーセントや90パーセントの過酸化水素は凝固点がもっと低いが、その目的だけのために酸化剤を不活性な水で薄める事は、ロケットの推進剤に関係する人間にとって歓迎できる話ではない！）。しかも、過酸化水素は不安定な物質である。

過酸化水素は次の分解反応を起こし、その過程で熱を発生する。$H_2O_2 \longrightarrow H_2O + \frac{1}{2}O_2$。もちろんＷＦＮＡも自然分解するが、その過程は発熱反応ではない。この差は決定的に重要である。過酸化水素が分解過程で熱を発生すると言う事は、その分解がいったん始まると、そのまま分解がどんどん進む事を意味している。あなたがタンクに過酸化水素を入れていて、そのタンクには冷却装置がついていないとしよう。過酸化酸素が、何らかの原因で分解し始めたとしよう。その分解で熱が発生し、タンク内の過酸化水素の温度が上昇する。それで分解速度が速まり、さらに多くの熱が発生する。分解速度はどんどん速くなり、ついにはバンとかドンとか大きな音を立ててタンクから噴き出し、過熱蒸気と高温の酸素ガスを周囲にまき散らす。

また、そもそも、びっくりするくらい多くの要因で分解が始まる。遷移金属の多く（鉄、銅、銀、コバルトなど）とその化合物との接触もそうだし、多くの有機化合物も分解を始めさせる（過酸化水素がウールの服にかかると、服は燃え上がり、ローマ皇帝ネロが行ったキリスト教徒の火刑のようになる）。成分も分からないありふれたごみも、分解を開始させる。何が発生源であれOHイオン（水酸化物イオン）も分解を引き起こす。手あたり次第に物質の名前を挙げてみると、その物質が過酸化水素の分解を促す触媒作用を示す確率は半々である。

過酸化水素に微量を加える事で、含まれているある種の遷移金属イオンを除去して分解安定性を向上させる、スズ酸塩やリン酸塩のような物質もある。しかし、その効果は限定的であるし、過酸化水素を触媒で分解する時に、問題を起こす可能性がある。分解を防ぐ唯一の方法は、分解を促進しない材質の容器（純度の高いアルミニウム製が最適）を清浄な状態にして、そこで過酸化水素を保存する事だ。必要な清浄度は、手術室より高いレベルが必要なくらいだ。過酸化水素を入れる容器の準備作業は大仕事で、何日もかかる。内壁をこすり、アルカリ洗浄し、酸洗いをし、水ですすぎ、薄めた過酸化水素で容器の内面を不働態化するなどの作業が必要だ。清浄化した容器でも、過酸化水素はまだゆっくりと分解して行く。分解が暴走するには至らないが、分解により発生した酸素ガスで、容器が破裂するといけないので、密閉保存はできない。推進剤のタンクに耳を当てると、内部で「ゴボッ」と音がして、またしばらくして「ゴボッ」と音がするのが聞こえるのは、気持ちが良いものではない。こうした経験をすると、私も含めて、多くの人が過酸化水素を不安視して、その使用を避けようとする。

一九四五年の初めに、我々はドイツ軍が保有していた、濃度が80～85パーセントの過酸化水素を押収した。その中のいくらかは英国へ運ばれた。英国はその過酸化水素を酸化剤として使用する事と、ドイツの製造方法に非常に興味を持った。その年、英国は、過マンガン酸カルシウムの溶液で過酸化水素を分解させたり、過酸化水素を酸化剤に、フルフラールを燃料にして、ロケットの発射試験を行なったりした。その後何年間か、英国は過酸化水素と、フルフラールや各種の燃料（主として炭化水素系）の組み合わせを試験した。

ドイツで押収した過酸化水素の残りは米国に送られた。しかし、その過酸化水素には、（安定剤として）スズ酸ナトリウムがかなり多く含まれていたので、ロケットエンジンの実験に使用するには向いていなかった。そのため、海軍は、高濃度の過酸化水素の生産を開始したばかりのバッファロー電気化学社と交渉した。その結果、海軍はドイツ製の過酸化水素の大部分をバッファロー電気化学社に渡し、同社はそれを二パーセントから四パーセントに薄めてうがい薬や髪の毛の漂白剤にし（それには安定剤が含まれる方が良い）、その代わりにバッファロー電気化学社は海軍に同量の、安定剤が入っていない濃度九〇パーセントの過酸化水素を引き渡した。海軍はその過酸化水素を、各所の推進剤開発担当者たちに配った。

ＪＰＬは、米国で最初に過酸化水素の使用を真剣に検討した研究機関の一つだった。一九四四年の後半から一九四八年末にかけて、ＪＰＬは濃度が八七パーセントから一〇〇パーセントの過酸化水素に、メタノール、ケロシン、ヒドラジン、エチレンジアミンなどの各種の燃料を組み合わせて試験を行なった。この中では、ヒドラジンだけが過酸化水素に対して自己着火性だった。他の燃料では、火薬を使用する点火装置が必要だった。この時期にＪＰＬが研究した非常に奇妙な組み合わせとして、過酸化水素とニトロメタンの組み合わせがある。純粋なニトロメタン、ニトロエタンを三五パーセント混ぜた溶液、メタノールを三〇パーセント混ぜた溶液を試験した。この組み合わせで奇妙なのは、酸化剤と燃料の比率（Ｏ／Ｆ）が非常に低い事で、〇・一から〇・五程度しかなかった。（ヒドラジンを燃料とした場合は適正なＯ／Ｆ値は約二・〇である！　ニトロメタン（CH_3NO_2）では燃料中の酸素の量が多いので、Ｏ／Ｆ値を低くしたと思われる。）

ＭＩＴ、ＧＥ、Ｍ・Ｗ・ケロッグ社などは、過酸化水素とヒドラジンを組み合わせて試験した。ヒドラジンの濃度は、五四パーセントから一〇〇パーセントの間の様々な濃度だった。ケロッグ社はヒドラジンの中に、ドイツが行った様に、過酸化水素の触媒物質の $K_3Cu(CN)_4$ を添加して試験を行った事もある。

どの研究機関でも、過酸化水素を酸化剤とした試験では、性能は良好だったが、点火が難しかったり、燃焼の安定性が悪い場合があった。また、凝固点が高い事の解決は難しく、ほとんどの研究機関が酸化剤としての使用をあきらめた。

米海軍は例外だった。その当時の提督達は、彼らの愛する航空母艦に硝酸を持ち込む事を、声をそろえて強く反対した。その拒否反応は、軍艦を帆船から蒸気船に変えようとした時の提督達の反対もかくやと思えるほど、頑固で強硬だった。

そのため、ＮＯＴＳは過酸化水素とジェット燃料を使用し、凝固点が許容できる程度で、「人体に無害な」推進剤の開発を余儀なくされた。

過酸化水素については、すでに多くの情報が有った。一九二〇年代にマースと彼のグループは、過酸化水素について徹底的に調べ、塩や砂糖までを含む各種の物質を混ぜた時の特性も調査した。多くの物質が、過酸化水素水に溶かすと、その凝固点を下げるのに有効だった。例えば、九・五パーセントのアンモニアを入れた混合液の凝固点はマイナス四〇℃で、五九パーセントの混合液ではマイナス五四℃である（中間の三三パーセントの溶液では、融点が約二五℃の化合物 NH_4-OOH が出来る）。メタノールを四五パーセント含む混合液は、マイナス四〇℃で凝固する。こうした混合液は、短所が一つ有る。それらは敏感で、強烈な爆発を起こしやすいのだ。

英国は前述のように、過酸化水素に強い興味を抱いていて、ウォルサムアベイにあるＥＲＤＥ（ウォルサム爆発物研究開発施設）のワイズマンは、一九四八年に、硝酸アンモニウムを混ぜると、凝固点は下がるが、爆発性は高くない事を発表した。そこで、NOTSの研究チーム（G・R・メイクピースとG・M・ダイヤー）は、過酸化水素、硝酸アンモニウム、水の様々な混合比を試して、マイナス五四℃まで凝固しない混合液を作り出した。それは過酸化水素が五五パーセント、硝酸アンモニウムが二五パーセント、水が二〇パーセントの混合液だった。一九五一年前半、燃料にジェット燃料のJP・1を使用して燃焼試験が行われ、試験は成功したが性能はあまり良くなかった。他の過酸化水素と硝酸アンモニウムの混合液について、NOTSが、また少し遅れてNARTSが試験を行なった。同じころ、バッファロー電気化学社のウィスニュースキーは、過酸化水素にエチレングリコール、ジエチレングリコール、テトラヒドロフランなどを混ぜて試験していた。これらの溶液は一液式推進剤として作られた物だが、凝固点はマイナス四〇℃だった。RMIはそれをガソリンとJP・4燃料の酸化剤として燃焼試験を行なったが、あまり良い結果は得られなかった。一〇℃以下では点火が出来なかった。また、この溶液は爆発性が強く危険だった。

かくして、使い物になる凝固点が低い過酸化水素溶液は、硝酸アンモニウムを含んだものだけとなったが、この溶液にはきびしい制約が有った。一つ目の制約は、過酸化水素に硝酸アンモニウムを混ぜると、不安定性が非常に大きくなり、そのためロケットエンジンの噴射器から噴射する時に爆発する可能性が大きいし、この溶液をロケットエンジンの再生冷却に使用すると、まず確実に爆発を起こしてエンジンを吹き飛ばしてしまう。

過酸化水素を使用する場合、特に燃料にガソリンやジェット燃料を使用する場合には、点火がいつも問題になる。過マンガン酸カルシウムの溶液を始動時に推進剤と一緒に噴射する方法が取られる事もあるが、これは始動系統が複雑になるので好ましくない。MITが行った試験では、少量の触媒（硝酸コバルト）を過酸化水素中に溶解させたが、それにより過酸化水素溶液の安定性が悪くなった。この時の燃料はケロシンに数パーセントのO・トルイジンを加えた物だった。点火するためには、自己着火性または点火が容易な始動剤（一般的にはヒドラジンだが、触媒を含む時もある）を燃料より先に燃焼室に入れる。固体の点火剤に火薬で点火する方式の点火装置が使われる事もある。最も信頼性が高くて安全な点火方法は、独立した触媒分解室で過酸化物を触媒で分解させ、そこで生じた高温の排気を

（もし未分解の物があればそれも一緒に）主燃焼室に吹き込み、そこに燃料を噴射してエンジンを始動させる方法だろう（銀製の金網は効率の良い分解用触媒装置として使用できる）。ＮＡＲＴＳは主燃焼室内に始動用の触媒による分解室を組み込んだロケットエンジンを設計し、燃焼試験を行なった。

海軍の過酸化物に関する研究の多くは、ミサイル用ではなく、戦闘機を「超高性能化」する補助ロケットエンジンのためだった。この補助ロケットは、使用すると一挙に速度を増す事が出来、敵機に襲われた時に使用すれば、簡単に敵機を振り切れる。この補助ロケットの燃料にジェット燃料を使用するのは当然だ。機体にはジェット燃料が搭載されているので、酸化剤のタンクを追加するだけで良いからだ。

しかし、ここで予期してなかった問題が明らかになった。過酸化水素は航空母艦内のアルミニウムのタンクに搭載する。ところが、過酸化水素にごく微量でも塩素が混じっていると、アルミニウムに対する腐食作用が強くなるのだ。塩分を含む海水の中を航行する船の中で、極微量の塩素でもだめだとしたら、どうしたら良いのか分からない。

さらに、異物が混入する問題もある。例えば、だれかが（故意かどうかは別にして）油のついた工具を船倉にある四万リットルの濃度九〇パーセントの過酸化水素の中に落としたとしよう。どんな事が起きるだろう？　船は助かるだろうか？　この疑問に不安を感じた海軍航空局のロケット部（安全なワシントンにある）の職員の一人が、ホーンブロワー・シリーズの海洋冒険小説を読みすぎたのだろうが、ＮＡＲＴＳに四万リットルのタンクを製作し、そこに濃度九〇パーセントの過酸化水素を満載し、ネズミを一匹（雄でも雌でも良いが）放り込む事を要求した（何と恐ろしい要求だろう）。ＮＡＲＴＳの所長は何とかその職員を説得して、試験管にはいった過酸化水素に、六ミリに切ったネズミの尻尾を入れて実験する事で納得してもらった。

航空母艦の艦長が船内の火災を極度に恐れるのは、正当な理由がある。だから、彼らは酸や自己着火性の燃料には反対するのだ。

飛行甲板でミサイルが壊れるなど、艦内で何らかの事故が起き、自己着火性の燃料と酸化剤の酸が一緒になれば、必ず火災を引き起こす。それに対して、ジェット燃料は、過酸化水素と混合したりせずに、その上に浮くだけなので、火災にはならない。もし何らかの原因で火がついても、泡沫消火剤などで、消火する事は難しくないだろう。

そこでNARTSでは試験を行なった。過酸化水素をドラム缶（二〇〇リットル入り）で数本分、大きな平底容器に注ぎ、ドラム缶一、二本分のJP-4ジェット燃料をその上に浮かせた。そこに火を点けて見た。結果はあまり華々しい事にはならなかった。JP-4燃料が静かに燃えていき、ときどき炎が燃え上がったり、シューと音を立てるだけだった。消防隊が泡沫消火剤で消火活動をすると、火は難なく鎮火し、実験は終了した。

神はこの日は、消防士、数十人の見学者、私にやさしかった。

もう一度、同じ実験をした時は（幸いな事に実験はもっと小規模だった）、違った結果になった。ジェット燃料は最初は静かに燃えていたが、やがて炎をときどき吹き上げるようになり、その間隔が短くなってきた（逃げ出す時が来た）。そして、ジェット燃料の層が燃えて薄くなると、下の過酸化水素の温度が上がり、沸騰し分解を始めた。上を覆っているジェット燃料に、酸素と過酸化水素の蒸気が混じり、そして、全体が一挙に物凄い勢いで爆発した。

この爆発を見た高級将校達は、そろって「俺の船では絶対にだめだ！」と言ったので、これで全ては終わった。過酸化水素による戦闘機超高性能化計画は様々な理由で採用されなかったが、この平底容器での試験が、その決定に影響した事は間違いない。

硝酸とUDMHが大量にこぼれた時を模した実験をしたが、その結果は全く穏やかな物だった事は興味深い。大きな炎は上がったが、この推進剤の二つの成分は、それぞれに非常に反応性が大きく、混じり合って爆発せずに、それぞれが分離したまま燃えた。そのため、炎の吹き上がりはすぐに収まり、通常の水、それもそれほど多量でない水で、消火する事が出来た。そのため、硝酸-UDMHの組み合わせを推進剤とするミサイルは、最終的には航空母艦に搭載される事になった。

しかし、過酸化水素は搭載されなかった。何年か研究は続き、英国では、過酸化水素とジェット燃料を使用したロケット機やミサイルも作られた。しかし、一〇年後にはほとんど姿を消した（一液式推進剤としての過酸化水素はまた事情が異なる）。

ここ数年の間に、より濃度の高い過酸化水素が製造されるようになり（現在では濃度九八パーセントの物が入手可能）、それは濃度九〇パーセントの物より安定度が高かった。しかし製造業者が宣伝に努めたにも関わらず、使用者側は過酸化水素を使う気持ちにはなれなかった。過酸化水素はついに物に成らずに終わった。

第6章　ハロゲン系酸化剤、国との関係、宇宙探査への利用

過酸化水素に関連する研究開発が進行していたが、過酸化物、硝酸、四酸化二窒素が貯蔵可能な酸化剤として究極的な物で、それら以上に優れた物はないとする意見が有力だった。しかし、そう考えない人も数多くいた。酸化を含む酸化剤はもちろん良いが、フッ素を含む物質も、強力な酸化剤になると思われた（訳注1）。そこで、貯蔵可能な酸化剤として使用できる、分解が容易なフッ素化合物が無いか、多くの人が検討し始めた。

「分解が容易」とは、酸化剤の本質を表す言葉である。大半のフッ化物は安定した化合物である。あまりに安定していて、フッ素を含む物質を燃やした後に残った灰のように、反応過程の最終的な産物のように見えるため、推進剤としては全く価値がないと思われてきた。フッ素が窒素、酸素または他のハロゲン族元素と結合した化合物に限り、他の物質を燃焼させるのに使用できると思われてきた。一九四五年当時は、そのようなフッ素化合物はあまり多くは知られていなかった。

二フッ化酸素（OF_2）は知られていたが、製造が難しかった。又、その沸点は非常に低く（マイナス一四四・八℃）、極低温材料とみなされていた（融点はマイナス二二三・八℃）。二フッ化二酸素（O_2F_2）の存在も報告されていたが、室温では不安定な物質だった。三フッ化窒素（NF_3）も知られてはいたが、貯蔵するには沸点が低い（マイ

ナス一二九・一℃)。フッ化ニトロシル（FNO）、とフッ化ニトロイル（NO_2F）はどちらも沸点は低く（どちらもマイナス七二℃)、室温で液体にしておける圧力は高すぎる。数年後、特に根拠はないが、貯蔵可能な推進剤の蒸気圧は、温度が七一℃の時に三四気圧（五〇〇psi）を越えない事と決められた。硝酸フッ素（FNO_3）と過塩素酸フッ素（$FClO_4$）は良く知られていたが、どちらも過敏で注意を要する爆発物だった。後者の過塩素酸フッ素については、「加熱か冷却、凍結か解凍、蒸発か凝縮により、時には何ら明らかな理由なし」に爆発する事が多い事が報告されていた。

そのため、以下のハロゲン系フッ化物だけが候補に残った。五フッ化ヨウ素（IF_5）と七フッ化ヨウ素（IF_7）は、どちらも〇℃以下では固体だし、重いヨウ素原子を含むので、性能的に良くなさそうだった。一フッ化臭素（BrF）は不安定だった。三フッ化臭素（BrF_3）と五フッ化臭素（BrF_5）の存在は知られていた。もしこれらが使用できるなら、五フッ化臭素の方が、フッ素原子を多く含むので有望な事は明らかだった。一フッ化塩素（ClF）は、沸点が低く（マイナス一〇〇・一℃)、フッ素原子の数も少ない。そのため三フッ化塩素（ClF_3）がまず第一候補で、それがだめな場合か、密度が最優先の場合には五フッ化臭素（BrF_5）が候補になる（五フッ化臭素の密度は二五℃の時、二・四六六である)。

そうではあるが、JPLは一九四七年にF_2O_7のような非現実的な物質を熱心に検討したし、ハーショー化学社は一九四九年と一九五〇年に、時間とお金を掛けて、$HClF_6$とかArF_4(注1)のような物質を合成しようとしたが、当然ながら（現在から見てだが）何の成果も得られなかった。その代わり、その過程で、二フッ化酸素の合成法とその物性については、多くを学んだ。

そこで、可能性があるのは三フッ化塩素（ClF_3）だけとなった。オットー・ルフは一九三〇年に三フッ化酸素を発見していた（彼は本章でこれまで述べた化合物の大部分も発見している)。また、ドイツでは戦争中にこの化合物の研究を行ったので、多くの事が分かっていた。原爆を開発するマンハッタン計画がきっかけとなって、米国ではフッ素化学についての研究が盛んになった。特に、オークリッジのウラン濃縮工場の化学者は、一九四〇年代後半から一九五〇年代前半にかけて、フッ素化合物について詳しく研究した。従って、ロケット関係者がフッ素化合物を検討し始めた時には、全く何も分かっていなかった訳ではない。

三フッ化塩素（ClF_3）、（技術者は「ＣＴＦ」と呼んでいる）は、気体では無色、液体では緑がかった色、固体では白色である。沸点は一二℃で（したがって、少し圧力を掛ければ室温でも液体にしておける）、凝固点はマイナス七六℃と使用しやすい低さである。密度は室温で一・八一と高く、優れている。

三フッ化塩素は、フッ素化の作用が最も強力な物質かもしれない。フッ素そのものよりフッ素化する力が強いくらいだ。もちろん、フッ素単体は気体で、液体の三フッ化塩素より密度がずっと小さい。液化したフッ素は非常に低温なので、その活性はずっと低くなる。

フッ素化の作用が強いと言っても、それは学術的な話で実際には危険ではないと思われるかもしれないが、それを実際に取り扱う場合には、恐ろしい結果をもたらす事がある。この化合物は極めて毒性が強いが、それだけが問題ではない。この化合物はあらゆる燃料に対して自己着火性で、その着火反応はあまりにも速いので、着火遅れ時間は測定不能なほどだ。また、布、木、人間などだけでなく、アスベスト、砂、水に接触しても爆発的に燃え上がる。この化合物は、鉄、銅、アルミニウムなどの通常の構造物用の金属で出来た容器に保存する事ができる。薄くて不溶性の金属フッ化物の膜が出来て、それが容器の金属を保護するためで、アルミニウムの透明な酸化被膜が、大気からアルミニウムの表面を保護するのと同じだ。もしこの被膜が溶けたり、こすれて無くなり、再形成されないと、フッ素と金属が反応して火災が起きる。そんな時のために、私は実験の際には、走って逃げられるよう、運動靴を履く事を勧めていた。たとえ火災が起きないにしても、ゼネラル化学社が三フッ化塩素を容器から大量に漏出させた時に経験したように、ひどい事故になる。ゼネラル化学社の営業員は、この件については話すのを避けていたが、私がそれならＲＦＮＡをデュポン社から購入すると脅すと、いやいやながらその事故の詳細を話してくれた。

その事故は同社のルイジアナ州シュリーブポートの工場で、ＣＴＦ（三フッ化塩素）が一トン入った鋼鉄製円筒容器を、初めて出荷する時に起きた。ＣＴＦを容器に入れる際に、容器を沸点より低い温度にしておくために、ドライアイス（マイナス七九℃）で冷却してあったが、その低温で容器の鋼鉄が脆化（もろくなる）していたようだ。円筒容器を運搬用台車に乗せようとした時、容器が割れて一トンのＣＴＦが床に流れ出した。ＣＴＦは厚さ三〇センチの床のコンクリートを侵食し、コンクリートの下の砂利に直径九〇センチの穴を開けた。触れる物全てを侵食するＣＴＦの蒸気が周囲に立ち込め、現場は大混乱になった。民間防衛隊が出動し、近隣の住民を避難させたが、事態が収まるまでは、控え目に言っても大変な騒動だった。奇跡的に死者は出なかったが、負傷者が一人出た。円筒容器が割れた時、容器を支えていたので、ＣＴＦがかかったのだ。彼は一五〇メートル離れた所で見つかったが、そこまで全速力で走って逃げ、そこで息が切れて走るのをやめたのだった。

この事故は、ロケット関係者がＣＴＦを使用し始めた時期より後の話だが、ロケット関係者はその恐ろしさを知っているので、コブラの歯を治療する歯医者のように、慎重に扱うようにした。それだけの用心をしても、しすぎる事はなかった。この物質の恐ろしさは評判通りだったからだ。

ベル航空機社のバート・アブラムソンは一九四八年春に、ヒドラジンを燃料に使用して燃焼試験を行ない、ＮＡＣＡとノースアメリカン航空社も翌年に燃焼試験を行なった。一九五一年にはＮＡＲＴＳはアンモニアとヒドラジンの双方を燃料にして燃焼試験を行なった。

燃焼試験の結果は素晴らしかった。しかし、取り扱いの難しさはひどかった。着火は良好で、水道の栓をひねって水を出す時の様に、滑らかにエンジンは始動した。性能は高く、ほとんど計算通りの数値が得られた。反応速度が速いので、非常に小さな燃焼室で十分だった。しかし、ロケットエンジンの部品が汚れていたり、推進剤の配管中に油やグリスが痕跡程度でも有ると、その配管は燃えてしまう。ガスケットやＯリングは有機材料では発火するので、原則的には金属製である必要がある。テフロンはＣＴＦが静止状態なら大丈夫だが、たとえゆっくりでもＣＴＦの流れがあると、発火はしなくても、湯に砂糖が解けるように、急速に溶けて無くなる。そのため、ロケットエンジンの配管の継ぎ手は可能な限り溶接にする必要があり、その溶接も欠陥があってはならない。溶接部のスラグ（溶接部に生じる非金属物質）の巻き込み部は、CTFと反応して、発火する。そのため、溶接部は磨いて滑らかに仕上げ、配管全体を清浄化した後に不働態化処理をしてからCTFを流すようにしなければならない。この配管の処理方法は、まず水で洗い、次に窒素ガスを流して乾燥する。次にトリクロロエチレンで洗って油分を完全に除去し、もう一度窒素ガスで乾燥させる。その後、CTFのガスを配管内に注入し、数時間、封入したままにする事で、何か残っていてもそれと反応させて除去する。これだけの処置をしてやっと液状のCTFを推進剤の配管内に流す事ができる。

本当に難しいのは、CTFを燃焼させる燃焼室だ。CTFを使用すると、燃焼室内の温度は四〇〇〇Kに近く、推進剤の噴射器やノズルのスロート部は浸食されやすく、適正な材料を使用し、正しい設計でないと、エンジンはすぐに使い物にならなくなる。推進剤の担当者は、性能が良いのでCTFを好むが、エンジンの設計者はエンジンの設計が難しくなり、取り扱いも大変なので、CTFを忌み嫌う。結局はCTFを何とか使いこなさなければならないのだが、設計者はできるだけCTFを使わなくて済むようにしたいと考える。最近になってロケットの使用者がIRFNAとUDMHの組み合わせより高性能の推進剤を希望するので、CTFが注目され大規模な研究が行われるようになった。

五フッ化臭素（BrF_5）は、取り扱いの難しさはCTFに良く似ているが、沸点はやや高い（四〇・五℃）。奇妙な事に、推進剤としての性能は、予想される程ではなく、テストスタンドで理論的な性能に近い実測性能を得るのは、CTFの場合よりずっと難しい。その理由は不明である。

推進剤開発が始まった時から、我々のような化学者の何人かにとって、CTFに適した燃料がない事は明らかだった。アンモニアは性能が低すぎ、ヒドラジンは性能と密度は良いが凝固点が高すぎる。他の燃料は、燃料の分子構造中に炭素原子を含んでいるので、フッ素系の酸化剤と組み合わせるには向かない（性能の章を参照されたい）。そのような組み合わせにすると、性能が低下し、濃い排気煙を噴き出する事になる。そのため、一九五八年後半、ベル航空機社のトム・ラインハルト、ＲＭＩのスタン・タンネンバウム、ＮＡＲＴＳの私は、お互いそうと知らないまま、その問題に取り組んだ。化学者が同じような問題に直面した時には、同じような答えを見つける事は良くある事だが、我々はお互いに非常に良く似た解決策を考え出した。タンネンバウムとラインハルトはまずＭＭＨ（モノメチルヒドラジン、CH_6N_2）から検討を始める事にした。ＭＭＨはヒドラジンに非常に近い化合物で、その分子中に、自身の炭素分子を燃焼させて一酸化炭素にできるだけの酸素を持っている。使用する際には、一モルの水と一モルのＭＭＨを混合すると、CO_8N_2の水溶液と同等の水溶液となる。この溶液をＣＴＦと燃焼させると、溶液中の炭素原子と酸素分子はCO（一酸化炭素）を、水素原子は燃焼により塩化水素（HCl）とフッ化水素（HF）を生成する。この場合の性能は、水を分解するのにエネルギーを消費するので、ヒドラジンの性能をやや下回るが、それでもアンモニアよりは高い。二人はかなりの量のヒドラジン（一モルのＭＭＨに対して〇・八五モルの比率）を加えた燃料を作ったが、その凝固点はマイナス五四℃のままで、上昇しない事を発見した。ベル・エアロシステムズ社はこの混合液を、現在はＢＡＦ‐１１８５と呼んでいる。

私もＭＭＨから研究を始めた。しかし、それまでの我々のヒドラジン硝酸塩（$N_2H_5NO_3$）についての研究を参考に、それを酸素の供給源にする事として、ヒドラジン硝酸塩を一モルに対して、ＭＭＨが三モルの比率で混ぜてみた。さらに、その混合液にヒドラジンを一モルか二モル加えても、凝固点が上がらない事を見出した。私はこの混合液の性能を計算して、ヒドラジンの性能と比較したいと思い、ＲＭＩのジャック・ゴードンに電話で、ＭＭＨとヒドラジン硝酸塩の生成熱を教えてもらおうとした。彼は熱力学データの生き字引のような人だった（現在でもそうだが）ので、彼がその数字をすぐに答えられなかった事は少し意外だった。私は、無意識のうちに、その事を頭の片隅にしまっておいた。

ともあれ、私は性能計算を行い、その結果は有望そうだった。ヒドラジンの九五パーセントの性能で、凝固点は問題なかった。そこで、我々はこの混合液を大量に作って、いろいろ試験を行なってその特性を調べたが、特性も非常に良かった。その混合液の爆発性を調べるためにカードギャップテスト（注2）を行い、液の中には酸化硝酸塩などが含まれているのに、爆発に対する衝撃感度が低い事を発見した。この混合液はロケット燃料に使えそうだったので、我々はこの混合液を「ヒドラゾイドN」と名付け、ロケットの開発で必要になる場合に備えて、実験室で保存する事にした。

その後、ある日タンネンバウムが「クラークさん、僕のためにカードギャップテストをしてくれませんか?」と電話して来た（RMIはカードギャップテスト用の試験機を持っていなかった。RMIと私の研究チームはいつも、頼まれたら即刻、書類なしで、上司の承認なしでも対応する、友好的な関係を保っていた。だから、この頼みにも驚きは感じなかった）。

「いいともタンネンバウム君。何を試験して欲しいの?」

彼は一瞬ためらった後に言った。「それは企業秘密で、貴方にも言えないんだ。」

私は彼の言葉をおだやかに遮って言った。「僕が部下に、試験するのが何かを知らせずに爆発試験をさせるなんて、考えられない事だよ。」

しばらくの沈黙。私がこう言うと思っていたのかもしれない。そして、「それはヒドラジンの一部を、酸化作用のある物質で置換した物です。」と彼は言った。

「それ以上は言わないで。」と私は遮った。私は彼の言った事を頭の中で整理してみた。「言ってみようか。君は三モルのMMHに一モルのヒドラジン硝酸塩を入れた……」

「誰がそれを言ったんですか?」と信じられない様子で彼は尋ねた。

許してもらいたいが、私は誘惑に勝てなかった。「僕のスパイはどこにでもいるんだよ。」と軽い調子で私は答えた。「その溶液はカードがゼロ枚でも爆発しないんだ。」と言って、私は電話を切った。

しかし、二分後には私は再び電話に出て、ワシントンのロケット部の担当者に、RMIのMHF‐1燃料と、NARTSのヒドラゾイドは全く同じ物で、タンネンバウムと私は全く独立に、同時にそれを作り出したので、誰も他の人のアイデアを盗んでいない事を説明させられた。こんな話は、噂が拡がる前に打ち消した方が良い！

数年後（一九六一年）、ヒドラジン硝酸塩が良いなら、過塩素酸ヒドラジン（$ClH_5N_2O_4$）はもっと良いはずだと思いついた。私はヒドラゾイドPを合成した。これは一モルの過塩素酸ヒドラジン、四モルのMMH、四モルのヒドラジンを混合した物だ。この混合液の性能はヒドラジンの性能の九八パーセントと良く、比重も少し大きくて、ヒドラゾイドNよりはっきりと優れていた。しかし、この混合液を作る際に、以前の過塩素酸ヒドラジンを扱った時の経験から、固形の塩が析出しないようにした。固形の塩は危険なので避けるべきなのだ。私は適当な量の過塩素酸アンモニウム（NH_4ClO_4、取り扱いが容易で安全な良い物質）をヒドラジンに加えて、分離したアンモニウムを窒素ガスで取り除いた。そこにMMHを加えると、ロケット用の燃料が出来た。出来上がった混合液は、七一℃の時にはステンレススチールに対して弱い腐食性を持つが（ヒドラジンに過塩素酸ヒドラジンを加えると、強い酸性を示す）、こぼした時の挙動は恐ろしい物である。床にこぼれた状態で発火すると、しばらくは静かに燃えるだけだが、過塩素酸ヒドラジンの濃度が高くなると、溶液は強烈な爆発を起こす（ヒドラゾイドNやそれに類似の物質も、同様な爆発を起こすことが分かった）。

もし溶液の燃焼速度を大きくする事が出来れば、燃焼は溶液が液体のままで行われ、気化して燃える事は無くなるので、過塩素酸の濃度が大きくなる事はなく、爆発の問題も無くなる。もちろん、私はある種の金属酸化物と金属イオンは、ヒドラジンの分解を促進する事を知っている。しかし、この促進作用はロケットエンジンでの燃焼の時以外に起きて欲しくなかった。その解決策は、金属イオンを何らかの物質で取り囲んで保護するが、燃焼温度ではその保護物質がはがれてヒドラジンの分解を促進する事だ。そこで私は実験室の部下に、実験室の保管庫にある限りの金属のイオンと、アセチルアセトンの錯体を作るよう指示した。

部下は一〇種類以上の錯体を製作し、我々はそれを試験した。あるものは何の作用も示さなかった。ある物はヒドラゾイドPに入れた途端に、ヒドラゾイドPを分解させ始めた。しかし、ニッケル・アセチルアセトナートの作用は素晴らしかった。室温や保存状態ではなんの作用も示さない。しかし、〇・五パーセント程度入れると、ヒドラゾイドPの燃焼速度を、空気中でも、一液式推進剤として加圧された状態でも、けた違いに速くした。しかし、屋外で燃焼させて見ると、結果は良くなかった。何らかの要因がヒドラゾイドの燃焼に影響し、毎回ではないが三回に一回程度は爆発を起こした。そのため、その使用には不安が残った。

もう一つおかしな性質が有った。ニッケル錯体を添加すると、燃料が独特の美しい紫色になるのだ。私はなぜか、ずっと紫色の推進剤を作りたいと思っていたがそれがかなえられた！

CTF（ClF_3）と組み合わせる燃料が、いくつか開発された。それらは概してここまでに述べた燃料に類似の物だ。燃料中の炭素（C）が、燃焼した時に全て一酸化炭素（CO）になるように、酸素の量を調整してある。全体的にはこの種の燃料に関する問題点は、十分に対処できた。こぼした時に爆発を起こす危険性は、エンジンの運転試験場では重要だが、燃料を密封しておくミサイルでは問題にはならない。

CTFに関する初期の研究作業と、それと組み合わせる燃料を探す作業が行われていた頃、研究者達は、塩素の酸化物とそこから派生する化合物を熱心に調べていた。七酸化二窒素（Cl_2O_7）は生成熱が＋六三・四キロカロリー／モルで、一九五〇年代前半に知られている中では、最も強力な酸化剤だった。試算してみると、どの燃料と組み合わせても、非常に高い性能を発揮しそうだった。しかし、一つ難点が有った。少しでも刺激を受けると、または何の刺激がなくても爆発するのだ。少なくとも五つの研究機関がこの化合物を使いこなそうと試みたが、全て失敗した。使用可能にする方法として、爆発性を弱めたり、安定化するための添加剤を見つけようと努力がはらわれた。オリン・マシソン社だけでも、約七〇種類の添加剤を試したが、全て失敗に終わった。

七酸化二窒素に近い化合物である過塩素酸は、当初はもっと有望そうに思われた。その生成熱はマイナス（つまり発熱反応で生成される）なので、自然に分解する傾向は小さいはずである。しかし、濃度一〇〇パーセントの過塩素酸は、硝酸と同じく、化学式通りの物ではない。濃度の高い過塩素酸では、次の平衡状態が生じる。

$$3HClO_4 \rightleftharpoons Cl_2O_7 + H_3OClO_4$$

従って、反応性の高い酸化物が存在するので、問題を引き起こしやすい。酸化物が過塩素酸の分解を引き起こすと、過塩素酸はその構成分子に分解するのではなく、塩素と酸素と水（H_2O）に分解し、その際に大きなエネルギーを放出して、そこに居る人達を驚かせる。私はその現象を熟考して、思いついた事がある。過塩素酸の化学構造式は次のように表現できる。

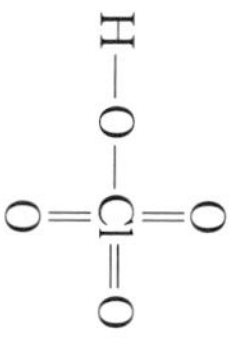

H—Oの部分をFで置換すると、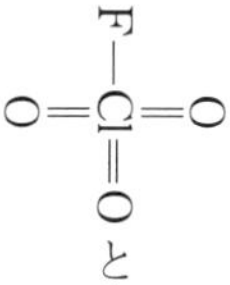となるが、この物質はどう分解するのだろう？　この中には大量のエネルギーを放出する部分は無く、化合物は安定であるはずで、優れた酸化剤になるはずだった。

それで、一九五四年の春のある日、ＮＡＲＴＳの当時の主任技術者だったトム・ラインハルト、ペンソートケミカル社の研究部長のジョン・ゴール博士、私の三名は、私の実験室で推進剤についてあれこれ雑談していた。ゴール博士は三フッ化窒素（NF_3）を我々に勧めたが、その沸点がマイナス一二九℃と低すぎるので、他の二人は関心を示さなかった。私は前述の過塩素酸の一部をフッ素で置換した化合物の事を話した。そして、私の推測として、その物質の沸点は低いが、それ程は低くないので、室温では加圧すれば液体で、更に、「その化合物を構成する原子の電子殻の最外殻が埋まっているので」化学的には活性が低いだろうと話した。そして、ゴール博士に「君の所でこの化合物を作ってくれないか?」と頼んでみた。

彼はとても自慢そうに答えたが、その答えでこの会合は新しい局面に突入した。彼は「それはもう僕の所で作った。その性質は君の推測通りで、たまたまだが、僕らはその化合物を初めて作り出した人物を雇ったばかりだ。」と言ったのだ。

私は飛び上がる程うれしかった。これがフッ化ペリクロリルの研究計画の始まりとなった。一九五一年は、ドイツ人研究者は塩素酸ナトリウム（$NaClO_3$）をフッ素ガスで処理してフッ化ナトリウムや、その他、何だか分からないガス状の化合物を作り出していた。その中の一つが、後で考えると、フッ化ペリクロリルだったのではないかと思う。一九五二年には、オーストリアのエングルブレヒトとアッワンガーが、塩素酸ナトリウムを無水フッ化水素酸（HF）に溶かし、その溶液を電気分解した。多分、電気分解してみたらどうなるかを知りたかったのではないかと思う。彼らは発生した気体を集め、種類別に分けて、フッ化ペリクロリルを分離した。そこには水素やフッ素などが混じっていたので、爆発が起きたが、実験者は何とか無事に生き延びた（エングルブレヒトは異常に冒険好きな性格だった。彼のもう一つの業績は、粉末アルミニウムをフッ素ガスで燃やす、とても危険な切断用トーチの開発だった。彼はコンクリートの塊をその切断トーチで切る事が出来たが、その時には火花と炎、匂いがすごく、制御不能な事故が起きているみたいだった）。私は彼がフッ化ペリクロリルを発見した時の報告書は読み損なったが（その報告書は、私が普段は目を通さないオーストリアの雑誌に掲載された）、ペンソート社の研究者はその報告書を見て、エングルブレヒトこそ彼らが捜していた人材だと思って、彼を雇ったのだ。

七月に米海軍航空局はNARTSがフッ化ペリクロリルを研究する事を許可し、ペンソート社は一〇月に、エングルブレヒトの方法で苦労して製造したフッ化ペリクロリルを三三グラム、私の所に送ってきた。我々がその化合物の性質を調べている間に、ペンソート社はもっと簡単な製造方法を探していた。ペンソート社の研究所のバートベーレンアルプ博士がその方法を考え、特許を取得した。その合成方法により、より簡単で費用が少なくて済む。その方法では次の反応を利用する。

$$KClO_4 + (\text{過剰な})HSO_3F \longrightarrow KHSO_4 + FClO_3$$

実際にはこれより複雑な反応だが、その正確なメカニズムは誰も本当には理解できなかった。

我々がフッ化ペリクロリルの物性を調べているのと平行して、ペンソート社も同じ調査を行ってその結果を我々に提供してくれた。数カ月の内に、我々は必要な情報を全て知る事が出来た。ペンソート社と仕事をするのは楽しかった。例えば、ある日に電話をして、温度による粘性の変化を質問すると、一週間以内に測定をしてくれて（液体の粘性を、その液体の蒸気圧が作用している環境下で測定するのは易しい作業ではない）、その結果を連絡してくれた。

一九五五年になると、試験用のロケットエンジンで燃焼試験する段階に達した。ペンソート社は四・五キログラムのフッ化ペリクロリルを、我々の所に、担当者が直接持ってきてくれた（今回は新しい製造方法が間に合わなかったので、古い方法で製造したものだった。価格は一キログラム当たり一二〇〇ドルだった。我々はその値段は気にしなかった。倍はするだろうと思っていたからだ！）。

その四・五キログラムのフッ化ペリクロリルで、我々は小型のロケットエンジンによる試験を行なう事ができ（燃料はＭＭＨ）、非常に優れた酸化剤である事を確認した。ＭＭＨと組み合わせた時の性能は、三フッ化塩素（ClF_3）とヒドラジンを組み合わせた時の性能に非常に近い上に、凝固点が高すぎる事は無かった。ＭＭＨとは自己着火性だったが、爆発的に着火するため(注3)、始動では点火剤にＲＦＮＡを使用した。後にバートベーレンアルプ博士は、フッ化ペリクロリルに少量の一フッ化クロリル（ClO_2F）を混ぜて自己着火特性を改善した(注4)。しかし、現場の関係者を一番喜ばせたのは、それが他の酸化剤とは違って、エンゲルブレヒトの言葉を借りれば、「その容器を足の上にでも落とさない限り」、取扱上の危険性が大きくない事だった。その毒性は驚くほど低く、接触する物や人間の皮膚を冒さず、それが人間に掛かった時にも発火したりしない。とても扱い易い化合物だった。

フッ化ペリクロリルが使われなかったのは、結局、その密度が室温ではやや低く一・四一一で（CTFは一・八〇九）、液化可能な最低温度である臨界温度が九五℃で、非常に膨張係数が大きいためだ。その体積は二五℃から七一℃にすると二〇パーセント増加するので、燃料タンクをその分だけ大きくする必要がある。しかし、フッ化ペリクロリルはCTFのような、ハロゲン系の酸化剤とは混和性があり（任意の比率で混ぜ合わせる事ができる）、それらの酸化剤を炭素原子を含む燃料と組み合わせて燃焼させる際に、酸素の量を増やす事が必要な場合は、ハロゲン系酸化剤に追加する事ができる。

PF（フッ化ペリクロリルの事で、機密保持上の理由と、「過塩素酸」と言う表現が難しいので、この略語が使用されていた）の研究が進められている時に、次の有力候補が現れて来た。この時期、いくつもの研究機関が三フッ化塩素（ClF_3）より性能が良く、貯蔵可能な酸化剤を見つけようとしていた。一九五七年に、ローム・アンド・ハース社のコルバーンとケネディは、三フッ化窒素[注5]を四五〇℃の高温で銅と反応させて、$2NF_3 + Cu \longrightarrow CuF_2 + N_2F_4$の反応で四フッ化ヒドラジン（$N_2F_4$、四フッ化二窒素）を作った。

これは興味深い物質で、推進剤研究者は大喜びでこの物質の研究に取り掛かった。研究は二つの方向で行われた。一つは四フッ化ヒドラジン[注6]と呼ばれる事になったこの物質の合成法の改善で、もう一つはその物理的特性と、他の物質との化学的反応特性の把握だった。

ローム・アンド・ハース社は、三フッ化窒素を高温にしたヒ素と反応させると言う、かなり特殊な合成法を採用した。ストーファー化学社は、三フッ化窒素を高温の流動化させた炭素と反応させる、制御しやすい方法で製造したが、出来上がった化合物には六フッ化エタン（C_2F_6）が多く含まれて、それを除去する事はできなかった。デュポン社は全く異なった製造方法を開発した。三フッ化窒素（NF_3）と一酸化窒素（NO）を、六〇〇度の高温にしてニッケルの管を通す事で、四フッ化ヒドラジンとフッ化ニトロシル（NOF）を作る。他の製造方法としては、尿素を含む溶液とフッ素ガスを反応させて、ジフルオロ尿素（F_2NCONH_2）にし、それを熱した硫酸で加水分解して二フッ化アミン（HNF_2）を分離させ、その二フッ化アミンを使って作る方法がある。最終的には二フッ化アミンを酸化して水素を失なわせてN_2F_4にする。カレリー化学社は強アルカリ性の溶液で、次亜塩素酸ナトリウム（NaClO）を使用して製造した。エアロジェット社とローム・アンド・ハース社は酸性の溶液中で第二鉄イオンを反応させて製造した。デュポン社の製法と、HNF_2経由で合成する方法が現在使用されている製造方法である。

（二フッ化アミン（HNF_2）を酸化剤として使用する事を考えた人も有った。沸点はマイナス二三・六℃で、密度は一・四より大きい。しかし、爆発性が強いので実用化は進まなかった。二フッ化アミンを中間物質として使用する時は、液体ではなく気体で扱い、速やかに使い切ってしまう事が良い。）

四フッ化ヒドラジン（N_2F_4）は、明らかに高エネルギーの酸化剤で、ヒドラジンなどの燃料との組み合わせでは、理論的には高い性能を有する（ＮＢＳ社のマランツと彼のグループは、その生成熱の数値を求め、それにより正確な性能計算が可能になった）。一九六二年にエアロジェット社がヒドラジンとペンタボラン（B_5H_9）を燃料に用いて燃焼させた時は、彼らの計測結果では性能は理論値の九五から九八パーセントだった。密度も沸点温度の時に一・三九七と良好だが、その沸点はマイナス七三℃（注７）と低く、貯蔵可能な燃料とは言えない。

この沸点が低かった事から、「宇宙飛行用の貯蔵可能燃料」の発想が出て来た。ご記憶と思うが、一九五七年はスプートニク一号が打ち上げられた年で、一般の人達もこれまでは宇宙飛行など現実的ではないと思っていたのが、突然、現実の物になった事を知らされたのだ。宇宙に少しでも関係がありそうな物は、注目を集めるようになり、軍がミサイルで四フッ化ヒドラジンを使用できなくても、宇宙関係機関（ＮＡＣＡ、後にＮＡＳＡ）なら、宇宙飛行用に使用できるかもしれないと考えられた。結局の所、宇宙の真空は断熱材として機能するので、真空中の推進剤の容器は、魔法瓶と同じで、沸点の低い物質を長時間、保存できる。宇宙飛行用の保存可能な推進剤の沸点としては、マイナス一五〇℃以下と決められたが、採用してほしい推進剤に合わせて、その値を変更してもらう事も可能だった。二フッ化酸素（OF_2）は、沸点がマイナス一四四・八℃だが、それに組み合わせる燃料がメタン（CH_4）の場合、その沸点はマイナス一六一・五℃なので、二フッ化酸素を「宇宙飛行用貯蔵可能」と呼んでも、そう呼ぶ事に強く反対する人はいないだろう。

三フッ化窒素（NF_3）は比較的、活性が低い物質で、その化学的性質はあまり複雑ではないが、四フッ化ヒドラジン（N_2F_4）は特有の興味深い化学的特性を持っている。推進剤の研究者は、この化合物の登場はあまりうれしくなかった。研究者としては、燃焼を開始するまではタンクの中でおとなしく待機していてくれる、穏やかな特性の推進剤の方がずっと好ましいからだ。

四フッ化ヒドラジン（N_2F_4）は水と反応してフッ化水素（HF）や種々の窒素酸化物を生成する。一酸化窒素と反応して、不安定で美しい紫色のF_2NNOができる。酸素を含んでいる多くの化合物とは、三フッ化窒素（NF_3）、フッ化ニトロシル（NOF）、窒素の単体（N_2）、種々の窒素酸化物を生成する。その生成反応は、一般的に反応時の条件に強く影響され、微量の水分や窒素酸化物、反応容器の材質など様々な条件に影響される（中には思いがけない要因が影響する事もある）。その生成反応の多くは、四酸化二窒素（N_2O_4）の一部が常に$2NO_2$（二酸化窒素）に部分的に解離するのと同じく、四フッ化ヒドラジン（N_2F_4）の一部が常に$2NF_2$に解離する事で起きるが、その解離の度合いは温度が高くなると増加する。これは塩素分子（Cl_2）のようなハロゲンと同じで、四フッ化ヒドラジン（N_2F_4）は疑ハロゲンと見なされている。ローム・アンド・ハース社のニーダーハウザーは、その事からN_2F_4（四フッ化ヒドラジン）は気体の状態でエチレンと二重結合をして、$F_2NCH_2CH_2NF_2$を生成すると考えた。この反応は一般的に成立する事が分かり、一液式推進剤の章で記述するいくつかの化合物を含めて、多くの化合物が作り出された。

四フッ化ヒドラジンの取り扱い方法と特性は、現在ではよく理解されていて、高性能の酸化剤である事は間違いない。しかし、推進剤としての将来を予測する事は難しい。軍用には用いられないと思われるし、大型の宇宙ロケット用としては、液体酸素の方が性能が高く安価でもある。将来的には深宇宙用として使用されるかもしれない。冥王星探査機は、冥王星周回軌道に入るための再点火までに、何年間もエンジンを停止したまま慣性飛行をする事になる。宇宙空間が真空状態で断熱効果が高いにしても、液体酸素をそれだけの長期間、保存し続けるのは難しい。四酸化二窒素（N_2O_4）は完全に凍結してしまう（四酸化二窒素の凝固点はマイナス一一・二℃）。

ケネディとコルバーンが四フッ化ヒドラジンを発見した時、彼らが何を作り出そうとしているのかを、しっかり認識していた。しかし、次に紹介する酸化剤は、別の目的で探していて見つかったものである。

一九六〇年の初頭、ロケットダイン社のエミル・ロートン博士は、空軍との契約作業で、当時としてはとても素晴らしいアイデアを試そうとしていた。それは三フッ化塩素をジフルオロアミンと、次の様に反応させる事だった。

$$ClF_3 + 3HNF_2 \longrightarrow 3HF + Cl(NF_2)_3$$

ロートン博士はドナルド・ピリポビッチ博士にその作業を担当させた。ピリポビッチ博士は自分で実験用の金属配管を作って、試験を開始した。しかし、欲しかった化合物は出来なかった。出来たのは、主として$ClNF_2$で、そこに少量の「化合物X」が混じっていた。化合物Xは質量分析計の計測で、NF_2O^+イオンに強いピークを持つが、問題はそのイオンの中の酸素がどこから来ているのかだ。彼は調査をして、使用した三フッ化塩素は、不純物として$FClO_2$とClO_2を多く含んでいる事を知った。

その頃、同じグループのウォルター・マヤ博士は、フッ素と酸素の混合気を使用して、放電により二フッ化二酸素（O_2F_2）を作っていた。たまたま配管に空気がはいってしまい、その結果、同じ「化合物X」が出来てしまった。

ピリポビッチ博士は別の仕事で忙しかったので、マヤ博士が化合物Xの調査をする事になった。彼は空気とフッ素の混合気中の放電でも化合物Xは出来るが、酸素と三フッ化窒素（NF_3）の混合気中の放電の方がもっと多くできる事を発見した。解析グループのバーソロミュー・タフリー博士は、三フッ化窒素から化合物Xを分離するために、ガスクロマトグラフ用の、ゲル化したフルオロカーボン用カラムを新しく開発し、マススペクトルと分子量から、化合物XがONF_3、つまり探していた酸化剤、F_2NOFである事を突き止めた。

同じころ、アライドケミカル社のW・B・フォックス、J・S・マッケンジー、N・バンダークックの各博士は、二フッ化酸素（OF_2）と三フッ化窒素（NF_3）の混合気中で放電を行い、その結果のガスの赤外線スペクトル分析を、一九五九年中頃に行ったが、そこに含まれる物質が何かは分からなかった。この二つの研究グループは、一九六一年一月に、双方のスペクトル分析の結果を比較して、同じ化合物である事を発見した。核磁気共鳴法（NMR）でスペクトル分析を行い、それがONF_3であって、F_2NOFではない事を明らかにした（訳注2）。

ここから得られる教訓は、新しい化合物を作ろうとする時には、混合気の中で放電を行ってみると良いと言う事である。何が出来るのか予測できない。しかし、思いがけない物ができる可能性がある。

フォックス博士のグループは、ONFを光化学反応を利用してフッ素化する事で、また、NOをフッ素ガス中で燃焼させた後に急冷する事で、ONF_3を作れる事をこの直後に発見した。後者の製法は比較的多くの量を作るのに適している。

その少し後、私は推進剤合成に関する大きな研究会議の議長をしていて、予定表でロケットダイン社とアライドケミカル社の双方が、ONF_3の合成について報告をする事に気付いた。私は両社がONF_3内の分子結合に関して、大きく異なった解釈をしている事を知っていた。それについて論争が行われる事を期待して、私は両社が続けて発表するように発表順を設定した。しかし、両社はとても穏健だったので、論争は行われなかった。残念。

数年後の別の会議では、もっと面白い結果となった。一九六六年六月、フッ素化学に関する研究会議がミシガン州アナーバーで開かれた。そこでブリティッシュ・コロンビア大学のニール・バートレット教授は、ONF_3の発見とその物性について、論文を発表する予定だった。バートレット教授はフッ素化学の大家で、OIF_5と二フッ化キセノンの発見者だが、ロケットダイン社とアライドケミカル社の社外秘の研究については、当然ながら聞いていなかった。アライドケミカル社のフォックス博士は、研究会議の内容の予告を見て、急いで彼の研究報告を社外秘から外して、バートレット教授の発表のすぐ後に、自社の合成法と物性の調査結果を報告した。フォックス博士はバートレット教授の発表に配慮しながら自分の発表を行い、バートレット教授は、苦笑いをしながら肩をすくめて、「また新しい研究テーマをさがすか。」と言っただけだった。この出来事は、学問の研究者の、特定の目的のためではない「純粋」な学問的研究が、実用的な目的のための研究より、学問的（そして倫理的にも）に優れているとの信念に、一石を投じる物だった。

この化合物には、三フッ化窒素酸化物、ニトロシルトリフルオリド、トリフルオロアミン・オキシドの名前がある。最初の名前が一般的に適切かもしれない。沸点はマイナス八七・五℃、沸点における密度は一・五四七である。化学的活性は四フッ化ヒドラジンよりずっと低く、そのため取り扱いはずっと易しい。ほとんどの金属に対して安定で、水やアルカリとの反応速度は極めて小さく、ガラスや石英とは四〇〇℃の高温でも、極めてゆっくりとしか反応しない。この点では、同様な密で対称的な四面体構造を持ち、閉殻で反応性の電子を持たないフッ化ペリクロリルと非常に似ている。フッ素化オレフィンと反応して、C-O-NF_2構造を形成し、SbF_5と反応して、塩である$ONF_2^+SbF_6^-$を作る（この塩は興味深い物質である）。

このONF$_3$の、酸化剤としての能力はN_2F_4と同程度と思われ、深宇宙探査用には使えそうである。

深宇宙だけでしか使われないロケットエンジンの設計では、一般的に燃焼室の圧力は、一〇気圧程度以下の、比較的低い圧力で設計される。そのため、推進剤を燃焼室に噴射するのに必要なエネルギーは、地上から発射されるとして設計される場合より少ない。地上から使用される場合の設計では、燃焼室の圧力は通常は七〇気圧程度である（数年後には一七〇気圧程度かもしれない！）。深宇宙用ロケットエンジンでは噴射圧力が低くても良いため、「宇宙飛行用貯蔵可能」推進剤のいくつかは、深宇宙用に特に適しているように思われる。エンジンを切って慣性飛行している時は、推進剤の温度は沸点以下に保たれる。そして使用される時が近づくと、スプレー缶が内部の圧力で噴射するのと同様に、小出力のエネルギー源（小型の電熱コイルなど）で、蒸気圧が燃焼室の圧力より高くなる温度まで温めればよい。四フッ化ヒドラジン、三フッ化窒素酸化物は、昔から知られているフッ化ニトリル（FNO_2）と並んで、このような使用法には特に適していると思われる。エアロジェット社は一九六三年に、この種の推進剤について詳しく研究し、大きな成功を収めた。

「宇宙飛行用貯蔵可能」燃料と推進剤を選ぶのに際して、液状を保つ温度範囲が同程度の物を選ぶのが良い。探査飛行で何カ月もの間、燃料と酸化剤のタンクが隣り合わせなっている場合には、中間に断熱材が有っても両者の温度は同じ温度に近付く。もしその温度で、片方が固体、片方が気体の場合には、ロケットエンジンを始動させる時に、問題が起きやすい。同様に、燃焼室内への噴射に、タンク内圧を利用する方式の場合、燃料と酸化剤の蒸気圧が近いと設計がやりやすい。そのため、ロケットの設計者が酸化剤に沸点がマイナス八七・五℃のONF_3を使用しようとする場合、燃料には沸点がマイナス八八・六℃のエタンを燃料に選ぶのが好ましい。

二種類の宇宙飛行用貯蔵可能な推進剤が、詳しく研究されている。RMIとJPLは一九六三年から始まって一九六九年までジボラン（B_2H_6）と二フッ化酸素（OF_2）を、プラット・アンド・ホイットニー社、ロケットダイン社、TRW社はNASAとの契約により、更にNASA本体も、酸化剤にOF_2、燃料にメタン、エタン、プロパン、1-ブテンなどの軽質炭化水素とその混合物の組み合わせを集中的に研究した（ロケットエンジンを用いた燃焼試験のほとんどでは、OF_2の安価な代用品として酸素とフッ素を混ぜた物が使用された）。炭化水素類はどれも優れた燃料だったが、メタンは性能が良いのに加え、浸出冷却や再生冷却用の冷却液としても使用できる優れた燃料だった。二フッ化酸素（OF_2）とメタンの組み合わせは非常に有望である（一九三〇年ヴィンクラーの燃料が、評価されるまでには長い時間がかかった！）。

酸化剤研究の話の最後として、守秘義務の範囲内でお話できるのは、「化合物A」の開発秘話である。私が他の件より詳しくお話しする理由は簡単である。「化合物A」の発見は、推進剤の開発を行ってきた化学者にとって、それまでで最も重要な業績であり、その経緯は詳しく記録されているし、開発を成功させるのに、技術的課題よりも官僚主義や人間関係の障害を克服する必要が有った事を、見事に物語っているからである。

ロケットダイン社のウォルター・マヤ博士が一九六〇年から一九六一年にかけて、放電による化合物合成の実験をしている時（彼はN_3F_5のような化合物を合成しようとして、三フッ化窒素（NF_3）をこの方法で合成したが、それは他の人が実現できなかった事だった。）、彼は時々、赤外線領域の一三・七ミクロンと一四・三ミクロンの波長で吸収線を示す二種類の化合物を、ごく微量作り出した事があった。その二つの化合物を、彼は簡単に「化合物Ａ」と「化合物Ｂ」と呼んでいた。その時点では、マヤ博士は他の仕事で忙しかったので、ロートン博士はハンス・バウアー博士にその二種類の化合物を調べさせた。バウアー博士は時間が掛かったが、「化合物Ａ」を質量分析装置で調べられるだけの量を作り出した。彼はその化合物に塩素が含まれている事を発見した。合成装置には窒素とフッ素しか入れてないので、塩素が含まれている理由を調べる必要が有った。調べてみると、装置の配管の栓に使用されているクロロトリフルオロ炭化水素（Kel-F）グリスが関係しているように思われた。ロートン博士はバウアー博士に、NF_3の合成試験に塩素を加えさせた（彼の意に反してだが）。すぐに「化合物Ａ」を作るには塩素とフッ素だけで良い事が分かった。この事実と、さらに判明した「化合物Ａ」が微量の水と反応して$FClO_2$を生成する事と、赤外線スペクトル分析の結果から、ロートン博士は一九六一年に提出した報告書で、「化合物Ａ」が五フッ化塩素（ClF_5）であろうと述べた。まさに丁度この時、ロケットダイン社の契約（国防省の高等研究計画局（ＡＲＰＡ）が支援、アメリカ海軍研究局（ＯＮＲ）が監督）がキャンセルされた。

このキャンセルの理由は、遠く離れたテキサス州にあるロケットダイン社の固体燃料部門が、ＡＲＰＡの研究計画で秘密情報管理上の問題を起こし、ＡＲＰＡのジャン・モック博士が懲戒処分として何か必要と考えたためではないかと思われる。それとは別に、モック博士は、ロケットダイン社のロートン博士の上司であるボブ・トンプソン博士に、「ロートンは五フッ化塩素を合成したと言っているが、我々の知る限り、それは不可能だ。」と話している。そのため、「化合物Ａ」の研究計画は半年間、棚上げになってしまった。

その後、一九六二年三月頃、トンプソン博士は社内研究費をかき集めて、ロートン博士に、二名の化学者を三カ月間、ロートン博士が好きなように使って良いと指示した。マヤ博士は「化合物A」の研究計画に復帰し、デイブ・シーハンに協力してもらって、概略の分子量を調べる事ができるだけの量を合成した。分子量の測定値は、理論値が一三〇・五であるのに対して、一二七だった。

この成果を得て、ロートン博士はARPAのモック博士の補佐役のディック・ホルツマンに、研究契約をしてもらえるよう懇願した。これは一九六二年の中頃の事だった。

この時、ロートン博士は空軍からの研究契約を受注していたが、この絶望的な状況のため、その契約をこの問題のために利用しようと考えた。難点は空軍との研究契約では、ハロゲン間化合物の研究は認められていなかった事だが、彼は五フッ化塩素（ClF_5）の合成に成功すれば、それは問題にならないだろうと考えた（昔のスペイン帝国陸軍では、命令に反した戦いを行って、それに勝利した将軍に授与する賞が有った。もちろん、その戦闘に敗れれば、将軍は銃殺刑になるのだが）。ピリポビッチ博士はこの時点では、ロートン博士の部下で、この研究の責任者だったが、ディック・ウィルソンにこの研究を命じた。一週間もしない内に、ウィルソンは次の反応を起こさせるのに成功した。

$$ClF_3 + F_2 \longrightarrow ClF_5$$

$$ClF + 2F_2 \longrightarrow ClF_5$$

$$Cl_2 + 5F_2 \longrightarrow 2ClF_5$$

$$CsClF_4 + F_2 \longrightarrow CsF + ClF_5$$ （Csはセシウム）

この四種類の反応は、全て熱と圧力を加える必要が有った。

次は、これを空軍にどう説明するかが問題だった。簡単な問題ではない。ロケットダイン社の報告書が一九六三年一月に、エドワーズ空軍基地に提出されると、大問題になった。ロートン博士の研究計画を監督する立場だったドン・マクグレガーは怒り狂ってロートン博士をなぶり殺しにしかねない程だった。一方、フォレスト・フォーブスはロートン博士を表彰したいと思った。大騒動になって、多くの人が右往左往した挙句、何週間もかかってやっと事態は収まった。ロートン博士は許してもらう事が出来、ディック・ホルツマンは、ARPA内でうまく説明して事態を収拾し、ロートン博士に新しい契約を与える事が出来、推進剤業界には平和が戻った。私は数週間後に五フッ化塩素（「化合物A」の名称は、保全上の理由でその後も数年間使用された）の合成が可能になった事を聞くと、ロートン博士に手紙を書いた。手紙の冒頭には、「おめでとう、やったね！　僕がやれたら良かったのに！」と書いた。ロートン博士はその手紙を自慢して、ロケットダイン社の社内で見せて回ったとの事だ。

五フッ化塩素（ClF_5）は三フッ化塩素（ClF_3：CTF）に非常によく似た化合物だが、適切な燃料と組み合わせた場合、推進剤としての比推力が約二〇秒向上する。沸点はマイナス一三・六℃、密度は二五℃の時に一・七三五である。そして、CTFを使用するために開発した技術、手法が、この新しい酸化剤でもそのまま全て適用できる。この酸化剤の発見に、推進剤業界がどんなに喜んだか、言葉では表現できない程だ。

ARPAとの研究契約で、ロケットダイン社の研究グループは、ディック・ウィルソンの卓越した実験技術により、「フロロックス」を作り出した。しかし、その内容はまだ機密になっているので、それについて説明すると秘密保持違反になってしまう(注8)。しかし、この時点では誰も$OClF_5$の合成には成功してなかった。この化合物は究極の貯蔵可能な酸化剤と思われるので、私は「化合物オメガ」と呼んでいた。これは炭素を含む燃料との使用に特に適していると思われた。例えば、モノメチルヒドラジン（CH_6N_2）とは一対一の比率で反応し、$5HF + HCl + CO + N_2$を作り出すが、これらは排気ガスの成分としては、熱力学的な観点から良い成分と言える。ロケットダイン社のロートン博士のグループは、その合成を試み、今でも試みていると思われる。また、私の所のサム・ハッシュマン博士とジョー・スミスはその合成に三年以上挑戦していて、あらゆる手法を試しているが、まだ成功していない（原材料の入手が困難な事も障害になっている）。もし誰かが「化合物オメガ」の合成に成功するとしたら、それはロートン博士のグループのニール・バートレット達である可能性が大きい。

使用する燃料に合わせて、複数の酸化剤を混合する事もいろいろ研究されてきた。NOTSもそうで、一九六二年には三フッ化塩素（ClF_3）、フッ化過クロリル（$FClO_3$）、四フッ化ヒドラジン（N_2F_4）を混合した「トリフロックス」剤を試験した。ペンソート社も三フッ化塩素とフッ化過クロリルを混ぜた「ハロックス」剤を試験した。この種の酸化剤としては、五フッ化塩素とフッ化過クロリルを適切な比率で混合した酸化剤は、燃料にMMHを用いた場合は、なかなか合成が成功しない「化合物オメガ」とほとんど同じくらいの性能を発揮すると、私は思っている。

四フッ化ヒドラジンを混ぜる事で五フッ化塩素の性能を向上させようとする研究は、その混合液の蒸気圧が驚くほど急激に上昇した事で（鋼鉄製の耐圧容器に入っていたから良かったが）、突然終わってしまった。二種類の酸化剤を混ぜた事で次の反応が起きた結果だと思われる。

$$ClF_5 + N_2F_4 \longrightarrow ClF_3 + 2NF_3$$

この反応を止める方法は何も無かった。

まだ「化合物B」の話が残っていた。これは残念な結果に終わった。この化合物は六フッ化タングステン（WF_6）である事が分かったが、そのタングステンは質量分析器のイオン源のタングステン製のフィラメントから来た物で、この化合物は酸化剤に使える物ではなかった。ロートン博士でも、いつも素晴らしい成功を収める事は出来ないのだ！

第7章　推進剤の性能について

ここまで「性能」について、言葉を選びながら（と私は思っているが）、文章の中の多くの箇所で書いてきたが、ここで改めて「性能」の意味や内容についてまとまった説明をするのが、良いのではないかと思う。

ロケットエンジンの目的は、推力、つまり力を発生する事である。気体を高速で噴き出す事で、推力は生まれる。そして、推力は二つの要素により決まる。噴出する気体の流量、つまり毎秒当たりの気体の質量（キログラム／秒などで表す）と、噴出速度の二つだ。噴出する気体の質量流量に噴出速度を掛けた値が推力になる。従って、キログラム／秒にメートル／秒を掛けると、ニュートンを単位とする推力の大きさになる（ＭＫＳ単位系を使用した場合）。推力を増やすには、質量流量を増やす（エンジンを大きくする）か、噴出する排気の速度を上げる事が必要だ。排気の速度を上げるには、一般的には良い組合せの推進剤を使用する必要がある。燃料と酸化剤を組み合わせた推進剤の性能とは、要するに推進剤を燃焼させた時の排気の速度で代表されると考えれば良い。

ロケットに関係しない人は、サターンＶ型ロケットの「パワー（仕事率）」がいくらかを質問する事がある。「パワー」はロケットではあまり役に立つ概念ではない。なぜなら、ロケットエンジンが目的とするのは、ロケットに運動量を与える事だからだ。運動量は推力に、推力が作用する時間を掛けた値だ。しかし、「パワー（仕事率）」を、熱エネルギーや化学的エネルギーが、排気の運動エネルギーに、変換されていく速さ（一秒当たりどれだけのエネルギーに変換されてロケットを駆動するのか）と考える場合には、その数字は意味を持つ。ある質量の排気の持つ運動エネルギーは（速度の基準はロケットに対する速度で、地球、月、火星などではない）$Mc^2/2$で、Mは排気の質量、cは排気の速度（これもロケットに対する速度）である。そして、排気のエネルギーをロケットのエネルギーに変換する「パワー（仕事率）」、つまりエネルギー変換の時間率は$\dot{M}c^2/2$である。ここで$\dot{M}$は排気の質量流量である（単位はキログラム／秒など）。しかし、前述のように$\dot{M}c = F$（Fは推力）である。従って、まとめるとパワー（仕事率）$= Fc/2$となる。とても簡単だ。次にサターンV型ロケットを例にして考えよう。

サターンV型の推力は３４００トンの力である。「トン」は質量ではなく、力の事である。この力と質量の違いは重要である。この推力は33.36×10^6ニュートンに相当する（米国的にポンドを使用する場合には、一重量ポンドの力はＭＫＳ単位系では４・４４８ニュートンになる。質量と力が明確に区分されているのがＭＫＳ単位系の良い点である！）。私はサターン・ロケットの排気の正確な速度は記憶にないが、２５００メートル／秒程度だと思う。従って、推力33.36×10^6ニュートンに排気速度2.5×10^3メートル／秒を掛けて、２で割れば、ワットを単位とするパワー（仕事率）になる。

こうして計算したパワーは、

41.7×10^9ワット、つまり41.7×10^6キロワット、又は41.7×10^3メガワット

となるが、これは約５６００万馬力に相当する。船舶用としては最も強力な、原子力空母エンタープライズ号の原子力エンジンと比較すると、エンタープライズ号のエンジンは約30万馬力を発揮する。サターンV型ロケットの推進剤の燃焼室への供給流量と、それが燃焼してできる排気の質量流量は毎秒約15トンである。化学反応装置（ロケットエンジンは化学反応装置なのだ）における反応物質の消費量と考えると、この数字はすごい数字である。

ここまでは簡単だ。しかし、ここからは少しややこしくなる。まず「排気の速度（c）は、使用する燃料と酸化剤を決め、燃焼室の燃焼時の圧力を仮定し、排気ノズルで適正に膨張するとした時、どうやって求める事ができるのか？」との疑問が出て来る。前述の様に、ある質量を持つ排気のエネルギー「E」は、$E = Mc^2/2$ である。別の形で表現すると、$c = (2E/M)^{1/2}$ となる。燃焼室に噴射した推進剤が全て排気として噴出される（そうあって欲しいが）と、排気の速度の方程式の中の「M」は、排気を作り出した推進剤の重量と考えて良い。しかし、Eはノズルで膨張する前の排気の持つ熱エネルギー（H）と同じではない。そこで、実際の排気の速度としては、熱エネルギーから運動エネルギーへの変換効率ηを考慮して、$c = (2H/M \times \eta)^{1/2}$ と表す事にする。このηの値は、燃焼室圧力、排気圧力、そして燃焼室内での膨張前と、ノズルから噴出して膨張する際に変化していく排気ガスの性質によって決まる。

これで分かるように、燃焼室内のガスの化学的な成分を知る必要がある。それが性能計算の第一歩になる。それは単純に化学量論的な（燃焼時の分子の理論的構成比）構成になっていると考える事は出来ない。二モルの水素（H）と一モルの酸素（O）を燃焼室で燃やすと、二モルの水が出来る訳ではない。もちろん、H_2O（水）は出来る。しかし、燃焼室内の温度が高いので解離が生じ、H、H_2、O、O_2、OHなど他の原子や分子も存在する。全部で六種類の原子、分子が存在し、その比率を前もって知る事は出来ない。六種類の原子、分子の比率を未知数とする、六本の方程式を解く事が必要だ。

六本の方程式の内、二本は簡単だ。最初の方程式は、水素原子と酸素原子の数の比から出て来る方程式で、水素を含む全ての種類の成分の分圧に、それぞれその成分が含む水素原子の数を掛けた値を合計し、それを、酸素を含むすべての種類の成分の分圧に、それぞれの成分が含む酸素原子の数を掛けた値を合計した値で割った時、その値は、仮定値として決めた特定の値（ここでは2とする）になるとする。二番目の方程式は、燃焼室中の全ての種類の成分の分圧の合計は、仮定した燃焼室圧力に等しい、とするものだ。残りの四本の方程式は、$(H)^2/(H_2) = K_1$ の形の平衡状態を表す方程式だ。ここで（H）と（H_2）は括弧内に示した成分の分圧を、K_1 は燃焼室内の温度におけるそれらの成分の平衡定数である。これは非常に単純な場合だ。関係する元素の種類と、それを含む成分の種類の数が増える場合には、方程式の数は指数関数的に増加する。炭素、水素、酸素、窒素が含まれる場合には、15種類以上の成分を考慮する必要がある。もしそこに、ホウ素やアルミニウム、そして塩素やフッ素を加えるとなると、もうお手上げである。

もし頑張って解析を続けるなら（私はそうしてもらいたいと言っているわけではない！）、そして、まだコンピューターが導入されていない頃だとしよう。まず燃焼室温度を推定する（経験が役立つ！）。それから、その温度における各成分間の平衡定数を調べる。献身的で労をいとわない専門家達が、何年もかけてそれらの平衡定数を調べ、それをまとめてくれている。これで方程式が決まり、後はそれを解くだけである。直接的にこの多数の方程式が解ける事はめったにない。そこで、主要と思われる成分について、分圧を推定し（ここでも経験が役立つ）、それを用いて他の成分の分圧を計算する。それらの分圧を合計し、最初に仮定した燃焼室圧力と比較する。もちろん、二つの値は一致しない。そこで、仮定した値を修正し、同じ計算をする。それを何度も繰り返す。最後にはすべての成分について平衡状態の値が決まり、水素に対する酸素の比率などの正しい値が求まり、それらの分圧を合計して燃焼室圧力が分かる。

次に、考えている推進剤から、先ほどの各種の成分が出来る時に発生する熱量を計算する。その熱量を、燃焼によって生じる排気の成分の温度を、仮定した燃焼室温度まで上げるのに必要な熱量と比較する（平衡定数を調べてくれたのと同じ専門家達が、必要な生成熱と熱容量を資料にまとめてくれている）。もちろん、この二つの数字は一致しない。そこで燃焼室温度を修正して、もう一度計算し直す。これを二つの数字が一致するまで繰り返す。

計算を繰り返すと、最終的には、各熱量（エンタルピー）はつり合いが取れ、平衡定数は一致し、燃焼室圧力が求まり、各成分の比率も求まる。つまり、燃焼室内の状況が分かる事になる。

翌朝（ここまでの計算で多分、徹夜したと思われるので）、決めなければならない事がある。ノズルから出ていく排気について、平衡状態が一定のままの凍結流とするのか、それとも平衡状態が変化する平衡流とするのか？　もし凍結流とするなら、排気の組成と熱容量は、排気が燃焼室からノズルを通って膨張し、温度が下がっても変化しないと仮定する事になる。もし平衡流とするならば、排気が膨張し温度が下がる時、排気中の成分の間の平衡状態は、圧力と温度の変化に伴い変化し、排気の組成と熱容量は燃焼室内にある時とは違ってくると考える事になる。凍結流とした場合は、全ての反応速度がゼロと言う事だし、平衡流とした場合は、反応速度が無限大で、瞬時に平衡状態に達するとした事になり、どちらも正しくない事は明らかである。

もし性能を控え目に見積もりたいなら、凍結流として計算するのが良い（凍結流とした場合の性能は平衡流とした場合より低くなる）。凍結流の計算では、燃焼室内の状況に関する計算結果を、次の複雑な方程式に代入する。

$$c = \left\{ 2 \frac{R\gamma}{\gamma - 1} \frac{Tc}{\bar{M}} \left[1 - \left(\frac{Pe}{Pc} \right)^{\frac{\gamma - 1}{\gamma}} \right] \right\}^{1/2}$$

ここでRは一般気体定数、γは比熱比で、燃焼室内の気体のCp/Cv（Cpは定圧比熱、Cvは定積比熱）の事である。$\bar{M}$は平均分子量、Tcは燃焼室内温度、PeとPcは排気の圧力と燃焼室内の圧力である。この方程式は一見するととても複雑で解くのが難しそうで、実際、解くのは難しいが、次の様に簡略化できる。

$$c = [2H/M]^{1/2} \left[1 - \left(\frac{Pe}{Pc} \right)^{R/Cp} \right]^{1/2}$$

ここでHは関係する全ての種類の成分のエンタルピーの合計である（エンタルピーの値は、完全気体が絶対温度で零度の時をエンタルピーがゼロとして、そこからの差で表す）。「M」はもちろん、排気を作り出した推進剤の質量である。効率を表すηは、次の式で計算する。

$$1-\left(\frac{Pe}{Pc}\right)^{R/Cp}$$

もし前向きな気分で、より面倒な計算をする元気があるなら、平衡流で計算しても良い。平衡流では、排気の成分が膨張過程で温度や圧力の変化に伴い変化するとしても、エントロピーは変化しないと仮定する。そこで、まず燃焼室内に存在すると思われる全ての成分について、そのエントロピーを合計し、合計値を記録する（エントロピーも資料に載っている）。それから排気のその場所の圧力における温度を、適切と思われる値に決める。次に燃焼室内の成分の構成比率を求めたのと同様に、その場所の排気の成分の比率を決める。その構成比率に従って排気中のエントロピーを合計し、燃焼室におけるエントロピーと比較する。二つの値が一致しなければ、再び排気の温度を修正するなどして、同様の計算をする。最終的に排気ガスの組成が求まり、単位質量当たりのエンタルピーが計算できる。その結果、最終的に次の式で排気ガスの速度が求まる。

$$c=\left[\frac{2(H_c-H_e)}{M}\right]^{1/2},\quad \eta=(H_c-H_e)/H_c$$

排気ガスに固体や液体が混じる場合には、それを考慮するので計算は複雑になるが、考え方は同じだ。そうではあるが、計算を実行するには、耐えられない程の労力を必要とする。それでも、このような性能計算を二〇年もしてきて、まだ正気を保っている人達を私は多数知っている！

「厳密な」性能計算に要する時間と手間を考えると、二つの事が容易に想像できる。一つ目は、厳密に解いた結果は、純金のように（平衡流に対する計算結果はもっと貴重な「プラチナ」のように）高く評価され、関係者の間では広く知られ、資料化されて、将来のために保存される事だ。二つ目は、関係者が近似的でもっと時間がかからない解き方を要求する事だ。こうした近似的な解法は、様々な方法が考え出された。

最も手が込んだ方法は、燃料と酸化剤の様々な組合せによる推進剤の燃焼生成物について、モリエ線図を使用する方法だ。この線図は、エンタルピーとエントロピーの関係を、等温線、等圧線も利用しながら示すものだ。典型的な使用例としては、ジェット燃料を酸素の比率を変えて燃焼させた時の線図である。他にも、濃度九〇パーセントの過酸化物を分解した時の生成物、アンモニア（燃料）と酸素（酸化剤）の比率を変えて燃焼させた時の生成物用の線図がある。ある種の線図はもっと一般的で、推進剤の種類によらず、炭素、酸素、水素、窒素の各元素の混合物に適用する線図もある。これらの線図は使用しやすく、短時間で結果を求める事ができるが、考えている燃料と酸化剤の組合せに対して、ぴったりの事はほとんどない。また、この線図を作るには、多くの計算をする必要があるので、作成が大変である。アメリカ合衆国鉱山局は、燃焼に関する幅広い経験を有し、この分野で指導的な役割を果たしている。

もっと一般的だが、使うのが難しい方法が、一九四九年、ＭＩＴ（マサチューセッツ工科大学）のホッテル、サターフィールド、ウィリアムにより考え出された。この方法は、炭素、水素、酸素、窒素のほとんど全ての組み合わせについて使用できるが、それを燃焼室圧力が三〇〇ｐｓｉａ（二〇・四気圧）、排気圧力が一四・七ｐｓｉａ（一気圧）以外の条件で使用するには、複雑で面倒な手順が必要である。私は後に、彼らの方法を改善して、他の元素を含む場合も扱えるようにし、一九五五年に「ＮＡＲＴＳ性能計算法」として公表した。

この様な図表を利用する方法は、本質的には厳密解に対する内挿をしている事になり、平衡流に対する計算結果についても、良い近似値となる。

他の近似解を得る方法としては、一般的には、凍結流とした時の計算結果を求める方法で、$c = (2H/M \times \eta)^{1/2}$ の式に基づいている。通常のやり方としては、Ｈ（全エンタルピー）を副次的な生成物の分は無視して決める（解離がないと仮定する事に相当）。炭素、水素、酸素、窒素を含む推進剤については、CO_2（二酸化炭素）、H_2O（水）、CO（一酸化炭素）、H_2（水素分子）、N_2（窒素分子）が生成されると仮定する。水とガスの平衡状態を適当な値に設定すると（二〇〇〇Kのような任意に選んだ温度における平衡定数を利用して決める。この温度は大きな影響は与えない）[注1]、Hは簡単な計算で求める事ができる。ηについては、少し経験を積むと非常に高い精度で推定できるようになるし、多少違っていても、計算上はルートの中の項（平方根）なので、誤差は半減すると考えてよい！　別の方法としては、仮定した燃焼室の温度付近での排気の平均的なCpを設定し、その値をηの計算式に入れても良い。一九四七年のトム・ラインハルトの計算法では、種々の排気成分に対して、Cp対温度の関係だけでなく、温度対エンタルピーの曲線も入っている。エンタルピーの値から排気の温度を求め、Cpは排気温度から求める。ここでの排気温度は、解離がないとしているので、当然ながら実際よりは高い温度である。一〇年後、私はこの方法を改良し、線図を使用するのをやめて、全温度範囲に対するR/Cpの平均値を求める、速くて簡単な方法を考え、その値と圧力比を用いて、ηを求める計算図表を作成した。この方法は、NQD法（NARTS Quick and Dirty method）と名付けた。この方法は成功して、平衡流の計算結果に対して一パーセント程度の誤差と言う良い結果が得られた（平均的なR/Cpの値を使用したのが良かったと思っている）。しかも、一五分程度で計算結果が得られる。この方法は、燃焼による生成物が簡単な組成の分子と仮定する場合には、非常にうまく適用できる。しかも、この方法は新しい物質にも拡張可能である。ある日、カレリー化学社の人が私の所に来て、ホウ素と窒素が含まれる推進剤の事を私に話してくれた時に、この方法には拡張性が有る事が分かった。その推進剤の場合、燃焼で出来るのは、水素と固体のBN（窒化ホウ素）である。私は彼の話を聞くと、机に向かって、炭素原子二個がBN一分子と同じ様にふるまうと考えて、すぐに概算してみた。うまく行った。私の計算結果は、彼が持ってきたコンピューターで計算した結果と〇・五パーセントしか違わなかった。この方法で失敗したのは、論文のコピーを自分の手元に残しておけなかった事だ。いつも誰かが、手元に残った最後の論文のコピーを持って行ってしまい、あわてて五〇部を追加でコピーする羽目になるのが常だった。

　他にも一九六三年になるまで、いくつか近似解法が開発されたが、それらはここまでに説明した方法と類似している。しかし、ありがたい事に、手計算を繰り返す方法だけでなく、近似解法も必要なくなった。

一九五〇年代初期からはコンピューターが利用できるようになったが、最初の頃はコンピューターの能力が低かったので、うまくコンピューターで計算するには、高度な化学的知識が必要だった。ベル・エアロシステムズ社では、フッ素を酸化剤に、ヒドラジンとメタノールの混合液を燃料に使用する場合の性能計算をしたいと思った。プログラマーはそんなに多くの元素は扱えないと言うので、トム・ラインハルトはプログラマーに言い聞かせた。「炭素と酸素でCO（一酸化炭素）が出来る。君はCOを窒素と同じように考えて処理するよう、そのコンピューターの箱の中にいる小人に指示すれば良い。」それで問題は解決した。

面倒な熱力学的データは、現在では、まとめてパンチカードを作成してあるし、一〇以上の元素を扱える適用範囲が広いプログラムが出来ているので、性能計算は昔よりずっと楽になった。しかし、計算結果を解釈する時には、化学的な常識が役立つし、化学に関する洞察力はコンピューターの時代でも必要である。化学的常識が必要だった例としては、酸化アルミニウム（アルミナ、Al_2O_3）の例がある。長年に渡り、アルミニウムを含む場合の性能計算には、酸化アルミニウムは気体と考えて、その分子構造から推定した熱力学的データが使われてきた。性能計算の結果は、実験の結果とあまりうまく合わなかった。計算結果を公表した人への配慮がない研究者が、気体状態の酸化アルミニウムは存在しない事を証明した。それで恥ずかしい思いをした研究者が何名もいた。化学的洞察力の必要性の例としては、燃焼後の排気に、固体の炭素の粒を大量に含む推進剤の性能計算がある。コンピューターは、炭素の粒子が、排気の気体の部分と熱的、物理的に平衡状態にあるとして計算を行う。少し常識を働かせれば、熱の移動は無限の速さでは行われず、炭素粒子は周囲の気体部分よりずっと高い温度のまま放出されるので、この仮定が正しくない事が分かる。従って、コンピューターの計算結果は割り引いて見ないといけないし、実験結果を性能値に反映すべきである。近年、固体粒子から排気の気体部分への熱の移動を考慮するプログラムの開発に多大な努力がなされていて、排気がノズルを通過して膨張する時の、排気の成分の化学変化の速さを計算に入れる事ができるようになった。こうしたプログラムは、凍結流や平衡流に対して、「反応速度論的（化学動力学的）」解析方法と呼ばれ、大型コンピューターでしか解く事ができない。このやり方には一つだけ問題が有る。信頼できる反応速度データを入手するのは、正直な市会議員を探すくらい難しい。信頼のおけないデータを入れて計算すれば、得られた計算結果も信頼できない。コンピューター関係者が言うように、「ゴミを入れればゴミが出て来る」のだ。

　コンピューターを使う上では、別の難しさもある。コンピューターはあなたの指示に素直に従わないのだ。あなたはフォートランのプログラムを書く時に、コンマを抜かすなどの記入間違いをするだろう。そうするとコンピューターは計算をせずに止まってしまい、「書式間違い」とか「識別不能な間違い」とか、プログラムを書いた人がその日の気分が悪い場合には、「なんて馬鹿なプログラムだ！　君はこのプログラムが解釈できるのか？」と言ってくるのだ。コンピューターを頻繁に使う人ならだれでも、時々はこの生意気な計算道具を、斧でぶち壊したい気持ちにさせられる事が有るものだ。

　ロケットの性能が排気速度で表現される事はあまりないが、初期の頃には排気速度で表す事も有った。一般的には、性能の指標は「比推力」である。比推力は排気速度を標準重力加速度（9.8m/秒^2）で割った値である。この比推力の値は、使いやすい二〇〇から四〇〇程度の範囲になるが、その定義は回りくどく、おかしく感じられるかも知れない。比推力は、推力を推進剤の重量流量で割った値とも定義でき（質量流量ではなく重量流量）、単位はやはり「秒」である。計算式に重力加速度が含まれるが、地球とは縁を切る事を目的とするロケットの性能を、地球表面の重力加速度を使って表現する事は、私は馬鹿げているとは言わないまでも、地球重点主義の偏見を感じる（第二大戦中のドイツはもっと馬鹿げた性能の指標値を使用していた。それは「推進剤消費率」で、比推力の逆数になる（単位推力に対応する、推進剤の毎秒当たりの消費量）。その値は比推力のような使い易い数値にもならず、０・００４２６／秒のような数字になる）。（訳注1）

　比推力を考える上で一番良いのは、速度をｍ／秒ではなく、重力加速度（9.8m/sec^2）を単位にして表す事だろう。

こうすれば、場所（すなわちその場所の重力加速度）に関係しない質量流量を使用するので、特定の惑星上の局所的な条件によらないで比推力を考える事ができるし、ヨーロッパの技術者もアメリカの技術者も、相互に理解する事が易しくなる。もし比推力＝２５０と言われたら、ヨーロッパではｍ／秒の単位で排気速度を求めるには９・８を掛ければ良いし、アメリカでは32・2を掛ければフィート／秒で排気速度が求まる（アメリカはいつＭＫＳ単位系に変更するのだろう?）。

　ここまでは性能の表し方と、それを計算する方法を説明してきた。ここからは、良い性能が得られる、燃料と酸化剤の組合せをどうやって決めるかの、実用的な問題を考えよう。ここでは、前に述べた排気速度ｃの計算式、$c = \left[2H/M\right]^{1/2}\left[1 - (Pe/Pc)^{R/Cp}\right]^{1/2}$を使い、Ｈ／Ｍ項と効率の項を別々に考えてみよう。Ｈ／Ｍの値を出来るだけ大きくするのが良い事は自明だ。この時、どのような組成の排気ガスにしたら良いのかを、前もって考えておくと良い。排気の中の燃焼生成物の分子の、一分子当たりのエネルギーは、25℃の時にその分子の各原子からその分子を作る時の生成熱に、絶対零度からの顕熱（これは非常に小さい）を加え、25℃において、その分子を元の原子に分解するのに必要なエネルギーを引いた値になる。この最後の項目の値は一般的には最初項目の値よりずっと小さい。そうでなければ、推進剤としては使用できない。時には、この値が負になる事もある。一モルのヒドラジンが水素と窒素に分解されるとき、12キロカロリーのエネルギーを発生する。しかし、重要なのは燃焼生成物の分子の生成熱だ。その値はできるだけ大きい方が良い。また、Ｈ／Ｍを最大にするには、Ｍを小さくしなければならない事は明らかだ。発生エネルギーを大きくするには、排気の成分の分子について、その生成熱が大きく、分子量が小さい必要がある。

　Ｈ／Ｍ項についてはここまでとしよう。次に、効率の項を考えてみよう。効率はできるだけ１に近くできるのが良いが、そのためには、$\left(\frac{Pe}{Pc}\right)^{R/Cp}$の項をできるだけ小さくしたい。Pe/Pcはもちろん1より小さいので、指数部のＲ/Cpをできるだけ大きくしたい。そのためには、排気の成分のCpを小さくする必要が有る事を意味している。まとめると、排気の成分は、次の条件を満足する物にしたい。

a　生成熱が大きい事
b　分子量が小さい事
c　Cpが小さい事

残念ながらこのような条件を満たす理想的な排気成分を実現する事は困難である。一般的に、H／Mの値が良ければ、R/Cpの値は悪い。その逆も成り立つ。もし両方が良い場合は、燃焼室温度が過大になってしまうだろう。

排気ガスの個々の成分について見てみよう。N_2（窒素分子）と炭素粒子はエネルギーを放出すると言う観点からは事実上、役に立たない。HCl（塩化水素）、H_2（水素分子）、CO（一酸化炭素）はかなり良いエネルギー源で（注2）、CO_2（二酸化炭素）は良いエネルギー源である。B_2O_3（酸化ホウ素）、HBO_2（メタホウ酸）、OBF、BF_3（三フッ化ホウ素）、H_2O（水）、HF（フッ化水素）、それにB_2O_3やAl_2O_3（酸化アルミニウム）の粒子は非常に良いエネルギー源である。R/Cpの項を考えると、評価の順番はエネルギー放出の観点の順番とは大きく違う。二原子分子の気体で、R/Cpが0・2以上の物は非常に良い。これに該当するのは、HF、H_2、CO、HCl、N_2がある（もちろん、ヘリウムのような単原子の気体はR/Cpが0・4だが、高温のヘリウムガスを大量に作り出す化学反応は、現実的には考えられない）。三原子の気体で、R/Cpが0・12から0・15の範囲にあるH_2O、OBF、CO_2は良い。四原子の気体で、R/Cpが0・1のHBO_2、BF_3は良くない。B_2O_3も無視するのが良いだろう。固体粒子では、C、AlO_3、B_2O_3はR/Cpはゼロで、排気の成分がそれらの粒子だけの場合は、熱効率もゼロである。

従って、ロケット関係者としては、良い妥協点を探すしかない。可能なら排気は全て水素ガスだけに出来れば最高だ。排気の温度が何度であっても、水素は、他のどの種類の分子よりも、重量当たりの熱エネルギーが大きいからだ（一〇〇〇Kにおける一グラムのH_2は、同じ温度における一グラムのHFの一〇倍近いエネルギーを持っている）。水素の R/Cp は優れているので、そのエネルギーの大部分を推進用に利用できる。従って、水素は理想的な作動流体と言えるので、推進剤の選択に当たっては、水素の含有量ができるだけ多くなるようにするべきだ。水素は一〇〇〇Kから三〇〇〇K程度まで加熱する必要が有り、そのための熱源が必要なので、推進剤は複数の成分を混ぜた物になる（化学燃料のロケットではそうなる）。エネルギー源としては、水素を燃やすしかない。そのため、酸素かフッ素で水素の一部を燃焼させて H_2O か HF にして、燃焼室温度を三〇〇〇K程度まで上げると、排気ガスは H_2O か HF に、燃焼に使用されなかった水素が混じった物になる。燃料として水素を使用する場合は、必ず水素の量を多くし、全てが燃焼して H_2O や HF にならないようにする。もし水素を全て燃焼させると、燃焼室温度が高くなりすぎ、推進剤の R/Cp は小さくなり、性能が低下する。水素は非常に軽いので、未燃焼分が多くても H／M の値はそれほど低下しない。一般的には酸化剤の酸素やフッ素の量は、燃料である水素の半分程度を燃焼させる時が、性能が一番良くなる。

炭化水素を酸素で燃焼させる場合や、一般的に炭素、水素、酸素、窒素を含む推進剤を使用する場合は、一般的に、燃焼室中の原子価も考慮して、酸化剤に対する燃料の混合比を１・０５から１・２０程度にすれば、性能が一番よくなる。つまり、理論的な酸化剤対燃料の比率から少し「リッチ（濃い）」側にして、排気中に多少の CO や H_2 を残す事で、R/Cp を良くする訳だ（ロケットの世界で、「リッチ（濃い）」とか「リーン（薄い）」は、自動車のエンジンの空気とガソリンの混合気に使うのと全く同じ意味である）。

ハロゲン系の酸化剤と貯蔵可能な燃料を用いる場合は、酸化剤のフッ素原子の数（塩素も含まれるならそれを加えた数）を、燃料の水素原子の数と同じにすると、一般的には性能が最も良くなる。推進剤中に炭素が含まれる場合は、炭素を燃焼させて CO にして、排気ガス中に炭素粒子が残らないように、酸素の量を十分に多くする事が良い。もしエネルギー源となる成分に、BeO や Al_2O_3 のような、排気の温度においても固体や液体でいる成分が含まれる場合には、当然だが、推進剤中の水素原子の数が、できるだけ多くなるように推進剤を選ぶべきである。

ここまでに述べた幾つかの条件は、性能が良い推進剤を選ぶ際に、推進剤担当の化学者が考慮すべき条件のほんの一部にすぎない。ロケットの設計者が希望する性能の推進剤を探し出すのが、彼の任務だ。しかし、それはなかなかうまくは行かない。

例えば、次のような状況が考えられる。設計部門は新しい地対空ミサイル（ＳＡＭ）を設計する事になったとしよう。発注者からは、そのミサイルが使用されるいかなる環境温度でも、正常に作動する事が要求される。既存の発射機に適合するよう、最大寸法が指定される。推進剤は工場で充填し、現地で燃料を入れなくても良いように、密封型でなければならない。敵の発見と対応を困難にするために、排気の航跡が見えてはいけない。そして、もちろんだが、現在の硝酸とＵＤＭＨによる推進剤より、ずっと高性能である必要がある（発注者はこれに加えて、数々の要求をするだろうし、そのほとんどは実現できない要求だが、計画をスタートさせるにはそれが必要だ）。

ミサイルの設計者は設計を始める前に、推進剤担当の化学者に注文主の要求を満足できる燃料と酸化剤の組み合わせを作り出すように要求する。設計者はそれに彼ら独自の、実現困難な要求を付け加える。

化学者は自分の研究室に引きこもって、どうしたら良いか考える。お勧めの推進剤は、ヒドラジンと五フッ化塩素（歴史的な経緯から、五フッ化塩素（ClF_5）は一般的には「化合物Ａ」と呼ばれている）の組み合わせである。この組み合わせは、貯蔵可能な推進剤としては、これまで知られている中で最高の性能を持っている（排気の成分の全てが二原子ガスで、その２／３はHFである）。しかも、密度が大きいので、推進剤用のタンクは小さくて済む。しかし、ここで使用時の環境の問題が出て来る。どこでそのミサイルが使われるか分からないが、ヒドラジンの凝固点は北極圏のバフィン島には適合しない。そうすると、燃料の次の候補はたぶんＭＨＦ‐３になるだろう。これはヒドラジンとメチルヒドラジンを14対86の比率で混合し、Co.81H5.62N2と呼ばれる添加剤を加えたものだ。その凝固点は要求値のマイナス五四℃を満足する（他にも使えそうな燃料はあるが、危険性が高い可能性がある。ＭＨＦ‐３は安全で実績がある）。しかし、五フッ化塩素（ClF_5）とＭＨＦ‐３の組合せは、黒い排気煙を長く引くので、発射機が発見されやすい。発射機から次のミサイルを発射したい場合には、全く好ましくない。又、彼の専門家としての誇り（この仕事を三年もすると、残っているのは専門家としての誇りだけだ）は、余剰な炭素原子が出来て、それがR/Cp値に影響して性能を下げる事で、傷つく事になる。

そこで化学者は炭素粒子ができないように、酸化剤にもう少し酸素を足したいと考える。これは、酸化剤に酸素含有量の多い貯蔵可能な酸化剤を混ぜる事を意味している。この種の酸化剤で、化合物Ａに混ぜる事ができるのは、フッ化ペリクロリル（PF）だけだ。だからPFを足す事にする。

化学者は、推進剤に酸素、フッ素、塩素に加えて、炭素と水素が含まれる場合には、酸素と炭素が全てCOになり、水素とハロゲンが全てHFとHClになる時に、一般的には性能が最も良くなる事を知っている。そこで、彼は少し時間を費やして、推進剤の燃焼について、次の方程式を考え出す。

$$C_{0.81}H_{5.62}N_2 + 0.27ClO_3F + 0.8467ClF_5 = 0.81CO + N_2 + 1.1167HCl + 4.5033HF$$

これは良さそうに見える。HFが多いので、エネルギーも大きそうだ。そして、排気中には二原子ガスしか無いので、R/Cpは大きく、それはつまり燃料の持つエネルギーの大部分が、うれしい事にロケットを推進するエネルギーに使われる事につながる。どれくらいの比率でエネルギーになるかを知るため、計算式と計算費用を準備して、ＩＢＭ３６０コンピューターの係に電話する。コンピューターの計算結果が良かったので、化学者は推進剤の構成比率から、重量を推定し、ミサイルの設計者に電話する。

彼は「あなたのミサイルの燃料はＭＨＦ－３で。酸化剤は「化合物Ａ」が80パーセント、ＰＦが20パーセントだ。そうすると、Ｏ／Ｆ（酸化剤／燃料）比は２・１８になる。それであの『間抜け』は……」と話す。「間抜けって誰の事だ？」と設計者が質問する。「間抜けはコンピューターの事だ。コンピューターによると、推進剤の性能としては、燃焼室圧力68気圧、排気圧力１気圧で、排気を平衡流で計算すると、比推力は３０６・６秒だ。この推進剤を使って、君のエンジンが試験台で２９０秒の比推力が出せなかったら、君のエンジンの設計が良くないと言う事だ。Ｏ／Ｆには注意してもらいたい。Ｏ／Ｆがリーン（薄い）になると、性能は低下するし、もしリッチ（濃い）なら排気の煙がひどくなる。密度は１・３９で、燃焼室温度は４１６０Ｋだ。それが華氏で何度になるかは、自分で計算してもらいたい！」

そう連絡すると、化学者は自分の部屋に閉じこもるが、設計者の苦情が追いかけて来る。彼は、(a)密度が低すぎる(b)燃焼室の温度が高すぎる。こんな高い温度で使っているロケットエンジンはどこにあるんだ？(c)五フッ化塩素（ClF_5）の毒性が強いのを何とかしてもらいたい、と言うのだ。それに対して化学者はこう答える。(a)ぼくも密度はもっと大きくしたいが、僕は化学者で、奇跡を起こせる聖人ではない。化合物の特性を変えたいんだったら、神様にお願いしてくれ。(b)性能を上げるにはエネルギーが必要だ。それには燃焼室の温度を高くしなければならない。ＲＦＮＡとＵＤＭＨの組合せ以上の性能が欲しいなら、これで我慢して何とかやってほしい。(c)については(a)と同じ答えだ。

それから半年間は、設計者に対してこんな対応を続ける事になる。

「この酸化剤では、ブチルゴムのＯリングは使えない！　ロケットを爆発させたいのか？」

「燃料系統にもブチルゴムは使えない。侵されてバラバラになる。」

「燃料系統に銅の継ぎ手は使ったら駄目だ！」

「二〇〇リットルのタンクに二〇リットルの酸化剤を入れたら、混合比が崩れる！　ＰＦはほとんど上に集まるし、「化合物Ａ」はタンクの底に集まる。もっと小型のタンクを使うべきだ。」

「ＰＦの蒸気圧を下げるための添加剤はない。」

「熱力学の第一法則（エネルギー保存則）に反する事はできない。政治家に頼んでみるんだね！」

こんな対応をしながら、化学者は一人静かにマティーニをすすれたらと思い、どうしてこんな仕事を選んだのかと考えるのだった。

第8章　極低温推進剤と関連物質

こうして高性能な推進剤の研究が進められていた間も、液体酸素（ＬＯＸ）は依然として主役の座に留まっていた。バイキング観測ロケットはエチルアルコールと液体酸素を推進剤に使用していたし、Ａ‐４ミサイルもそうだった。レッドストーン短距離弾道弾や一九五〇年代前半の実験用ロケットもいくつかは液体酸素を使用していた。これらのロケットの大半は、Ａ‐４ミサイルの補助動力にも使用されていた過酸化水素を、推進剤供給用のポンプなどの駆動用に使用していた。人類初の超音速飛行を達成したＸ‐１実験機は、ＲＭＩの液体酸素とアルコールを使用するロケットエンジンを搭載していた。

酸素と組み合わせる燃料として、他の種類のアルコールも使用された。一九四六年にはＪＰＬがメタノールを、一九五一年にはノースアメリカン航空社がイソプロパノールを使用した。しかし、それらのアルコールは、エタノールに比べて特に優れてはいなかった。ＲＭＩのウィンターニッツが使用させられたメチラール（ジメトキシメタン、$CH_3OCH_2OCH_3$）もそうで、一九五一年初頭に彼の意に反して（彼は使用する理由が無いと思っていた）ロケットエンジンに用いられた。ウィンターニッツの上司の友人が、メチラールの在庫を沢山抱えていて、何か使い道がないかと思ったのだろうか？　ＮＡＲＴＳでは、プリンストン大学のために、米国薬局方による飲用アルコールで、飲用禁止の変性処理がされていないアルコールを、液体酸素で燃焼させる検討を行ったことが有る。変性アルコールと変性されていないアルコールの唯一の差は、無変性のアルコールは、担当の海軍の兵士が、密度を測定するために頻繁に容器を開けるので、変性アルコールよりずっと速く蒸発する事だけだった。この研究をしている間は、何人かの兵士は（アルコールのために）とても良い気分で過ごしていた。

しかし、Ｘ‐15極超音速実験機用のロケットエンジンでは、アルコールよりもっと強力な燃料が必要だった。まずヒドラジンが候補に上ったが、ヒドラジンは再生冷却に使用すると時々爆発事故を起こしていた。また、一九四九年にＸ‐15実験機が計画された時には、ヒドラジンはまだ十分な量が使用できる状況ではなかった。

海軍のロバート・トゥルアックス（訳注1）は、ＲＭＩのウィンターニッツと共に、推力五万ポンド（二二・六トン）のエンジンを開発するのに当たり、ヒドラジンが使えないので、次善の策として、液状のアンモニアを使用する事にした。酸素とアンモニアの組み合わせは、ＪＰＬも試験していたが、ＲＭＩは一九五〇年代初頭にすでに研究を行っていた。アンモニア分子は非常に安定しているので、燃焼させるのが難しく、アンモニアを使用したロケットエンジンは、燃焼が滑らかでなかったり、不安定だったりした。状況を改善するために、メチルアミンやアセチレンを含む、様々な添加剤が試された。アセチレンを二二パーセント加えると、滑らかに燃焼するようになったが、不安定で危険だったので、あまり長くは使用されなかった。燃焼の問題は噴射器の設計を改善する事で解決できたが、そのための試験は騒音が大きく、改善には長い時間がかかった。二列の丘と、一〇マイル（一六キロメートル）の距離で隔てられていても、夜間であればロケットの燃焼試験の音が聞こえ、それで噴射器の改善状況が分かった。最終的にはロケットエンジンは順調に作動するようになったが、最初のエンジンがノースアメリカン航空社のテストパイロットのスコット・クロスフィールドが試験飛行するために西海岸に送られる時になると、関係者はエンジンがうまく作動する事を神に祈らずにはいられない気持ちだった。ＲＭＩのルー・ラップは西海岸へ大陸を横断する飛行で、航空宇宙業界の人間で、知識が深そうな乗客と隣の席になった。その乗客は、ラップにエンジンはどんな調子か尋ねた。ラップは質問されてかっとなって、ジェスチャーを交えて、エンジンはとても複雑であり、どこが故障するか分からない。個人的にはこのエンジンで飛ぶ事は、高い費用を掛けて行う自殺行為としか思えない、と断言した。それから、もしやと思い、隣の乗客に向かって、「失礼だが、貴方のお名前は?」と尋ねた。

答えは短かった。「私はノースアメリカン航空社のスコット・クロスフィールドです。」

米国の最初の中距離弾道弾（ＩＲＢＭ）はジュピターとソーだった。これらのミサイルは推進剤に酸素とＪＰ‐４ジェット燃料を用いる設計だった。推進剤用ポンプは、同じ推進剤をガス発生機で燃焼させ、高温高圧の排気でタービンを駆動してポンプを回す方式だった。ガス発生機では、非常にリッチな（燃料が濃い）条件で燃焼させる事で燃焼温度を下げ、駆動するタービンが溶けるのを防ぐ設計だった。ＪＰ‐４はアルコールより性能が高く、ポンプ駆動用に過酸化水素を使用しないので、ミサイルの設計は簡単になった。

しかし問題が発生した。ＪＰ‐４の規格が厳格ではなかったので、それが設計者を悩ませる事になった。燃焼その物は問題がなく、性能も良かったが、別の問題があった。ＪＰ‐４をロケットエンジンの再生冷却用の管路に流すと、配管の中でＪＰ‐４の成分が重合反応を起こす傾向が有ったのだ（ＪＰ‐４の規格ではオレフィン系炭化水素が多く含まれるのを許容していた事を思い出していただきたい）。重合によりタール状の物質が出来、それで冷却用の燃料の流量が少なくなり、冷却が不十分になって燃焼室が融けて壊れた。ガス発生機でも、ＪＰ‐４はすすや燃えカスを残し、ポンプ駆動用のタービンが回らなくなる事が有った。しかも、ＪＰ‐４は購入の都度、品質が異なっていた（また、信じられないかもしれないが、バクテリアが発生して沈殿物が出来る事もあった！）。

しかし、性能的にはアルコールではだめで、炭化水素系の燃料が必要である。どうすれば良いだろう?

最終的には当局の誰かが、この問題をじっくりと落ち着いて考えてくれた。ＪＰ‐４はあらゆる状況において、大量に供給されないといけないので、その規格を緩くしてある。しかしジュピターやソーＩＲＢＭは、核弾頭を搭載して飛ぶミサイルである。当局の担当者は、ミサイルの性格上、ミサイル群に大量の燃料を繰り返し何度も供給する必要がない事が、頭にひらめいた。もしミサイルが発射するとしてもそれは一度限りであって、部隊は発射してしまえば、次のミサイルを準備して再び発射をする事はないと思われるので、燃料の補給は現実的には問題にならない。従って、考える必要が有るのは、ミサイルが初めて発射される時に、発射が成功すれば良い事だけだ。ミサイルには燃料を一度補給するだけだから、燃料の規格は必要なだけ厳格にしても問題ない。最初に補給する燃料の品質だけが問題なのだ。

その結果、ＲＰ‐１ロケット燃料の規格が、一九五七年一月に制定された。凝固点はマイナス四〇℃以下、オレフィン系炭化水素の含有量は一パーセント以下、芳香族化合物は五パーセント以下とされた。実際の製品は規格より品質が高く、炭素数が12程度のケロシンに該当し、Ｈ／Ｃ（水素／炭素）比は１・９５から２・００の範囲、約四一パーセントのノルマルパラフィンとイソパラフィン、五六パーセントのナフテン、三パーセントの芳香族化合物を含み、オレフィン系炭化水素は含まれていない。

重合や燃えカスの問題は解決したが、ロケットダイン社（ノースアメリカン航空社から、ロケット関係の仕事のために分離、独立した会社）のマドッフとシルバーマンはその解決方法に満足できず、ジエチルシクロヘキサンを徹底的に研究した。これは単一成分の燃料ではなく、異性体も混じっているが、安定した品質で入手しやすい燃料である。実験の結果はとても良く、ＲＰ‐１よりずっと優れていたが、実用ミサイルに使用される事は無かった。米国初の大陸間弾道弾（ＩＣＢＭ）のアトラスとタイタンⅠ型は、マドッフとシルバーマンの研究が完了する前だったので、ＲＰ‐１を使用する設計だったし、タイタンⅡ型は貯蔵可能推進剤を用いていた。アポロ計画のサターンＶ型ロケットは、液体酸素（ＬＯＸ）とＲＰ‐１を使用した(注1)。

酸素を使用すると燃焼室の温度が一般的には高くなり、燃焼室壁面への熱伝導量は極めて大きくなる。これは、ロケットエンジンの初期から問題で、再生冷却を行っても問題だった。しかし、一九四八年春、ゼネラル・エレクトリック（ＧＥ）社は巧妙な解決方法を考え出した。燃料（彼らはメタノールを使用した）に一〇パーセントの珪酸メチルを加えるのだ。珪酸メチルは温度の高い場所で分解し、分解で出来た二酸化ケイ素（シリカ）の膜を壁面に堆積させると言う有難い性質があり、その断熱作用で熱の流れを減らす。堆積した膜は絶えず侵食されて無くなって行くが、新しい膜が付け加わるので、膜は保たれる。三年後、GE社のムラネイは、一パーセントのGEシリコン油を燃料のイソプロパノールに加え、壁面の熱流を四五パーセント減少させた。バンガードロケットの一段目のGE製のロケットエンジンは、この熱対策を採用している。RMIのウィンターニッツは、一九五〇年と一九五一年に、珪酸エチルをエタノールやメタノールに加える事で良い成果を収め、一九五一年にはアンモニアに珪酸エチルを五パーセント混ぜる事で、熱流を六〇パーセント減少させた。

酸素を使用する場合の、もう一つの問題は始動だ。A-4ミサイル（V-2ミサイル）からソーやジュピターIRBMに至るまで、始動には火工品を使用するのが普通だった。しかし、その機構は複雑で信頼性は低かった。ゼンガーはジエチル亜鉛を始動剤に用いたが、ベル・エアロシステム社は一九五七年に、ゼンガーの方法を改善して、酸素とJP-4を使用するロケットエンジンの始動に、トリエチルアルミニウムを使用した。この始動方法は、その後に、アトラスICBMなどの酸素とRP-1を使用するロケットエンジンの全てに使用された。トリエチレンアルミニウムが一五パーセント、トリエチルボラン（訳注2）が八五パーセントの混合液を入れた密封アンプル容器を、始動時に燃料系統の圧力を利用して破裂させ、燃焼室で液体酸素と反応させて自己着火を起こさせて、エンジンを始動させる。単純で信頼性が高い方法である。

アルコール、アンモニア、JP-4、RP-1がLOX（液体酸素）と組み合わせて使用されたが、他にも様々な可燃性の液体が過去には実験的に使用された。例えば、RMIはシクロプロパン、エチレン、メチルアセチレン、メチルアミンを実験した事がある。どれもそれまでに使用されている燃料より特に優れてはいなかった。ヒドラジンは一九四七年にはすでに試験されたし（海軍航空局のアナポリス技術試験場が試験）、UDMHはエアロジェット社が一九五四年に試験した。しかし、米国はソ連と違い、ヒドラジン系の燃料を酸素と組み合わせて使用する事は一般的ではなかった。大々的に使用された唯一の例は、ジュピターＣミサイルとその発展型のジュノーＩ型宇宙ロケットである。そのロケットエンジンは、レッドストーン・ミサイルのエンジンの改良型で、燃料をアルコールからハイダイン（ハイダインはロケットダイン社が開発したＵＤＭＨとジエチレントリアミンを六対四の比率で混ぜた燃料である）に変更して推力を向上させたロケットエンジンを使用していた。

　ツィオルコフスキーの理想とした燃料は、当然だが、液体水素だった。しかし、それは軍用ミサイルの燃料としては全く無価値で（密度が低いので、必要な量を搭載するには燃料タンクが大きくなりすぎる）、その極度に低い沸点に対応するための技術的課題が難しすぎるので、第二次大戦以前には全く使用されなかった。

　第二次大戦後になっても、液体水素は簡単には入手できなかった。一九四七年の時点では、液体水素を製造できる設備を有しているのは三カ所の施設だけだった。シカゴ大学、カリフォルニア大学、オハイオ州立大学の三カ所で、生産能力は合計しても一時間に八五リットル、約六キログラムに過ぎなかった（装置を連続的に運転出来た時の数値だが、実際には連続運転は困難だった）。しかし、一九四八年、オハイオ州研究財団のＨ・Ｌ・ジョンソンは推力四五キログラムの小型ロケットエンジンで、液体水素を酸素で燃焼させる実験を行った。翌年、エアロジェット社は、一時間当たり九〇リットルの液体水素を連続的に製造できる設備を導入し、米国の液体水素製造能力は、一時間当たり二七キログラムに向上した。エアロジェット社は液体水素を、推力一・三トンのロケットエンジンで、燃料と再生冷却に使用した（アポロ計画のサターンＶ型ロケットは、推力九〇トンの液体水素燃料のロケットエンジンを、第二段に五基、第三段に一基搭載したが、液体水素の消費量は一エンジン当たり毎秒三六キログラムだった）。

　水素は極度の低温でないと液化しない。沸点は二一Ｋ（マイナス二五二℃）で、ヘリウムを除くいかなる物質よりも低い（酸素の沸点は九〇Ｋである）。そのため、液体酸素に比べて、液体水素を液体に保つための断熱は比較にならない程難しい。その上、水素特有の難しい問題が有る。

　量子力学によると、水素分子H_2にはオルト水素とパラ水素の二つの形態があると予想されていた。オルト水素は水素分子を形成する二つの水素原子の核スピンが同じ方向（平行）で、パラ水素では逆向き（反平行）である。更に、室温程度の温度では水素分子の四分の三はオルト水素、四分の一はパラ水素で、沸点付近の低温ではほとんどすべての水素分子がパラ水素になると予想されていた。

しかし、長年に渡り誰もその変化を観察できないでいた（二つの形態はその熱伝導率で識別できる）。しかし、一九二七年にD・M・デニソンは英国王立協会紀要に、オルト水素からパラ水素への遷移はゆっくりと進み、完了するには数日もかかるかもしれないので、時間を置いて測定すると、違った結果になるかもしれないと指摘した。

米国のユーリーとブリックウッド、ドイツのクラジウスとヒラーは一九二九年から一九三七年にかけて、この問題を詳しく研究し、興味深い結論に達した。推進剤の研究者は、その結論に当惑させられた。オルトからパラへの遷移は二一Kで何日もかかる遅い変化だった。それだけなら、液体水素を燃料として使用するためには、特に問題にはならない。問題になるのは、一モル（二グラム）の液体水素が、オルト水素からパラ水素に変わる時に、三三七カロリーの熱を放出する事だ。一モルの水素を気化させるには二一九カロリーしか必要でないので、これは大きな問題である。水素を冷やして液体水素にした時、その状態では四分の三がオルト水素なので、それがパラ水素に変化する過程で発生する熱は、液化した水素を再び気化させるのに十分な熱量なのだ。外部からの熱の流入が全くなくても、内部の発熱だけでそうなるのだ。

問題の解決方法は明らかだった。オルトからパラへの遷移を速める触媒を見つける事だ。遷移の時間が短くなれば、発生する熱は、液化のための冷却過程で取り除く事が出来、問題を引き起こさない。一九五〇年代に、何人もの研究者がそのような触媒を見つけようとした。コロラド大学とコロラド州ボールダーの規格基準局のP・L・バリックはまとまった量の液体水素を処理できる最初の触媒として、水酸化第二鉄を発見した。それ以後、幾つかの触媒が発見された。パラジウム、銀合金、ルテニウムなど、酸化第二鉄系よりずっと効果が大きな触媒が見つかった。オルト・パラ問題は解決済みとして、忘れ去られた。

一九六一年には、液体水素は市販品になっており、リンド社、エアプロダクツ社など数社が、希望する量を、低温輸送車で輸送し、納入してくれるように成った（ちなみに、この低温輸送車は非常に良く出来ている。液体水素を輸送するために、全く新しい断熱方法が発明されて、使用されている）。

それ以降、液体水素は注意は必要だが、普通に取り扱えるようになった。もし漏れると、火災や爆発の危険がある。また、酸素が入り込み、冷やされて液体酸素になって混じった混合液は、爆発を起こしやすいので、酸素が入り込まないよう、万全の注意が必要である。水素が燃える際には、もう一つの注意点がある。水素が燃える際の炎はほとんど見えない、特に明るい日中は見えないので、水素が火災を起こしていても、気が付かない可能性がある。

最近の研究で面白いのは、スラッシュ水素だ。これは液体水素を凍結温度（一四Ｋ）まで冷却し、半ば凍った状態にしたものだ。凍って固体になった水素と、液体水素が混じったシャーベット状の水素は、液体水素と同じようにポンプで圧送する事が出来る。スラッシュ水素の密度は、沸点温度における液体水素の密度よりかなり大きい。研究の主力はユニオンカーバイド社のリンデ事業部のＲ・Ｆ・デュワーのグループで、研究は現在も続けられている。

推力一四トン級のセントール・エンジン、推力九〇トン級のＪ‐２エンジンは、液体水素と液体酸素を使用するエンジンとしてはこれまでに使用された中では最大級のエンジンだが、推力六〇〇トン級のエンジン（エアロジェット社のＭ‐１型）も検討されている（注2）。これらのエンジンは、始動に電気式点火装置を使用する。水素と酸素の組合わせは自己着火性ではないが、点火するのは容易である。気体の酸素と水素が小型の予備燃焼室に吹き込まれ、そこで電気の火花で点火され、それで生じた炎が主燃焼室を着火させる。酸素と水素を自己着火性にする研究が行われた事があり、スタンフォード研究所のＬ・Ａ・ディキンソン、Ａ・Ｂ・アムスター達は、一九六三年後半に、液体酸素にわずかな量（〇・一パーセント以下）の二フッ化三酸素（O_3F_2）を入れると水素に対して自己着火性になり、その溶液は九〇Ｋ（液体酸素の沸点）で一週間以上は変質しない事を発表した。二フッ化三酸素は二フッ化オゾンと呼ばれる事もあるが、暗赤色をしていて、不安定で反応性が高い液体で、七七Ｋ付近の温度で、酸素とフッ素の混合気中でグロー放電を行う事で作られる。最近になって、この反応でできるのは、実際にはO_2F_2とO_4F_2が混ざった物である事が判明した。しかし、水素と酸素を使用するエンジンの点火で、他の方式の点火装置が、電気式点火装置に変わって使用される事は有りそうもない。

水素を使用するエンジンで、究極的な方式は原子力ロケットである。前の性能の章で触れたように、高い性能を実現するには、水素を二〇〇〇K程度まで熱して、ノズルを通して噴出させるのが良い。原子力ロケットは、まさにそれを行う。濃縮ウランを使用する黒鉛減速炉をエネルギー源に使用して、水素を作動流体に用いる（開発の際に大きな問題点が有る事が分かった。二〇〇〇K程度に熱せられた水素は、お湯が角砂糖を溶かす様に、黒鉛を分解しメタンを生成するのだ。対策は、高温の水素の流れる部分を、炭化ニオブで被覆する事だった）。

一一〇〇メガワットの出力の熱中性子炉を動力源とするフェーブスⅠ型ロケットエンジンの試運転が、一九六六年にネバダ州のジャッカスフラッツで行われた。試験では二八トンの推力を出すのに成功し、比推力は七六〇秒だった（短期間にうちに八五〇秒以上を実現できると期待されていた）。この成績によると、パワー（仕事率とも言う。単位時間当たりの、熱エネルギーから機械的エネルギーへの変換率）は九一二メガワットになるが、これは原子炉が定格より少し高いレベルで運転された事を意味している。熱交換室（燃焼室に相当）の温度は約二三〇〇Kだった。

開発中のフェーブスⅡ型エンジンは推力一一〇トン級で、J‐2エンジンより強力で、原子炉の出力は約五〇〇〇メガワットの予定だった。これはフーバーダムの発電量の二倍だが、それだけの出力を出す原子炉本体の大きさは、事務用の机程度の大きさでしかない。小型で強力な事には驚くしかない。

液体フッ素の使用研究も、液体水素の使用研究と同じ頃に始まった。JPLが一九四七年に最初に研究を始めた。その当時は液体フッ素は入手が難しかったので、JPLは試験場でフッ素を精製し液化した。いくらかでもフッ素を実験室で扱った事のある人なら、それが大変な作業だった事が理解できるだろう。JPLは最初は液体フッ素を水素ガスで燃焼させた。一九四八年には液体水素を再生冷却に使用すると共に、液体フッ素で燃焼させる事に成功した。

一九五〇年には液体フッ素とヒドラジンの組合せの燃焼に成功した。当時の技術的水準を考えると、これはほとんど奇跡的とも言える成果だった。

ノースアメリカン航空社のビル・ドイルも、一九四七年に小型のロケットエンジンで、フッ素を使用した試験を行ない、試験は成功だったが、そのまま開発を続ける事にはならなかった。性能は良かったが、液体フッ素の密度（沸点において一・一〇八とされていた）は液体酸素よりかなり低く、軍部（ＪＰＬは当時は陸軍の仕事をしていた）は液体フッ素を使用しないと決めた。

まもなく状況は変化した。エアロジェット社の研究者は、デュワーの五四年前の液体フッ素の密度の値は信頼できないのではないかと考え、同社のスコット・キルナーは液体フッ素の密度を自分で測定する事にした（米海軍研究局が費用は負担した）。測定は困難を極めたが彼は作業を続け、一九五一年七月に、沸点における液体フッ素の密度は従来の一・一〇八ではなくて、それより大きい一・五四である事を突き止めた。この計測結果は推進剤の研究者を驚かせ、幾つかの研究機関がキルナーの計測結果を再確認しようとした。キルナーの計測結果は正しく、フッ素は再評価される事になった（米海軍研究局は学術的な事に特に熱心で、研究機関に予算を付けていて、キルナーに一九五二年、彼の計測結果を公表させたが、まだ多くの教科書や参考文献は古いデュワーの数値を引用している。そして、多くの技術者が残念ながら、教科書に載っている数字をまだ信じている）。

幾つかの研究機関が、酸化剤にフッ素、燃料にヒドラジンやアンモニア、又は両者の混合液を使用した時の性能を調べ、良い結果を得た。これらの組み合わせは、性能が良いだけでなく、点火も問題が無かった。液体フッ素は燃料として使用するほとんどの物質に対して、自己着火性が有った。

残念ながら、フッ素は燃料に限らず、他のほとんどの物質に対しても自己着火性だった。フッ素は毒性が極めて強いだけではない。酸化作用が極めて強く、適当な条件下では窒素、希ガスの内の原子番号が小さい物、すでに限界までフッ化されている物以外は、ほとんど全ての物質と反応を起こす。しかも、その反応は激しい事が多い。

フッ素は鉄、銅、アルミニウムなどの、構造用金属の容器に保存できる。フッ素はそれらの金属との間に、不活性な金属フッ化物の被膜を直ちに形成し、その被膜が金属との反応を防ぐ。しかし、その不活性な被膜がこすれて破れたり、溶けて無くなると、華々しい結果を生じる。例えば、フッ素ガスがオリフィスやバルブから急激に漏れ出したり、グリスのような物が少しある所にフッ素ガスが触れると、金属は火災を起こす可能性がある。金属がアルミニウムの場合の反応は華々しく、見ものだ。遠くから見ている限りだが。

しかし、通常は、フッ素は適切に扱えば問題を起こさない。もしロケットの燃料として使いたければ、アライドケミカル社に注文すれば、喜んで専用輸送車で液体フッ素を納入してくれる。この専用輸送車もなかなかの物である。内側の液体フッ素のタンクは、蒸発を防ぎ、外部にフッ素を漏らさないために、周囲を液体窒素が取り囲んでいる。輸送に当たっては、先導車、警察の付き添いなど、万全の安全対策が適用される。しかし、もしフッ素輸送車が、液化プロパンや液化ブタンの運搬車と衝突したら、どんな事になるだろうと考えてしまう。

フッ素を使用する大型のロケットエンジンの開発は時間がかかり、時には派手な事故も有った。私はベル・エアロシステムズ社の試験を撮影した映画を見た事がある。その試験ではフッ素系統のシールが壊れ、金属が発火した。真横にロケットの噴出口が出来たかと思うほど、漏れた箇所から本来の排気ノズルからと同じくらい大きな炎が噴き出した。ロケットエンジンは壊れたが、試験設備の運転員がエンジンを停止させる前に、運転試験設備も燃えてしまった。

それでも、フッ素を使用するかなり推力の大きなロケットエンジンが開発され、試験も成功したが、宇宙探査用にはまだ使用されていない。ロケットダイン社は多段ロケットの上段用に、フッ素とヒドラジンを使用する推力五・四トンのノーマッド・エンジンを製作し、ベル航空機社はタイタンⅢ型の第三段用に、推力一六トンのチャリオット・エンジンを開発した。このエンジンはフッ素を酸化剤に使い、モノメチルヒドラジン、水、ヒドラジンを混ぜた燃料を燃焼させる。燃料の組成は、推進剤中の炭素と水素が、燃焼後に全てがCOとHFになるように調整されていて、凝固点はヒドラジン単体の時よりずっと低い。ＧＥ社もフッ素と水素を用いる、推力三四トンのＸ‐４３０エンジンを開発した。

ＬＦＰＬのオーディンは一九五三年から、ロケットダイン社の研究者は一九五〇年代後半から一九六〇年代前半にかけて、ＲＰ‐１燃料と液体酸素の組み合わせについて、液体酸素にフッ素を混ぜて性能を向上させられないか研究した（フッ素と酸素はいかなる比率でも完全に混ざり合い、両者の沸点は数度しか違わない）。彼らは液体酸素に液体フッ素を三〇パーセント加えると、性能が五パーセント向上する上に、液体酸素用に設計されたタンク、ポンプなどがそのまま使用できる事を確認した（ロケットダイン社は液体酸素とＲＰ‐１を使用するアトラスＩＣＢＭ用エンジンで試験した）。それに加えて、自己着火が可能になった。液体フッ素と液体酸素の混合液は「フロックス（ＦＬＯＸ）」と呼ばれるが、通常はそこにフッ素の比率を表す数字が付け加えられる。最高の性能を得るには、両者の混合液を炭化水素と燃焼させた時に、水素と炭素は全てHFとCOになるべきで、そうすると、少なくとも性能については、ＲＰ‐１燃料にはフロックス70が最良の酸化剤となる。ＲＰ‐１と液体酸素では比推力は３００秒（以下、燃焼室圧力七〇気圧、排気圧力一気圧、排気内の化学変化は平衡流、Ｏ／Ｆは最適値として計算）、フロックス30では３１６秒、フロックス70（推進剤の炭素と水素が燃焼で全てCOとHFになる混合比）では３４３秒、フッ素だけでは３１８秒に低下する。

フッ素は大型の打ち上げ用ロケットには用いられないと思われる。排気中のフッ化水素（HF）は発射台やその機器を損傷するし、周囲の人間にも有害なのは言うまでもない。又、価格は液体酸素の数十倍する。しかし、深宇宙の探査任務については、水素とフッ素の組み合わせ以上の推進剤は考えられない。フッ素と水素を使用するロケットエンジンの開発は検討中である。

オゾンを酸化剤に使用する構想は、あまり将来性があるとは思われない。正確に言うと、オゾンはずっと有望視されてきたが、ロケットに使用できる程の量が入手できないのだ。

オゾン（O_3）は酸素の同素体である。気体では無色であるが、冷却すると美しい暗青色の液体や固体になる。オゾンは、酸素の流れにグロー放電を加えて作るウェルスバッハ法で、商業的に生産されている（オゾンは水の浄化などに使われる）。推進剤として魅力的なのは、㈠液体オゾンの密度は液体酸素よりかなり大きい、㈡燃焼時にオゾンは酸素に分解されるが、その時に一モル当たり34キロカロリーのエネルギーを放出する。その分、ロケット推進剤としての性能が高くなる、の二点である。ゼンガーは、一九三〇年代にオゾンに多大の興味を持った。いろいろオゾンの問題点が明らかになったが、彼は現在でも興味を持っている。

オゾンには短所がある。まず、オゾンはフッ素と同じく有害である（オゾンの臭いが不快でないと言う人は、まだ濃度の高いオゾンの臭いを経験していない人だ！）。もっと重要な欠点は、オゾンがおそろしく不安定である事だ。ちょっとした刺激でも、または何の刺激も与えていないと思われる時にも、オゾンは爆発的に酸素に変化する。水、塩素、金属酸化物、アルカリ（その他にも未確認の物質も有ると思われる）が、この反応の触媒作用をする。オゾンの敏感さに比べれば、過酸化水素の敏感さなど問題にならない程だ。

純粋のオゾンはあまりに毒性が強いので、オゾンを液体酸素に混ぜた混合液が研究対象になった。それなら毒性が弱い事が期待できるからだ。研究に力を入れた機関は、プリンストン大学のフォレスタル研究室、アーマー研究所、エアリダクション社だった。研究は一九五〇年代初期から始まり、断続的に現在に至るまで続いている。

通常のやり方は、気体の酸素をウェルスバッハ式オゾン発生器に通してオゾンを作り、そのオゾンを希望する濃度になるまで液体酸素に加える。そうして出来た混合液を酸化剤として、ロケットエンジンを運転する。一九五四年から一九五七年の間に、フォレスタル研究室は、液体酸素にオゾンを二五パーセント混ぜた酸化剤と、エタノールを燃料に使用して燃焼試験を行なった。試験では問題が生じた。

液体酸素の沸点は九〇Kである（極低温の分野では、温度を摂氏（℃）ではなく、絶対温度（K）で考えたり表現する方が、簡単で分かりやすい）。オゾンの沸点は一六一Kである。エンジンを停止すると、酸化剤の配管の内部はオゾンと酸素が付着した状態で、すぐに蒸発が始まる。酸素は沸点の温度がより低いので、当然、先に蒸発し、残った溶液内のオゾン濃度は高くなる。九三K以下の温度で、オゾンの濃度が三〇パーセントに近付くと、奇妙な現象が起きる。溶液はオゾン濃度が三〇パーセントの部分と、オゾン濃度が七五パーセントの部分に分離するのだ。酸素が蒸発を続けてオゾンの濃度三〇パーセントの部分が減少すると、七五パーセントの部分が増え、最後には七五パーセントの溶液だけになる。このオゾン濃度が七五パーセントの溶液が、実に爆発しやすいのだ！

そのため、エンジン停止後の爆発が何度も起きたが、爆発は配管にも担当技術者の神経にも良くないので、爆発を防ぐための厳格な配管のパージング（清浄化）手順が取られるようになった。エンジン停止直後に、酸化剤の配管に、液体酸素か酸素ガスまたは窒素ガスを流して、残っているオゾンを除去してトラブルが起きないようにするのだ。

これは爆発防止対策にはなったが、あまり満足できる対策ではなかった。酸素にオゾンが二五パーセント混ざった混合液は、酸素だけの場合より性能が大きく優れている訳ではなく、その取り扱いの難しさを考えると、どうしても使用したいほど魅力的ではない。もう少し優れた爆発防止方法は、オゾンが濃度別に分かれるのを防ぐ事で、一九五四年から一九五五年にかけて、アーマー研究所（現在はイリノイ州工学研究所、ＩＩＴＲＩ）のＧ・Ｍ・プラッツは、分離防止にある程度成功した。彼は二・八パーセントのフレオン13（$CClF_3$）を混合液に加えると、液体酸素の沸点である九〇Ｋでは分離を防止できるが、それより温度が低い八五Ｋでは分離を防止できない事を発見した。これは、例えばオゾンが三五パーセントの溶液の場合、液体酸素の沸点の温度では三五パーセントの濃度だけなのが、その溶液を液体窒素の沸点である七七Ｋまで温度を上げると、溶液の中で、オゾンの濃度の濃度が高くて危険な部分が分離して来ると言う事だ。バッテル社のＷ・Ｋ・ボイド、Ｗ・Ｅ・ベリー、Ｅ・Ｌ・ホワイトと、エアリダクション社のＷ・Ｇ・マランチック、Ａ・Ｇ・テイラーは、一九六四年から一九六五年の頃、もっと良い解決策を発表した。二フッ化酸素（OF_2）を五パーセントか、フッ素（F_2）を九パーセント加えると、二種類の濃度への分離が完全になくなる事を示したのだ。しかも、フレオンを加えるのと違い、性能は低下しない。この濃度による分離を防ぐ事ができる理由についての、説得力のある説明はまだ誰もできていない！

別のオゾン混合液も研究された。オゾンとフッ素の混合液で、一九六一年にアーマー研究所のＡ・Ｊ・ゲイナーが詳しく研究した（フッ素にオゾンを二〇パーセント混ぜた酸化剤は、ＲＰ‐１燃料との使用に最適だと思われる）。しかし、フロックス70と比べて、その差は大きくないし、オゾンとフッ素が発射台で漏れて周囲に拡がると、大変な事になると思われる。この溶液を用いるロケットエンジンの試験が行われたとは聞いた事がない。

オゾンはまだ爆発を起こしている。調査を行った人は、爆発は液体酸素との混合液中に、ほんの微量の有機過酸化物が有ったために起きたと信じている。その有機過酸化物は、例えば、液体酸素を製造する際にごく微量な油分が混じったのかもしれない。調査をしたほかの人は、オゾンは爆発する物だと信じているし、オゾンは人間を嫌う理由が何か有るのではと思っている人もいる。そのため、オゾンの研究は散発的に行われてはいるが、オゾンがいつか、何らかの形で活躍する時が来ると信じている人は、もうほとんど残っていない。私も信じていない人間の一人である。

第9章　ソ連の状況

第二次大戦で、ソ連軍がドイツに攻め入った際、ソ連軍はI・G・ファルベン社のルエナ工場で働いていた化学者達に、ロケットの推進剤の仕事をさせる事にした。実際には、これらの化学者達は推進剤の研究者ではなかったが、ソ連軍から見れば化学者ならだれでも推進剤の仕事が出来ると思ったのだ。米国でもARPAは、何年も後に同じような事をしている！　最初、ドイツ人の化学者は既存のロケット用燃料の化学的性質を調べる以外の事はしなかった。しかし、彼らが一九四六年一〇月にソ連に送られると（何人かはレニングラードの国家応用化学研究所に、他の化学者はモスクワのカルポフ研究所へ送られた）、彼らは新しい燃料の合成を命じられた。推進剤その物を開発する者も有ったし、ガソリンやケロシンの添加剤を研究する者もいた。ソ連は、大戦中のドイツと同じく、自己着火性の推進剤と、ガソリンと硝酸の組み合わせを自己着火性にする添加剤を探していた。

課題に取り組む化学者の考え方はどの国も同じなので、彼らの研究は米国の研究と同じような経緯をたどった。以前にドイツがそうしたように、ソ連はビニルエーテルについて研究し、ニューヨーク大学が同じ事を行う四年前の一九四八年に、彼らは考えうる限りの各種のアセチレン関連の化合物を合成し、試験した。一九四八年には、彼らはアリルアミンを試験した。カリフォルニア研究所のマイク・ピノも、同じ頃に同じ研究を行った。ソ連は一九四九年にテトラアルキルエチレンジアミンを研究したが、これはフィリップス石油社より二年早かった。一九四八年と一九四九年には、米国のピノと同じように、メルカプタンと有機硫化物についての研究を行った。ソ連は入手できたり、合成できた全てのアミン類を調査し、ビニルオキシエチルアミンのような、複雑な機能性化合物についても試験を行なった。彼らは、作り出した物は、良好な自己着火性が得られないかを調査するため、ガソリンに混ぜて試験した。ガソリンは通常は芳香族炭化水素が多く含まれる熱分解ガソリン（パイロリシスガソリン）を使用した。彼らはそうした混合液に、単体の硫黄を混ぜて試験する事まで行った。しかし、長い間、戦術用ミサイル用に一番良かったのは、ドイツで開発された、キシリジンとトリエチルアミンを混ぜたトンカ２５０燃料だった。北ベトナムが使用したＳＡ‐２ガイドライン地対空ミサイル（ＳＡ‐２は西側の名称、ソ連の正式名称は不明[訳注1]）の第二段の推進剤には、この燃料とＲＦＮＡの組み合わせが使用されている。

ソ連では国産のヒドラジン水和物（ドイツから接収した物ではなく）が、一九四八年には使用できるようになったが、ソ連の化学者達が（ドイツ人化学者は一九五〇年までには全てドイツに送り返されていた）、一九五五年か一九五六年に、米国におけるＵＤＭＨの成功を知るまでは、ソ連はヒドラジン系の燃料にはほとんど関心を持っていなかった。ソ連が関心を持たなかった原因は、ヒドラジンでは銅が使用できないからである。ソ連のロケット設計者は、熱伝導率が高いので、銅を好んで使用していた。また、当然だが、ロシアの寒冷な気候では、ヒドラジンの使用は難しかった。現在ではＵＤＭＨは、ソ連における標準的な推進剤の一つである。

高濃度の過酸化物についても若干に研究がなされた。当初は押収したドイツ製の物で、一九五〇年以降はソ連製の物を用いて研究がなされたが、大きな関心を引く事はなく、やがてソ連海軍がその研究を引き継いだ（過酸化物は魚雷では非常に役に立つ）。

一九四〇年代後半から一九五〇年代前半にかけて使用された硝酸系の推進剤は、濃度が九八パーセントのＷＦＮＡ、点火用の触媒物質として塩化鉄（Ⅲ）を四パーセント加えたＷＦＮＡ、一〇パーセントの硫酸を加えた混合酸である。

ソ連も、米国が経験したのと同様の様々な問題を経験した。彼らは一九五〇年と一九五一年に（カリフォルニア研究所より二年先行して）、腐食防止剤としてメタンスルホン酸、メタンジスルホン酸、メタントリスルホン酸、エタンジスルホン酸、通常のジスルホン酸などの有機スルホン酸を試した。しかし、添加量が微量ではなく、一、二パーセントだった。当然ながらそれでは効果が無かった。

しかし、硝酸系ではいろいろ問題が有ったが、ドイツ人科学者の一人が、推進剤の密度と射程距離に関するネッゲラートの公式の適用を思いついて、それを彼の新しい上司に提案しようと思った（注１）。彼はＶ・２ミサイルの推進剤を、酸化剤は硝酸に、燃料は非常に密度の高い物に変更すれば、ミサイルの射程は大幅に向上し、ソ連邦英雄の称号を貰える事は確実と考え、その密度の大きな燃料の開発を始めた。彼はトルエンが一〇パーセント、ジメチルアニリンが五〇パーセント、臭素系化合物のジブロモエタンが四〇パーセントの混合液を作った。密度は一・四程度と大きかったが、この臭素系化合物により、比推力は大きく低下した。彼のロシア人の上司は馬鹿ではなく、彼がしている事を一目見るとぞっとして、すぐに彼から燃料の原料を取り上げてしまった。四週間後、彼は人民法廷に召喚され、判決では「ソ連邦の科学を誤った方向に導こうとした」として有罪になり、四〇〇〇ルーブルの罰金を科せられた。彼はそれでも運が良かった。もし国家の法廷にかけられたら、「極度の愚行」により、九〇年間のシベリア送りになったかもしれない。彼をドイツに送り返した時には、ソ連の上司はほっとしたと思う。こんな馬鹿な人間がいる国が同盟国だったら、そんな同盟国は敵国より悪くないだろうか？

他にも高密度の燃料の開発が試みられた。ケロシンに、コロイド状の粉末アルミニウムをステアリン酸アルミニウムと共に八パーセント加えた物も研究された。しかし、マイナス六℃で凍結するため、研究は中止された。また、ニトロプロパン（毒性が強く、燃えやすい）のような有機窒素化合物も、多くの種類を一液式推進剤として使用するため研究したが、成果は無かった。有機窒素化合物と聞くだけで、私は震え上がってしまう。ドイツがかつてしたように、テトラニトロメタンを酸化剤として使用する事も試みた。しかし、その実験で試験室を爆発で吹き飛ばしてしまった。

最近、ソ連はヒドラジン硝酸塩とメチルヒドラジンの混合物（私のヒドラゾイドＮに類似）に注目しているようだ。しかし、彼らがそれを燃料として使いたいのか、一液式推進剤として使いたいのか、私は知らない。ソ連の最初の弾道弾はＳＳ‐１Ａ（ＮＡＴＯの名称）だが、これはドイツのＡ‐４弾道弾をそのままコピーした物で、濃度七〇パーセントのアルコールを液体酸素で燃焼させる。ソ連には、ピョートル・カピッツァ（訳注２）が設計した高効率の高速液体空気製造機が有るので、液体酸素は大量に入手可能だった。より大型のミサイルであるＳＳ‐２「シブリング」（一九五四年）、ＳＳ‐３「シャイスター」（一九五六年）は、同じ組み合わせの推進剤を使用したが、アルコールの濃度は七〇パーセントから九二・五パーセントに変更されている。

ご記憶と思うが、前述のように、腐食防止剤に**HF**（フッ化水素）を入れた硝酸に対する米国の規格は、一九五四年に公表されている。そのため、次のソ連の弾道弾はＳＳ‐１Ａを再設計したＳＳ‐１Ｂ「スカッド」で、推進剤にケロシンとＩＲＦＮＡを使用している。ＳＳ‐１Ｂはおそらく、トリエチルアミンを点火剤に使用し、ケロシンはナフテン酸を多く含むタイプで、米国のＲＰ‐１に良く似ていると思われる。このタイプのケロシンは、オレフィン系炭化水素を多く含むタイプなどより、再生冷却に用いた場合に固形成分が配管内壁に固着して詰まる事が少ないため、ソ連ではよく使用されている。それに適した原油は、ソ連では多く採掘されている。ソ連ではＩＲＦＮＡの等級として、二種類の「ロケット等級」が定められていて、ＡＫ‐20等級は四酸化二窒素（N_2O_4）を二〇パーセント、ＡＫ‐27等級は二七パーセントを含む。

ＳＳ‐１Ｂ「スカッド」が出現すると、ソ連ではミサイルの設計局が二つ有る事が分かった。ソ連軍の最高司令部は、おそらく軍需産業間の争いを避けるために、開発計画を二つの設計局に振り分けて担当させているように思われる。米国でもこのような開発方式が採用される場合も有る。ロッキード社がある開発計画を受注した場合、次の開発計画はゼネラル・ダミナミック社が受注したりする。

ある設計局（ＯＫＢ‐１）は液体酸素の使用を続け、ＳＳ‐６、ＳＳ‐８、ＳＳ‐10ロケットを設計した。ＳＳ‐６ロケットは、ユーリ・ガガーリンとボストーク宇宙船を地球周回軌道に打ち上げた巨大なロケットで、一段目はロケットエンジンを二〇基装備しており、液体酸素とＲＰ‐１に相当する燃料を使用している。ＳＳ‐８「サシン」とＳＳ‐10は、酸化剤には液体酸素、燃料には米国のエアロジン‐50に相当する、ヒドラジンとＵＤＭＨの混合液を使用していると思われる。

別の設計局は貯蔵可能な酸化剤を採用する事にして、ＩＲＦＮＡか四酸化二窒素を用いている。四酸化二窒素は、蒸気暖房をしているサイロ内に収納される、大型の戦略ミサイルに使用されている。ＩＲＦＮＡは、ロシアの厳しい冬の寒気に対応する必要がある、短射程の戦術ミサイルに用いられている。ＳＳ‐４「サンダル」はＩＲＦＮＡと、ケロシン系燃料とＵＤＭＨの混合物を用いていると思われる（米国のナイキ・アジャックスＳＡＭのサステナーエンジンに類似）。一方、ＳＳ‐５中距離弾道弾「スキーン」とＳＳ‐７大陸間弾道弾は硝酸系酸化剤とＵＤＭＨを用いている。最近配備されたＳＳ‐９大陸間弾道弾「スカープ」は、米国のタイタンⅡ型大陸間弾道弾に相当するミサイルだがもう少し大型で、四酸化二窒素でエアロジン‐50相当の燃料を燃焼させていると思われる。ＭＭＨを使用しているとの推測もあるが、そうとは考えられない。エアロジン‐50はずっと安価で、同等かもう少し良い性能を持ち、戦略ミサイルに使用する時には、燃料の凝固点を心配しなくて良い。より小型のＳＳ‐11ミサイルは同じ推進剤を、戦術ミサイルのＳＳ‐12は米国の戦術ミサイル「ランス」とほぼ同様に、ＩＲＦＮＡとケロシン系の燃料を推進剤に使用している（より新しいミサイルでは、ＳＳ‐13は米国の「ミニットマン」大陸間弾道弾に相当する三段式の固体燃料ロケットで、ＳＳ‐14は実質的にはＳＳ‐13の二段目と三段目を使用している）。米国の「ポラリス」に相当する潜水艦発射弾道誘導弾には、ＩＲＦＮＡか四酸化二窒素を酸化剤に、ＵＤＭＨかエアロジン‐５０を燃料に使用しているミサイルと、固体燃料を使用するミサイルがある。中国で開発中の弾道弾は、ＳＳ‐３をもとに、ＩＲＦＮＡとケロシンを使用するように変更されている。

より進んだ、あるいは「特殊な」とされる推進剤に関しては、ソ連は米国より保守的な姿勢の様に思われる。ソ連は一九四九年から一九五〇年にかけて、ホウ素の研究を少し行ったが、時間と費用を浪費する前に研究をやめるだけの良識が有った。一九五二年には東ドイツで液体酸素にオゾンを一〇パーセント混ぜた酸化剤で燃焼試験が行われたが、それ以上は進まなかったようである。ハロゲン系の酸化剤についても、大規模な研究が行われた形跡はない。最近のソ連の化学関係の研究誌に掲載された、フッ化ペリクロリルの研究に関する長文の紹介記事では、参考文献は全て西側の資料だけだった(注2)。二フッ化酸素（OF_2）や金属粉末の懸濁液の利点についても言及されているが、それ以上の事は無さそうである。又、液体フッ素や液体水素についてもあまり多くの研究がなされていないようだが、ソ連の宇宙探査計画の状況から、ソ連が液体水素についての研究を行っていないとしたら驚きである。

要約すれば、ソ連は推進剤の選定については、堅実な方針を採用している様である。彼らの選択範囲は、酸素、四酸化二窒素、ＩＲＦＮＡ、ケロシン系燃料、ＵＤＭＨとそれらの混合物に限られる様である。より大きな推力が必要な場合は、ソ連は比推力がより大きい、夢のような推進剤を探す事はしない。彼らはロケットをより大きくするだけである。多分、そのやり方には、それなりの利点があるのだろう。

第10章　特殊な推進剤

一五年前には、「特殊な燃料とは、結局はどんな物なの？」と良く質問された。私はそれに対して、「値段が高く、ホウ素が入っているが、たぶんうまくは行かない燃料だ。」と答えていた。この章の題名を、当初は「一〇億ドルの無駄遣いのボロン燃料計画」とするつもりだったが、二つの理由でそうするのを止めた。まず、この推進剤に関係した開発計画を承認した人達に対して、配慮がないと思われるかも知れない。二番目の理由は、この題名は全く正確とは言えない事だ。ボロン燃料計画は、実際には一〇億ドルも掛からなかった。開発当初にそれくらい掛かると予想されただけだ。

ボランはホウ素と水素の化合物で、いろいろな種類があるが、良く知られているのは、ジボラン（B_2H_6）、ペンタボラン（B_5H_9）、デカボラン（$B_{10}H_{14}$）である。室温ではジボランは気体、ペンタボランは液体、デカボランは固体である。アルフレッド・ストックは一九一二年から一九三二年の間に、代表的なボランのほとんどを発見し、H・I・シュレジンジャーは一九三〇年以降に、ボランの化学反応、特に、その合成法に関して多大な貢献をした。

ボランは不快な化合物である。ジボランとペンタボランは、空気に暴露されると直ちに発火し、それを消すのはとても難しい。これらは水と反応し、最終的に水素とホウ酸になるが、その際に激しい反応を起こす事がある。また、これらの化合物は特有の不快な臭気を有する上に、様々な形で人体に極めて有害である。こうした性質を持つので、その取り扱いは注意を要する。また、これらの化合物の合成は複雑で難しいので、価格は非常に高い。

しかし、ヒッピー族がイベントに引き寄せられるように、ボランはロケット関係者を引き付ける特性を一つ持っている。燃焼時の発生熱量（燃焼熱）が極めて大きく、重量当たりの燃焼熱はジェット燃料より約五〇パーセント大きい。一九三七年以降、JPLのパーソンズがデカボランの使用を初めて検討し始めてから、推進剤の関係者は、うまくすれば、その燃焼熱が大きい事を利用して高性能の燃料を作り出せるのではないかと、ボランに期待を抱いていた。

当然だが、第二次大戦が終わるまで、ボランの実用化についての研究はなされなかった。しかし、一九四六年に米陸軍武器科はGE社と、ボランについて詳細な調査を行い、大規模な生産を行う方法を開発する契約を結んだ（ヘルメス計画）。主目的はロケット燃料の開発ではなく、空気吸入式のエンジン、特にジェットエンジンの燃料として使用するためだった。しかし、ロケット関係者はボランに以前から注目していたので、その研究に必然的に引き付けられて行った。

ボランをロケット燃料に使用した時の性能計算は、一九四七年にRMIのポール・ウィンターニッツが初めて行ったと思われる。彼はジボラン、ペンタボラン、水素化ホウ素アルミニウム［$Al(BH_4)_3$］について、液体酸素と組み合わせた時の性能を計算した。この計算に関しては、これらの化合物に関してもだが、燃焼生成物に関しても、信頼のおける熱力学的データが少ない事、その上、計算の面倒な事（まだコンピューターは無かった事を考えていただきたい！）を考慮すると、彼の性能計算に取り組んだ勇気とその労を厭わない行動には、驚きと共に賞賛の念を感じざるを得ない。

いずれにしても、計算の結果は、その確かさには疑問は残るが、有望そうだった。次の段階は、その性能をロケットエンジンの燃焼試験で確かめる事だった。ジボラン（ボラン類の中で入手が最も容易）を燃料に、液体酸素を酸化剤にして実験を行う事になった。

ジボランはボラン類の中でも最も入手が容易だったが、それでも入手できる量は限られていた。実際、ＲＭＩが実験を始めようとした時には、一八キログラムしか入手できなかった。そのため、燃焼試験は非常に小さな推力（多分二三キログラム程度）で、ごく短時間しかできなかった。当時の担当技術者は、何年もしてからだが、「点火ボタンを押す度に、キャデラック一台分が燃えて飛んで行ってしまう！」と感じたとの事だ。

試験の結果は、はっきり言って、喜べる物ではなかった。性能は予想よりずっと悪く、計算値を大きく下回った。また、ガラス質の固形物が、スロート部に固着してスロートの面積と形状を変化させ、ノズルの下流に向かって拡がっていく部分にも固着した。この固着物の主成分は明らかに酸化ホウ素（B_2O_3）だが、単体のホウ素も含まれているようだった。これは燃焼が完全ではない事を示していて、今後に期待できない事を感じさせた。

ＮＡＳＡルイス研究所のオーディアンとローは、一九四八年に同じ組成の推進剤で燃焼試験を行ない、同じような結果を得た。酸化剤に過酸化水素を使用しても、結果は良くならなかった。ボランの燃焼には、ガラス状の残渣の固着と、明るい緑色の排気が付き物のようだった。

ＲＭＩが次に試験した燃料は、ジボランにジメチルアミンを添加した化合物で、正確にはボランではないが、それに近縁の化合物である。しかし、一九五一年に液体酸素を酸化剤にして燃焼試験を行なった結果は、ボランと同じで、良くなかった。ＲＭＩのジャック・グールドが翌年、酸化剤に液体酸素や過酸化水素、燃料にペンタボランを使用して、推力二三キログラムのロケットエンジンで試験した結果も、同じだった。ペンタボランと過酸化水素の組み合わせで、良い結果が出るまでには一二年間を要した。燃焼効率が良かったのは、一九五五年にオーディンが行った、ジボランとフッ素の組み合わせだった。この時は、少なくともノズルへの固着物は無く、燃焼生成物は気体の三フッ化ホウ素（BF_3）だった。しかし、燃焼温度が極めて高く、取り扱いが難しかった。

最初の頃のボランの燃焼試験は、全体としてあまり成功とは言えなかったが、ボランの人気は高く、期待は大きかった。一九五一年だけでも、ボロン燃料と、ボロン系の可能性のありそうな燃料についての研究会議が二回、開催された。こうした会議で、ホウ素の化学的性質の研究はまだあまり進んでいなかったので、とても怪しげな化学的性質が発表されたりしたが、出席者は有益な時間を過ごしたと感じ、研究意欲を高めて帰って行った。

この直後に、研究者達はボランの研究資金をもらえる事になった。一九五二年に米海軍航空局の高エネルギー燃料開発計画（ジップ計画）が始まったのだ。この開発計画は、ヘルメス計画を引き継ぐ形で、ジェットエンジン用に、ホウ素を主成分とする高エネルギー燃料を開発しようとするものだった。この頃はまだ大陸間弾道弾が出現する前で、核爆弾を搭載する長距離爆撃機が、冷戦における核戦争抑止力となっていた時代だった。そのため、爆撃機の航続距離や速度を向上させる手段は、何であれ強く求められていた。この巨額の開発計画の主契約会社となったのは、オリン・マシソン化学社とカレリー化学社だったが、一九五〇年代末には、推進剤や化学関係の企業、研究所などが、小規模な契約を受注したり、下請けとして数多く関係するようになった。一九五六年には、この開発計画は複雑、大規模になりすぎたので、空軍が「高エネルギー燃料（ＨＥＦ）計画」としてオリン・マシソン社との契約を、海軍航空局が「ジップ計画」としてカレリー社との契約を監督する事になった。業界誌は「ジップ燃料」や「スーパー燃料」を大きく取り上げ（当然だが、機密事項の、燃料の化学的な詳細な情報は記載されない。もし公表されていたら、ぎょっとした人が何人もいただろう）、それを信じて、利益を得たい人がホウ素を買いあさった。しかし、結局は大損してしまった。

燃料として必要な物理学的特性（ジェット燃料に類似）を実現するには、ボランをアルキル誘導体にする必要がある事が、すぐに明らかになった。最終的に、三種類の誘導体が開発され、大規模な生産が行われた。マシソン社のHEF-2はプロピルペンタボランだった。カレリー社のHiCal-3とマシソン社のHEF-3はモノエチルデカボラン、ジエチルデカボラン。トリエチルデカボランを混ぜた物で、HiCal-4とHEF-4は、モノメチルデカボラン、ジメチルデカボラン、トリメチルデカボラン、テトラメチルデカボランを混ぜた物である。-3、-4とも微量の未置換のデカボランを含む（-1と-2が抜けているのは、それらが合成の中間段階の物質だったからである）。

水素化ホウ素の化学的特性については、それまで調べられた事が無かったので、調査が行われ、合成方法の細部は試験的製造設備で決定され、大規模生産設備がカレリー社とマシソン社に設置され、運用された。取り扱いと安全に関する説明書が作成され、配布された。全てが緊急作業として行われた。一つの化学製品について、これほど力を入れられた事は無かったし、これ程多くの化学者と化学関係の技術者が動員された事は無かった。

しかし、ホウ素燃料の開発は突然、中断になってしまった。それには二つの理由、戦略上の理由と技術的な理由が有った。戦略上の理由としては、ＩＣＢＭが登場して長距離戦略爆撃機の重要性が減少した事が有る。技術的な理由としては、ホウ素を燃やすと酸化ホウ素（B_2O_3）が出来る事がある。酸化ホウ素は一八〇〇℃以下ではガラス質の固体か非常に粘性の高い液体である。この燃料でジェットエンジンを運転した時、タービンが例えば四〇〇〇回転で回っていると、タービン翼とその外側のケーシングとの間隔は〇・一ミリ程度なので、この粘性が高くて付着力の強い液状の酸化ホウ素がタービン翼に付着すると、ジェットエンジンは英国人の表現を借りるなら、「破滅的な自己破壊」を起こす可能性が有る。

燃焼生成物の粘度を減らすために、様々な試みがなされたが、どれも効果が無かった。オリン・マシソン社の製品も、カレリー社の製品も、ジェットエンジンには使用できなかった。生産設備は使われないままで、最後はスクラップとして売り払われてしまった。高エネルギー燃料計画は中止になり、その記憶だけが後に残った。

しかし、全くの大失敗とは言えない。この開発計画の費用の一部は研究活動に使用されて、それ以後の一〇年間で、ホウ素の化学的な知識は、そうでない場合の五〇年分以上は増加した(注1)。興味深い発見の一つに、ＲＭＩのムレイ・コーエンが発見した「カルボラン」がある。基本となるカルボラン（$B_{10}C_2H_{12}$）は正二十面体の閉じたかご型の構造をしていて、その誘導体も含め、酸化、加水分解、熱分解に対して驚く程高い安定性を有する。ヒューズ・ツール社のネフは、カルボランの誘導体で一液式推進剤を作ろうとした時に、この安定性を利用した（一液式推進剤の章を参照）。カルボランの誘導体は、高エネルギーの固体燃料や、高温用プラスチックにも利用できるかも知れない。

液体ロケットの推進剤関係者にとって、「高エネルギー燃料開発計画」の収穫は、ジボラン（ボランとその誘導体合成の出発点となる物質である）、ペンタボラン、デカボラン、HEF燃料とHiCal燃料が大量に利用できるようになった事で、ロケット燃料としての有効性を研究する上で、たった二三キログラム程度の推力でしか研究できない状況が改善された事だ。エアロジェット社は一九五九年からHEF-3とペンタボランを、四酸化二窒素や過酸化水素と組み合わせて燃焼させる実験を始めた。RMIは一九六四年にはペンタボランと過酸化物の組み合わせの欠点のほとんどを解決した。燃焼室の噴射器を改善する事で、この推進剤は理論的な比推力に近い性能を発揮するようになった。ノズルに固形物が固着する問題は、ロケットエンジンが大型なら大きな影響は無かった。この問題は酸化剤にフッ素を使用する場合には、生じない。エドワーズ空軍基地のドン・ロジリオは一九六二年から一九六四年にかけて、ペンタボランと三フッ化窒素（NF_3）または四フッ化二窒素（N_2F_4）の組み合わせで燃焼試験を行ない、非常に良い性能を確認したが、燃焼温度は非常に高く、噴射器やノズルが熱で損傷する問題が多く生じた。

　しかし、ペンタボランは使えるようになったが、その用途は見つからなかった。性能は良好だが、密度は小さく、〇・六一八しかないので、戦術ミサイルでの使用には不利だった。その上、組み合わせる酸化剤で性能が良いのは、酸素系の過酸化水素や四酸化二窒素だが、凝固点が高すぎた。硝酸系の酸化剤では、性能上の利点はほとんど無くなってしまう。しかも、当然だが、どの酸化剤を使おうと、排気には固形の酸化ホウ素（B_2O_3）が大量に含まれるので、排気が白くて目立つのは好ましくない。酸化剤に三フッ化塩素（ClF_3）のようなハロゲン系の酸化剤を使用するとしても、性能的には、ヒドラジンに比べて、わざわざ使うだけの利点が無い。おまけに、ペンタボランはまだ高価だった。

　結局、ジボランしか可能性が無かった。ジボランは沸点がマイナス九二・五℃なので、軍用ミサイルにはもちろん使えないが、その密度が小さい（沸点で〇・四三三）事が問題にならない、ある種の深宇宙探査任務には使えるかもしれない。その酸化剤は二フッ化酸素（OF_2）が適していて（ONF_3も使用可能ではあるが）、ジボランと二フッ化酸素の組合せは一九五九年から現在に至るまで、ＲＭＩやＮＡＳＡのルイス研究センター（現在はグレン研究センター）を含む、幾つかの組織で研究されている。燃焼温度が高いので、それに耐える噴射器やノズルの設計は容易ではないが、克服する事は可能であり、実用化できるのはそれほど遠い将来ではないと思われる。ちなみに、ペンタボランと二フッ化酸素の組み合わせは、どちらも毒性が強いので、取り扱いに細心の注意が必要である。しかし、ロケット関係者は危険物の扱い方は良く知っているし、まだこの推進剤で死者は出ていない、今の所だが。

ペンタボランが推進剤の研究対象に留まり続けた一つの理由に、一九五八年初頭にホウ素と窒素の組み合わせが考え出された事が有る。カレリー化学が最初に考えたが、一年もしない内に、米国内の推進剤関係の会社に加え、ＪＰＬ、ＮＡＳＡ、ＥＡＦＢもその研究を始めた。

このアイデアは、窒化ホウ素（BN）を使用しようとするアイデアだった。窒化ホウ素は白色の結晶構造で、黒鉛のような六方晶の構造をしている[(注2)]。非常に安定な分子で、生成熱は一モル当たり六〇キロカロリーである。ここでボランとヒドラジンは次のように反応する。

$$B_2H_6 + N_2H_4 \longrightarrow 2BN + 5H_2$$（B_2H_6 はジボラン）

または、

$$2B_5H_9 + 5N_2H_4 \longrightarrow 10BN + 19H_2$$（B_5H_9 はペンタボラン）

窒化ホウ素が出来る時の生成熱がエネルギー源となり、燃焼で出来た水素ガスが、固体粒子の窒化ホウ素を引き連れて、排気として噴出する。性能計算によると、ペンタボランとヒドラジンを組み合わせた時には、比推力は三二六秒と驚くほど大きな値になる。より驚くべき事に、燃焼室の温度は一五〇〇Ｋから二〇〇〇Ｋ程度で、これほどの性能が出せる推進剤の燃焼温度としては、他の推進剤の時より低い。貯蔵可能な燃料と酸化剤の組み合わせで、比推力三〇〇秒を越える性能が出て、燃焼室の温度も対応可能な範囲内とあって、推進剤関係者は皆が天にも昇るほど喜んだ。

一九五八年から一九五九年頃には、試験に必要な量のペンタボランを入手する事は容易になっていた。空軍はオリン・マシソン社の工場に何十トンものペンタボランを持っていたが、それを利用する何の予定も無かった。そのため、頼めばいくらでも空軍から入手でき、誰もが喜んでペンタボランを入手した。カレリー化学、NASAルイス研究センター、RMI、EAFBなどが最初にペンタボランとヒドラジンの推進剤の燃焼試験を行なった。ほとんどが推力五〇キログラム程度のロケットエンジンで試験を行なった。

RMIの試験結果は、この推進剤を使用した場合の典型的な例だった。ヒドラジンとペンタボランの組み合わせは自己着火性だったが、始動はやや急激だった。燃焼効率はひどく悪くて、C*効率（注3）で八五〜八八パーセントだった。比推力の実測値も良くなかった。前述の理論値の三二六秒の七五パーセントが達成できれば、上出来だった。

まず取り組まねばならない問題が、燃焼効率の向上である事は明らかだった。燃焼効率を妥当な水準まで改善しない事には、比推力を含む諸特性も良くならない。

すぐ判明したのは、問題の一部は、燃焼室の反応では、性能計算で仮定したように、窒化ホウ素と水素ガスだけにならない事から生じていた。ホウ素の一部は単体のまま排出され、反応せずに残った窒素は、水素の一部と反応してアンモニアを生成していた。これでは性能が低下する。

もう一つの問題は、ペンタボランとヒドラジンを、反応がうまく起こるように混ぜるのが難しい事だった。ヒドラジンは水溶性で、ペンタボランは油溶性であり、この二つを混じり合わせるのは難しい（この事からホウ素・窒素系の一液式推進剤が研究される事になった。一液式推進剤の章参照）。ヒドラジン硝酸塩からUDMHに至るヒドラジン系燃料に、各種の添加剤が試されたが、効果が無かった。この二つが適切に混ぜ合わさるようにするには、非常に複雑な噴射器を使用するしかなかった。ラブ、ジャクソン、ハーバーマンは、一九五九年から一九六一年にかけて、E

ＡＦＢでの試験で失敗を繰り返して、その対処方法を学んだ。彼らは、実験用エンジンの推力を五〇キログラム級から二・三トン級に大きくしながら、こつこつと努力してC^*効率を七六パーセントから九五パーセントに向上させた。彼らは三〇種類以上の噴射器を作ったが、試験が進むにつれて、噴射器はだんだん巧妙で複雑化していった。

性能向上が図られている間も、ペンタボランの取り扱いが難しくて危険な事は改善されないままだった。前に説明したが、ペンタボランは非常に毒性が強い。ペンタボランは空気と触れると着火し、燃える勢いは強く、消火が難しい。燃えているペンタボランに水を掛けると、火は運が良ければ、最後には消えるかもしれない。火が消えても、燃え残ったペンタボランは固体の酸化ホウ素かホウ酸の膜で覆われ、空気から遮断されている。もしその膜が破れると（破れる事は確実である）、ペンタボランは空気に触れて再び燃え出す。残ったペンタボランを捨てる事すら大変だが、その件についてはここでは触れない。ご興味があれば、ホルツマンの本に詳しく載っている。

こうした状況を考えて、私はホウ素と窒素を使う推進剤について、ＥＡＦＢと密接に連携して研究を進めているロケットダイン社の関係者に、この推進剤をどうやって扱っているのかと質問した事がある。「問題ありませんよ。会社の安全指導書に従えば良いんです！」と彼らは答えた。私はその安全指導書を送ってくれるように頼み、それはすぐに送られてきた。それはニューヨーク市の電話帳ほどではないが、小さな町の電話帳よりも厚い資料だった。この安全指導書が有っても、少し後に現場の作業員が一人、ペンタボランで入院する羽目になった。

ホウ素と窒素を使用する推進剤開発の最終段階は、推力約一三・五トンに大型化したロケットエンジンの製作で、それは一九六一年から一九六三年にかけて、ＥＡＦＢで行われた（ちなみに、ＥＡＦＢでは危険度の高い推進剤の試験が数多く行われた。エドワーズ基地はモハーベ砂漠の中央部にあるので、近くの住民を気にする必要がない。実際、フッ素を大量に漏洩させてしまった事があるが、野生のウサギやガラガラヘビを驚かせただけだった）。私は試験の記録映画を何回か見たが、試験では窒化ホウ素の固体粒子を含む白い排気が、三〇〇〇メートルの高さまで吹き上がり、華々しい光景だった。

大型のロケットエンジンでの試験結果は、当初は悪かった。比推力は理論値の四分の三程度でしかなかった。しかし、噴射器を改善すると性能は良くなり、一九六三年末には目標の三〇〇秒が達成された（最終的な噴射器は、精密に加工された噴射口が六〇〇〇個も有った！　これでは製作費が高くなるわけだ）。ホウ素と窒素の推進剤はこれでとうとう使用可能な段階に到達し、開発作業は成功を収めた。

この推進剤で惜しかったのは、使い物になった時にすでに時代遅れになっていた事だ。ホウ素と窒素を使用する推進剤が成功した丁度その頃に、五フッ化塩素（ClF_5）が登場した。五フッ化塩素とヒドラジンの組み合わせは、ペンタボランとヒドラジンの組み合わせと同じくらい性能が良く、密度は大きく、取り扱いも楽だった。作業がしやすく、エンジンの製作費は安く、排気も透明で見えない。そして、五フッ化塩素はペンタボランより一桁安い。ペンタボランの開発に携わった人達は、五年間にわたり、多額の費用を掛けて無駄な研究をした事になり、がっかりしていた。ロケット関係の開発では、時々、どうしてこんな仕事を選んだのかと疑問に思う場合も有るものだ。

しかし、ホウ素・窒素系推進剤にも、特殊ではあるが、使えそうな用途が有りそうである。エアロジェット社はごく最近（一九六六年から一九六七年）、この推進剤をラムロケットに使用できないか検討した。ラムロケットでは、ロケットエンジンからの、水素ガス、窒化ホウ素、ホウ素単体、アンモニアを含む排気を、外部から吸入した空気で燃焼させて推力を増加させる。実験してみると、このアイデアはうまく働く事が分かった。従って、ＥＡＦＢのこの推進剤の開発にかけた努力は、全く無駄ではなかったと思われる。

水素化ホウ素は、実用化されなかったある燃料に関係している。ここで少し説明を加えるのが良いだろう。水素化ホウ素には二つの、または三つのタイプがある。一つ目は、水素化ホウ素リチウム（$LiBH_4$）、水素化ホウ素ナトリウム（$NaBH_4$）などの、アルカリ金属の水素化ホウ素化合物のグループである。これらは典型的な正塩で、白色の結晶質の固体で、特に変わった性質を持たない。かなり安定な物質で、水素化ホウ素ナトリウムは水中ではほぼ安定で、取り扱いは易しい。

水素化ホウ素リチウムは、前に出て来たように、エアロジェット社のドン・アームストロングにより、一九四八年にはヒドラジンの凝固点低下用に試験的に使用された事がある。アームストロングはその混合液が不安定である事を確認した。それでもＲＭＩのスタン・タンネンバウムは一九五八年に同じ混合液を作ったが、やはり不安定だった。エアロジェット社ではローゼンバーグが、一九六五年にこの混合液を燃焼させた。その際、彼はヒドラジンに混ぜた三パーセントの水素化ホウ素リチウムは、六九℃の温度で二〇〇日で分解してしまう事を知った。こうした事で、関係者は「この化合物の将来は無い」と感じた。

水素化ホウ素ナトリウムは、水素化ホウ素リチウムよりずっと安定で、液体アンモニアに溶かした溶液は非常に安定である。エアロジェット社はこの溶液を、酸化剤に酸素を使用して一九四九年に燃焼試験を行なったが、性能はヒドラジンに及ばず、それ以上の研究はなされなかった。ＥＡＦＢのパトリック・マクナマラは一九六五年に、水素化ホウ素ナトリウムをヒドラジンに溶かした液体を、三フッ化塩素（ClF_3）を酸化剤に使用して、燃焼試験を行なったが、性能はヒドラジンだけの時より悪かった。

二番目のタイプには（おそらくだが）、アンモニウムヒドラジニウムと水素化ホウ素ヒドラジニウムが有り、液体アンモニアかヒドラジンの液体の中で作られるが、室温で放置すると分解する。エアロジェット社は一九四九年に、水素化ホウ素ヒドラジウムをヒドラジンに混ぜた溶液の燃焼試験を行なった（酸化剤は酸素）。何も発表されていないので、その溶液は不安定で試験はうまく行かなかったのではないかと想像している。

三番目のタイプには、水素化ホウ素アルミニウム［$Al(BH_4)_3$］と水素化ホウ素ベリリウム［$Be(BH_4)_2$］が有る。これらは通常のイオン結合性の水素化物ではなく、共有結合性の化合物で、室温では液体であり、空気に対して激しい自然発火性を示す。水素化ホウ素ベリリウムを、燃焼試験が可能なだけの量を手元に集める事が出来た人はまだいない。しかし、水素化ホウ素アルミニウムについては、一九五〇年に、エアロジェット社のアームストロングとヤングが酸素を酸化剤に使用して燃焼試験を行ない、翌年、エアロジェット社のウィルソンが液体フッ素を酸化剤にして燃焼試験を行なった。その結果は、燃料の取り扱いが困難であっても、なおかつ使用したいほど良い性能ではなかった。水素化ホウ素アルミニウムは、それ以後、一〇年間、顧みられる事は無かった。

その後、一九六〇年頃から、ユニオンカーバイド社のH・W・シュルツ博士とJ・N・ホグセットは「ヒバリン」燃料の開発を始めた。推進剤の開発では珍しいが、政府との契約ではなく、会社の費用で開発作業を行った。水素化ホウ素アルミニウムはアミンと一対一の比率で付加化合物になる。この付加化合物は、適切な予防処置をすれば、空気中では自然発火せず、取り扱いは特に難しくない。

シュルツ博士とホグセットは何十種類ものアミンを試したが、特性が最も良いとして最終的に選んだのは、モノメチルアミンとジメチルアミンを使用した付加化合物だった。彼らはそれを「ヒバリンA_5」と名付けた（彼らは水素化ホウ素ベリリウムの付加化合物も作り、それを「ヒバリンB」と名付けた）。彼らは耳を疑うような、素晴らしい性能の計算値を持ち出して、四年間にわたりヒバリンを宣伝した。一つだけ問題なのは、彼らが非常に疑わしい実験値をもとに性能を計算した事だ。彼らのヒバリンの生成熱の数値は、一般的に認められている水素化ホウ素アルミニウムの生成熱とは違っていて、それを外部の人は疑問に思ったのだ。この疑問は、EAFBがヒバリンA_5と四酸化二窒素（N_2O_4）の組み合わせで、実物レベル（推力二・三トン）の燃焼試験を繰り返して実施した事で、最終的に決着した。その試験で得られた最大の比推力は二八一秒で、例えば、五フッ化塩素とヒドラジンの組み合わせよりずっと小さかった。そのため、一九六四年にはヒバリンが使用される見込みは無くなった。

一番最近の、特殊推進剤の分野への挑戦は、ロケットダイン社のF・C・ガンダーロイが行ったものだ。彼は水素化フッ素ベリリウムとジメチルベリリウムの線状重合体で、分子鎖の末端がBH_3の物は（この研究は秘密に指定されているので、これ以上は詳しく説明できない）粘性が高い液体になる事を発見し、その物質を四、五年かけて研究した。その化学的内容は、それ自体、非常に興味深い物だが、そこから優れた推進剤が作れるかは疑わしい。その液体自身も極度に毒性が強い上に、燃料に使用した場合、排気に含まれる酸化ベリリウムも毒性が強いので、戦術ミサイルに使用する事はできない。また、宇宙探査用のロケットには、もっと良い燃料が有る。この粘性が高すぎる問題以外にも、ベリリウムは採掘量が比較的少なくて極めて高価であり、他にもっと良い用途があるように思われる。この化合物を作り出した研究は、学問的には素晴らしく、何人もの無機化学の博士がうまれても不思議ではない内容だった。しかし、推進剤の開発の観点からは、この研究が秘密に指定されている事は、税金の無駄遣いを隠すためかもしれない。

では、「特殊推進剤」の将来はどうだろう？　私の見る所、二つが考えられる。

一、ジボランは深宇宙探査用には役立つかもしれない。

二、ペンタボランとヒドラジンを使用するホウ素・窒素系の推進剤は、ラムロケットやそれに類似した推進装置には非常に適している。

ホウ素の在庫を買いあさって利益を得ようとして失敗した人達は、他の研究計画の成果で穴埋めしたいと思っているだろう。その人達に、私は同情を感じられない。

第11章　一液式推進剤に対する期待

一液式推進剤は、第二次大戦中のドイツ軍が過酸化水素をロケット戦闘機に使用したが、二つのタイプがある。低エネルギーのタイプは、ミサイルの補助動力の他に、宇宙探査機の姿勢制御（マーキュリー宇宙船や、空気の薄い高々度でのX‐15実験機は、姿勢制御に過酸化水素を使用していた）や、タンクの加圧などに使用される。高エネルギーのタイプは、注目を集める存在であり、ロケットの主エンジン用として、二液式推進剤（燃料と酸化剤が別々）と競争する事を目標とする推進剤である。

低エネルギータイプの推進剤はあまり種類が多くなく、その開発の過程は単純である。最初に使用されたのは、もちろん、過酸化水素（H_2O_2）で、フォン・ブラウンのA‐4ミサイルで、推進剤ポンプのタービンの駆動用に使用された。フォン・ブラウンは過酸化水素分解用の触媒に、過マンガン酸カルシウムを用いたが、後年、バッファロー電気化学社（BECCO）は酸化サマリウムで被覆した銀の金網の方が使い易い事を発見した（私はサマリウムを使用する事にしたのは、系統的にレアアース（希土類元素）を全て調べた結果ではなく、たまたま研究室に硝酸サマリウムが有ったためではないかと想像している）。この推進剤の研究を先駆けて行ったのはRMIの人達で、彼らはその頃、戦闘機用の「超高性能」エンジン用の酸化剤として、過酸化水素を研究していた。彼らは過酸化水素の一液式推進剤としての用途で、一つの面白い用途を考えていた。それは「ローター用ロケット」（ROR）の構想で、推力二〇キログラム程度と思われるが、非常に小型の過酸化水素を使用するロケットエンジンを、ヘリコプターのローターブレードの先端に取り付ける構想だった。推進剤のタンクをローターのハブ（中央の取り付け部）に置けば、ローターの回転による遠心力で推進剤は先端のロケットエンジンまで圧送される。この構想は、ヘリコプターの性能の向上、特に急速離陸能力の向上を実現しようとするものだった（つまり、ヘリコプターが地上で攻撃を受けた時の事だ）。この構想の研究は一九五二年から一九五七年まで実施され、素晴らしい成功を収めた。私はこの装置を装備したヘリコプターが飛ぶのを見た事がある。パイロットがロケットを作動させると、ヘリコプターは、不意に人間につつかれて驚いた鳥のように、ぱっと飛び上がっていた。残念な事に、この装置の開発は、何故か中止されてしまった。この装置は、ヘリコプターが地上で攻撃を受ける事が多かったベトナム戦争では、とても役に立ったと思う。

いずれにしても、過酸化水素は低エネルギーの一液式推進剤として現在でも使用されており、その凝固点が高い事が大きな問題にならない用途では、これからも使い続けられるだろう。

このような用途の一つに、魚雷の推進剤がある（海水の温度範囲は狭い！）。魚雷では、過酸化水素を分解して酸素と過熱水蒸気にし、その高温のガスでタービンを回転させてプロペラを駆動し、魚雷を馳走させる。しかし、その際に問題が一つ生じる。水上艦船に向けて魚雷を発射すると、タービンから出た酸素の気泡が海面に浮き上がり、はっきりとした航跡を残す。そのため、狙われた艦船は魚雷が来るのを知って回避できる可能性が有るし、発射した潜水艦の位置も分かってしまう。バッファロー電気化学社は、この問題に対して、一九五四年に巧みな解決策を考え出した。テトラヒドロフランかジエチルグリコール（他の燃料でも良い可能性有り）を過酸化水素に混ぜ、分解で生じた酸素と燃焼反応させて使い切る事で、排出物を水と二酸化炭素だけにしてしまう。水（蒸気）はもちろん問題にならないし、二酸化炭素は缶ビールを飲んだ事のある人なら誰でも知っているように、少し圧力を掛ければ水に溶け込む。これで航跡が残る問題は解決したが、その結果、推進剤は極めて爆発しやすくなり、燃焼温度が高くなるので、タービン翼が焼損しやすくなった。そこでバッファロー電気化学社は推進剤に水を混ぜ、燃焼温度を一八〇〇°F（約九八〇℃）に下げてタービン翼の焼損を防ぐことにしたが、これにより爆発の危険性も実用上、支障がないレベルまで低下した。

もう一つの低エネルギータイプの一液式推進剤に、硝酸プロピルが有る。この物質は一九四九年か一九五〇年頃に初めて試験された。英国ではインペリアル化学工業社がこの物質を熱心に宣伝した。全く無害で、爆発性が無いと言うのだ。そんな事は無い！ ＥＲＤＥ（英国の爆発物研究開発施設、所在地はウォルサムアベイ）は硝酸プロピルとその同族体を数多く研究したし、米国でもエチル社とワイアンドット化学社が研究を行った。英国側は硝酸イソプロピルを研究対象としたが、米国では複雑な特許関係から、その異性体である硝酸ノルマルプロピル（ＮＰＮ）が研究対象になった。一九五六年には、補助動力源か魚雷のエンジン用に使用する事を目的に、エチル社、ワイアンドット化学社に加え、ユナイテッド航空機社、ＪＰＬ、ＮＯＴＳ、エアロジェット社、海軍水中武器開発施設（以前のノーフォークの魚雷開発施設）が研究に加わり、硝酸ノルマルプロピル単体か、硝酸エチルと混ぜて使用する研究が行われた。加熱した金属棒の点火器、又は始動用の酸素と点火プラグで、容易に始動させる事が出来た。燃焼は滑らかで、排気はきれいだった。これまでのいろいろな問題を一挙に解決する推進剤だと思われた。

しかし、硝酸ノルマルプロピル（ＮＰＮ）の問題点が表面化した。ＮＰＮはカードギャップテストでは爆発しなかった。ＮＰＮを放り投げても蹴飛ばしても、銃弾を撃ち込んでも何も起こらない。しかし、内部に小さな気泡が存在し、それがバルブを急激に閉めた時のウォーターハンマー現象などにより急激に圧縮されると、ＮＰＮは激しく爆発する。これは「断熱圧縮に対する感受性」と呼ばれる現象で、ＮＰＮはこの点についてはニトログリセリンと同じくらい爆発しやすい。この現象による爆発事故がニューポートの魚雷試験場で起こった。だれかがバルブを急に閉め、ＮＰＮは爆発した。この事故による損害は大きかったが、ロケット関係者に一液式推進剤はロケットには適さないと思わせる事になった。

一九五〇年頃から大きな関心を集めた低エネルギータイプの一液式推進剤に、エチレンオキシド（C_2H_4O）がある。これは有機化合物の合成の際の中間体として重要な物なので、市販されていて、安価で大量に入手可能である。着火は容易で、点火プラグで十分である。反応容器内で分解させると、主としてメタンと一酸化炭素になる。しかし、反応室に燃えカスを付着させる傾向があり、その程度は反応室内面の状態による。この現象は反応室内面を銀メッキするか（分解反応時の温度は非常に低いので）、推進剤に硫黄を含む化合物を混ぜる事で防ぐ事ができる。貯蔵時間が長いと重合反応を起こし、ねばねばしたポリエチレンエーテルを生成し、配管を塞いでしまう。サンストランド機械工具社はこのエチレンオキシドを数年間研究し、タービン駆動用に大きな成功を収めた。エキスペリメント社、ウォルターキディ社、ワイアンドット社も研究を行った。プリンストン大学のフォレスタル研究所は、一九五四年から一九五五年にかけて、ラムロケットのエンジンの燃料として試験を行なった。

メチルアセチレン（プロピン）やジイソプロペニルアセチレンのようなアセチレン類についても、エキスペリメント社、エアリダクション社、ワイアンドット社で、一九五一年から一九五五年の期間に研究が行われた。しかし、アセチレン類は爆発しやすく、爆発しない場合でも燃えカスが多いので、一液式推進剤としては成功しなかった。

もっと長い期間、研究が続けられた一液式推進剤はヒドラジンだった。JPLのルイス・ダンが一九四八年から一九五一年にかけてヒドラジンの研究を行い、ヒドラジンは現在でも使用されている。ヒドラジンは、水素と窒素に分解する場合と、アンモニアと窒素に分解する場合がある。二つの分解反応のうち、どちらが支配的になるかは、反応室の圧力、触媒の種類、反応生成物が反応室内に留まる時間など、分解時の様々な条件による。分解反応を開始させる一番良い方法は、触媒の層の上を通過させてからヒドラジンを反応室に送り込む事だ。JPLのグラントは、一九五三年に初めて適切な触媒の使用法を見つけた。酸化鉄、酸化コバルト、酸化ニッケルを耐火性の基板上に付着させた物を使用するのだ。ヒドラジンは触媒で分解される際に、触媒の金属酸化物を細かい粒子にするが、始動後はその金属粒子が触媒の働きを受け継ぐ。触媒の層の温度が下がってしまうと、再始動（再点火）は出来ない。シェル開発社は最近（一九六二年から一九六四年にかけて）、再始動可能な触媒を見つけた。それはイリジウムを基板上に付着させた物だ。しかし、それに満足する人は居なかった。推進剤を多く流しすぎると、触媒は「窒息状態」になりやすく、そうなると推進剤は一部分しか分解されないか、全く分解されない。又、低温環境下では置換ヒドラジンを使う必要があるが、それに対しては触媒作用が弱い。なにより、白金系の金属の中でもイリジウムは最も希少な金属で、極めて高価である。参考までに付け加えると、イリジウムの主要な供給国はソビエト連邦である。

再始動するもう一つの方法は、触媒の基板ではなく、「蓄熱板」を使う方法だ。この蓄熱板は熱容量が大きく、熱が失われないように断熱してあるので、エンジン停止後もしばらくは高温を保ち、再始動の際はその高い温度で推進剤を着火させる。最初の始動の際は、蓄熱板には五酸化二ヨウ素（I_2O_5）かヨウ素酸（HIO_3）を含侵させておく。このどちらもヒドラジンに対して自己着火性がある。しかし、停止から再始動までの時間が長すぎると……！　現在言える事は、ヒドラジンの分解を開始させる方法については、まだ研究が必要と言う事だ。まだ技術的に完成していない。

第二次大戦後の一〇年間、英国では一液式推進剤について、多くの立派な研究が行われてきた。英国は過酸化水素に（酸化剤、一液式推進剤のどちらの用途についても）非常に関心を持ったが、硝酸プロピルとその関連の化合物についても、ロケットの主エンジン用に二液式推進剤の代わりに、一液式推進剤として使用できる可能性に魅力を感じていた。すでに一九四五年には、英国はドイツの残した硝酸メチルとメタノールを八対二の比率で混合して燃焼試験を行ない、性能は良いが、残念ながら取り扱いが難しすぎるとの結論を下していた。

その後、ＥＲＤＥは別のアイデアを考え付いた。第二次大戦中に液体爆薬として開発された「ディセカイト」爆薬が、一液式推進剤として使用できるのではないかと考えたのだ。ディセカイト爆薬は、ニトロベンゼンを一、硝酸を五の比率で混合した物（理論的には燃焼させると水と二酸化炭素だけになる）に、水を加えるが、その比率をいろいろ変える事ができる。ディセカイトＤ‐20は水を二〇パーセント含む。水を加えても、この溶液は全く安定ではなく、ニトロベンゼンのニトロ化が進む傾向がある。しかし、英国人は米国人よりそれをあまり気にせず（勇敢と言うべきか）、この爆薬の研究を続けた。ディセカイトにはもう一つ危険な性質が有るが、使用をあきらめようとはしなかった。ディセカイトは腐食性で、人の皮膚に着くと皮膚を冒すが、更に悪い事には、毒性の強いニトロベンゼンが侵された部分から速やかに内部の組織に吸収され、人体に悪影響を与える。それでも英国人は試験を続け、一九四九年と一九五〇年に燃焼試験を行ない、試験はある程度は成功した。しかし、試験の結果、爆発防止用に加える水の量を増やすと、推進剤としての性能が低下するので、わざわざディセカイトを使う意味がない事が分かった。かくしてディセカイトの運命は終わりを告げた。

この時期（一九四七年から一九四八年にかけて）、英国が研究したもう一つの一液式推進剤は、硝酸アンモニウムと、水に溶かした燃料用化合物の混合液だった。典型的な溶液はＡＮ‐１で、その組成は次の通りだった。

硝酸アンモニウム	26パーセント
硝酸メチルアンモニウム	50パーセント
ニクロム酸アンモニウム（燃焼用触媒）	3パーセント
水	21パーセント

残念ながら性能は非常に悪かったので、開発は中止された。

米国では一九五四年までは、高エネルギータイプの一液式推進剤は、二つの方向で開発がすすめられた。一つは第三章で紹介したように、ヒドラジンの凝固点を下げる研究だった。前述のように、ＪＰＬとＮＯＴＳは一九四八年から一九五四年にかけて、ヒドラジンと硝酸ヒドラジンの混合液を徹底的に調査した。そして、当然だが、ヒドラジンと硝酸ヒドラジンの混合液は、ヒドラジン単体より一液式推進剤として優れた性能を持つ事を明らかにした。そして、一九五〇年の試験で、その事が実証された。しかし、一つだけ問題が有った。性能を良くするために、硝酸ヒドラジンを多く含み、水を少ししか含まない混合液は、ほとんど何の予兆もないのに、突然、爆発を起こすのだ。従って、この方向の高エネルギータイプの一液式推進剤の研究は進まなかった（注1）。

数年後の一九五〇年代後半に、コマーシャルソルベント社が、自社の費用で（これは推進剤業界では珍しい）、それまでの研究結果に対する知識が無いまま（これは推進剤業界では珍しくない）、一連の一液式推進剤を作った事がある。これらの推進剤はそれまでのヒドラジンを使用した推進剤に似ていたが、メチルアミンに硝酸アンモニウム、硝酸ヒドラジン、硝酸メチルアンモニウム、硝酸リチウムのいずれかを加えている事が異なる。これらの推進剤は安全性が高かったが、エネルギー含有量が少なく、性能が低かった。

米国では、高エネルギーの一液式推進剤の研究のもう一つの方向として、ニトロメタンが開発された。一九四五年には、ＥＥＳ、ＪＰＬ、エアロジェット社は、ニトロメタンを研究し、ブタノール（ブチルアルコール）を八パーセント加えると、爆発しやすさが減る事を発見した。ＪＰＬはニトロメタンについて研究を進め、戦後まもない時期に、噴射器や燃焼室の設計を行った。一九四九年には、エアロジェット社のＪ・Ｄ・サッカレイが詳しい研究を始め、一九五三年まで研究を続けた。実際、研究すべき事は多かった！

点火をどう行うかは大きな問題だった。反応を開始させるのは容易ではなかった。エアロジェット社は、酸素を一緒に吹き込まないと、点火プラグでは点火させられない事を知った。通常の火工品を使用する点火器はだめだった。テルミットを使用する点火器でなければならなかった。エアロジェット社が開発した難しい始動方法に、ナトリウムとカリウムの混合液を燃焼室に始動の際に吹き込む方法がある。この溶液がニトロメタンに接触すると、強い反応を起こして点火させる。しかし、この混合液は取り扱いが極めて難しかった。

やや小型の燃焼室で、安定して効率の良い燃焼をさせる事も大きな問題だった。エアロジェット社は数十種類の燃焼用触媒作用を持つ添加剤を試した。その中には過塩素酸ウラニルのような特殊な物質も含まれているが、最終的にはクロムアセチルアセトナートが最も良かった。

推進剤の凝固点を下げ、爆発しにくくするために、他の添加剤も試験されたが、その中にはニトロエタンやエチレンオキシドが有った。アニリンのようなアミン類を添加すると、爆発感度が非常に高くなる事が分かり、フリッツ・ツビッキイは爆発物の分野の特許を取得した。最終的には、ニトロメタンが七九パーセント、エチレンオキシドが一九パーセント、クロムアセチルアセトナートが二パーセントの溶液が選ばれた。エアロジェット社はそれに「ネオフューエル（新燃料）」と言う、面白みの無い名前を付けた。

一九五〇年に、マーチンとローリーは、カナダ防衛研究所で同様の研究を行った。彼らの研究方針は、ニトロメタン、ニトロエタンや、その他のニトロ化合物の性能を、適当な量のＷＦＮＡを混ぜる事で向上させる事だった（ディセカイトとの類似性に注目されたい）。性能は改善された（ニトロメタンはその後の研究の出発点とするのに最適のニトロ化合物だった）が、これらの混合液は非常に爆発しやすく、使用できなかった。

そのため、一九五四年春の時点では、高エネルギータイプの一液式推進剤で、安全性が許容範囲内で、何とか使用できそうなのは、エアロジェット社の「ネオフューエル」だけだった。一液式推進剤の研究は行き詰まったかに見えた。

その時、大きな発見が有った。米海軍調査研究所のトム・ライスは新しいアイデアを考え付いた。彼はアミンの一種のピリジンは、ニトロ化するのが非常に難しい事を知っていた。そこで彼はもしピリジンをＷＦＮＡに混ぜると、ピリジンはニトロ化合物にはならず、硝酸ピリジニウムになるが、その場合、硝酸ピリジニウムは塩なので、酸の中でも安定を保つと考えた。ＷＦＮＡに混ぜるピリジンの量を変える事で、その溶液中の酸化剤と燃料の比率を、希望する比率にする事ができるので、高エネルギーの一液式推進剤として使用できるだろう。彼はピリジンをＷＦＮＡに混ぜてみた。音を立てて反応したが、激しい反応ではなく、彼の仮説どおり、硝酸ピリジウムが出来た。その混合液を細管式の燃焼器であるストランドバーナー（クロフォードバーナーとも言う）(注2)で燃焼させ、一液式推進剤として燃焼させられる事を確認した。彼は燃焼試験装置を使用できなかったので、研究はそれ以上進まなかった。

その当時の私の上司のポール・テルリッチはＮＯＬを訪問してきて、世間話のついでにライスがしている研究の話をしてくれた。私はライスやテルリッチが気付かなかった可能性に、気付いた。それは、ピリジンのような極度に安定なアミンだけでなく、アミンならほとんどどれについても、まずその硝酸塩を作り、それからその塩を硝酸に溶かせば、一液式推進剤にできるのではないかと言う事だ。と言っても、アミンは多すぎて、どれを試験すれば良いかを決めるのは難しい。

私は概略の性能計算を行って、トリメチルアミンを使えばピリジンより高い性能が得られそうな結果を得た。私は部下達に硝酸ピリジニウムと硝酸トリメチルアンモニウムを少量作らせ、それを混ぜて推進剤にする事にした。これは問題なかった。この二つの化合物は結晶化していて、硝酸に溶かすのは容易だった。出来た混合液を見て、問題なさそうだと思った。そこで私は海軍航空局のロケット部に、この混合液を使用する研究の許可をしてもらうよう、手紙を書いた。これは一九五四年六月初めだった。それ以上の試験は、公式に許可が下りるのを待つべきだったが、特に規律違反にはならないと思ったので、そのまま実験を行う事にした。だれかに駄目と言われる前に、我々は二種類の塩をそれぞれ五〇キログラム程度作る事にした。我々の所にはピリジンが大量に有ったし、何故か分からないが、タンク一杯分の液体のトリメチルアミンも有った。それに加えて、もちろん、硝酸はいくらでも有ったので、実験の準備は速やかに進んだ。

硝酸ピリジウムを作るのは簡単だった。ピリジンを水に溶かし、硝酸で中和し、加熱して水を蒸発させて、硝酸ピリジウムの結晶を得る（しかし、ある時、加熱して水を蒸発させた後に冷却する際に、何か間違いが有って、混合液は茶褐色に変色し、有害な二酸化窒素（NO_2）が発生した。全体を屋外に急いで出して、ホースで水を掛けなければならなかった！）。乾燥した塩が出来ると、それを最高の性能が得られる比率で酸に溶かし、その試験用試料をトム・ライスに送って、彼のストランドバーナーで試験してもらった。この混合液は、ライスの混合液より速く良く燃えた。なぜ違うかを調べてみると、ライスが使用したＷＦＮＡは我々の物より水を多く含んでいた。

我々はこのような物質をずっと待ち望んでいたので、この混合液を「ペネロペ」（訳注1）と命名した（勿論、原作のオデュッセイアではペネロペは二〇年間、オデュッセウスを待ったが、我々は細かい事にはこだわらない事にした）。

硝酸トリメチルアンモニウムは、些細な一点を除けば、順調に研究が進んだ。揮発性の高いトリメチルアミンは、皮膚や服に付着するとなかなか取れず、暑い日に腐った魚のような臭いがする（もっとひどい表現をする人間も居た）。トリメチルアミンから塩を作る担当のロジャー・マシニストは、会う人が片方の手で鼻をつまみ、もう片方の手の指で彼を指さしながら「不潔で臭い！」、と言う状態が何週間も続いた。この溶液を「ミニー」とも呼んだが、そう呼んだ理由は覚えていない。

一九五四年九月の初めに、やっと海軍航空局のロケット部からの許可書が届いた。そこには、我々はまずピリジンを使った混合液に絞って研究するようにと指示してあった。そこで、我々はペネロペを大量に作り、それを試験供試体製作部門に渡して、彼らがそれで何が出来るかを見る事にした。

ちょうどこの時期に、ハリケーン「ヘイゼル」が襲来し、私と私の車（ＭＧ）は、ニュージャージー州で一番大きな樫の木が倒れて、その下敷きになった。私も車もしばらくは動きが取れなくなり、仕事に戻った時（顎の骨はまだワイヤーで固定してあった）に、初めてその後に起きた事を知った。

供試体製作部門の技術者は、推力が二五キログラム程度の小型のロケットエンジンを持ち出し、それに一液式推進剤用の噴射器を装備し、試験用運転台に水平に取り付けた。それから火工品を使用した点火器をノズルに差し込み、点火器を作動させてから推進剤のバルブを開けた。推進剤がかかると、点火器の種火は消えてしまった。二度やって見たが、同じ結果だった。燃焼試験担当のバート・アブラムソンは、アセチレントーチでロケットエンジンの燃焼室を、赤くなるまで熱してから推進剤のバルブを開けた。今回は点火したが、数秒間、ちょろちょろと燃えただけだった。もう少し燃焼を強くしようと思い、九〇センチほどの長さのリチウムの針金を燃焼室に押し込んでから、推進剤のバルブを開け、点火スイッチを押した。

ペネロペが燃焼室内に噴射され、燃焼室の底に落ちて溜まり、そこでリチウムの針金と反応した。ノズルからはこの反応で生じたガスを十分な速さで排出できず、燃焼室の圧力が急激に上昇し、強烈な爆発を起こした。ロケットエンジンは壊れ、爆発の衝撃は燃料配管を通って燃料タンクに到達し、タンクの推進剤を爆発させ（幸い、タンク内には数キログラムの推進剤しか残っていなかった）、燃焼試験室の器材を全て破壊してしまった。ペネロペは「クサンチッペ」と改名した方がよかったかもしれない（訳注2）。そこに居た人、特にアブラムソンは死ぬほど驚いた。

この事故の後は、実験と事故についての分析、検討のつらい作業が続いた。それには数カ月がかかった。私は原点に戻って、最初にするべきだった事を行う事に決めた。私は単純な構造のアミンで市販されている物は、モノメチルアミンからトリヘクセルアミンに至るまで注文した。それに加えて、不飽和アミン、芳香族アミン、ピリジンの誘導体をそれぞれ何種類か注文した。

それらの試料が到着し始めると、私は部下達に硝酸アミン類を作らせ、それを推進剤に加工させた。実験室に中身が異なる何個ものフラスコが並び、全部がぐつぐつと煮詰められている時も有った。

ある時、研究室の全員が実験室の中央の机の周りに座って、昼食を食べていた。私はふと目を上げて、あるフラスコの中身が、少し茶色になっているのに気付いた。「あれは誰のフラスコかね?」と質問した（全員がそれぞれ別の塩を作っていた）。「気を付けて!」と、一人が立ち上がった。フラスコの中身は、くしゃみをしようとする人のように、泡立っては収まり、また泡立つのを繰り返していた。私は「隠れろ!」と、厳しい声で叫んだ。その声で七人全員がすぐさま机の下に潜り込むと同時に、フラスコは中身ごと机の上を、「シュー」と音を立てて飛んで行った。担当の化学者が面目を失った以外に、被害は無かった。時々、私は一七年間も実験室を担当してきて、よく後始末が面倒な大事故を起こさずに済んだものだと思う事がある。

硝酸塩によっては、硝酸と混ぜると反応を起こして急激に発熱するので、推進剤に使えない物も有った。不飽和アミンはそのような物質で、ヘキシルアミンのような長い鎖状構造を持つ化合物もそうだった。急激な反応を起こし始めると、水で薄めて、急いで捨てなければならなかった。消防隊を呼んだ事も一度有った。

物理的特性は塩によって大きく異なる。きれいに結晶化する塩も有るし、どうやっても結晶化しない塩もあった。溶液を蒸気を利用した乾燥装置で蒸発させて、細かい粉末にする。ある種の塩は、乾燥した室温の環境でも液体のままでいる。硝酸モノエチルアンモニウムはその種の塩で、粘性が高く、少し緑色がかかった透明な液体である。溶融塩は珍しくないが、私の知る限り、二五℃で液体なのはこの塩だけである。私はこの化合物の用途を見つける事が出来なかったが、このような特別な性質を持っている化合物は、きっと何かに役立つに違いない！

しかし、大半の塩は硝酸に問題なく溶かす事ができた。私は硝酸との溶液で、λ＝一・〇〇の比率（完全に反応した場合、CO_2とH_2Oだけになる比率）で混ぜる事にした。爆発感度がこの混合比で最大になるであろうと考えたからで、その溶液についてカードギャップテストを行った（研究所には古い駆逐艦の砲塔の廃物がいくつもあり、その内部にカードギャップテスト用の試験装置を設置した。砲塔を利用したのは、爆発試験用の試料の入った容器の破片を外部に飛散させないのと、爆発の強さを記録する評価板を爆発後に見つけられるようにするためだった）。私に割り当てられた怠け者の少尉がカードギャップテストを担当する事になっていたが、とても勤勉で有能な実験助手のジョン・スゾークが、試験のほとんどを行った。

スゾークは全部で約四〇種類の混合液のカードギャップテストを行ったが、一種類の混合液について、一〇回の試験で爆発感度が決まれば運が良いと言えるような試験なので、彼は大変な回数の試験を行なった事になる。

試験の結果は驚くべきものだった。まず、ペネロぺとその仲間は（ピリジンやその関連の化合物を使用）、試験した混合液の中でも特に爆発しやすかった。中には、カードギャップテストで一四〇枚でも爆発した物が有った。次に、トリエチルアミンから作った推進剤（私が最初に試験したいと思った推進剤）は、非常に爆発感度が低く、カードギャップテストの結果は一〇枚程度だった。様々なアミン類の試料がメーカーから入って来るにつれ、極めて面白い傾向が見えて来た。メチルシクロヘキシルアミンのような例外的な物を除けば、直線鎖や分岐鎖の構造を持つ脂肪族アミンのカードギャップテストの結果は、分子構造の影響を強く受けるようだった。鎖状の部分が長いほど、推進剤用の混合液は爆発感度が高い。プロピルアミンから作った推進剤は、エチルアミンから作った物より爆発感度が高く、トリプロピルアミンから作った推進剤はジプロピルアミンから作った物より爆発感度が高い。そして、ジプロピルアミンから作った推進剤はモノプロピルアミンから作った物より爆発感度が高い。イソプロピルアミンから作った推進剤は、プロピルアミンからの物より爆発感度が低い。

このような法則性がある理由を理解するのは難しい。しかし、私は科学者が、関連性の説明がつかない多くの数値データを扱う場合によく使用する方法で考えてみた。私はカードギャップテストの結果に関して、ϕと言う関数を含む実験式を作った。ϕは「不活性係数」と名付けて、アンモニウムイオン中の炭素鎖の数、長さ、その分岐の数から計算した（この計算では3を底とする対数を使用する必要があった。これはあまり使われない方法である。幸い、最終的な方程式では、この対数は打ち消し合って式に残らなかった！）。この式から、推進剤の比熱、アンモニウムイオンのサイズ、更にいくつかの仮定を加えて、活性化熱や爆発過程の発熱量を推定する事ができた。その結果は妥当と思われる、一モル当たり二〇から三〇キロカロリーとなり、分子結合の強さと同程度だった。

これは興味深い結果だったが、もっと重要だったのは、推進剤の候補を絞り込む事が出来た事だ。三三種類の混合液について、カードギャップテストの許容値を、私が自分で決めたカード三五枚以下とした場合、それを満足するアミンは一〇種類に絞り込めた。この一〇種類の内のいくつかは、最適な混合比にした場合の凝固点が高すぎたり、乾燥させた塩が貯蔵中に不安定だったり、同じ爆発感度の他の化合物よりずっと高価だったりで、すぐに候補から外した。

最終的には熱安定性で決める事にした。混合液の幾つかは、蒸気を利用した乾燥装置で蒸発させて乾燥した結晶にできたが、溶液の酸がほとんど蒸発した時に、発火して激しく燃える物も有った。これで推進剤としての安定性が推定できるが、もう少し正式で定量的な評価用に、熱安定性試験用の容器を設計し、製作した。これはステンレススチール製の小型で密閉式の耐圧容器で、内部容積は約一〇cc、圧力センサーと記録機、約二〇気圧で破れて内部圧力を逃がすためのラプチャーディスク（破裂板）が装備されている。試験容器に推進剤を五cc入れ、一定温度の液体に浮かべ、容器内の圧力上昇を記録する。容器頂部の過圧解放用のラプチャーディスクの上に、「煙突」を立て、ラプチャーディスクの下に液体容器の液面の上までの管を取り付ける。これで、ラプチャーディスクが破れて圧力を逃がした時に、温めていた液体（通常は引火点が高い潤滑油）が外部に飛び散るのが防げる。

試験では普通、試料を入れた試験容器を、一〇〇℃の液体に漬ける。数分の内に試験容器の内圧は約七気圧に上昇し、その状態を一五時間程度保つ。その後、内圧は急速に上昇を始め、試験開始後、約一七時間でラプチャーディスクが破れる。同じ試料に対して、温める温度を変えて何度か試験を行ない、ラプチャーディスクが破れるまでの時間と、絶対温度で表した試料を温める温度の逆数の関係を対数グラフに記入する。そうすると、うれしい事にグラフはほぼ直線になり、その傾きから試料の分解過程の活性化熱を計算する事ができる（この値は、カードギャップテストで得られた値と驚くほど近かった！）。

いずれにしても、他の条件が概ね同じなら、第二級アミンを使った混合液は、第一級アミンを使った混合液より安定で、第三級アミンを使った混合液は他のアミンを使った混合液より不安定だった。他の試験をくぐり抜けた推進剤で、ジイソプロピルアミンから作った物は、熱安定性が最も良かった。この推進剤を「イゾルデ」と名付けた（このころ我々は、ハリケーンと同じように、推進剤に女性の名前を付ける事にしていた。時には、ブチルアミンを使った推進剤を「ビューラー（Beulah）」としたように、使われたアミンを何となく連想させる名前にする事も有ったが、何の連想もさせない名前の時も有った。ロジャー・マシニストは、硝酸ジイソプロピルアンモニウムの作成を担当した一人で、それを使用するこの推進剤に名前を付ける権利が有った。彼はこの推進剤が出来る前の晩に、オペラ「トリスタンとイゾルデ」を見に行ったのだ）。

我々はその名前で良いと思った。イゾルデの塩は作りやすく、きれいに結晶化し、たいていの場合、扱いやすかった。

こうした研究を進めているのと平行して、ロケットエンジンを壊さずに点火する方法をいろいろ試した。それは簡単な事ではなかった。この種の推進剤は開放空間では、酸素とプロパンの炎でも点火できない。通常使用される、火工品を使った点火器も、以前に経験したように、点火させる事は出来ない。我々は高い温度を出す点火装置を作るため、アルミニウムかマグネシウムの粉末、硝酸カリウムか過塩素酸塩、エポキシセメントを混ぜ合わせ、それをポリエチレンの管に入れて固め、固まると管を切り取って、棒状の点火材にした。これに火を点けた時の状況は見ものだ。この点火剤に点火すると（電熱線を使用）、音を立てながら、明るい白い炎と白煙を出して燃えた。火を点けるのはいつも実験室のドアのすぐ外で行い、通りがかりの人に警告する係を配置するようにしていた。バート・アブラムソンはこの点火材の試験で、点火材に火を点けた後、それに水を掛けて消そうとした。しかし、棒状の点火剤は二つに折れて、火の点いている側が床に落ちて、彼を追いかけるように転げまわった。見ていた全員が歓声を上げた。しかし、この点火材は推進剤の点火には失敗した。イゾルデが掛かると点火材の火は消えてしまったのだ。

明らかに、点火器でこの推進剤に点火するのは現実的ではない。推進剤その物のエネルギーを利用する事が必要で、自己着火性の点火源を用意しなければならない。しかし、ＵＤＭＨを注入して推進剤中の硝酸と反応させて点火するなど、燃焼室に配管を追加する方法は避けたかった。それは複雑すぎる。望ましいのは固形の点火用の化合物で、前もって燃焼室に入れておいて、推進剤が燃焼室に噴射された時、それと反応して点火させる物だった。我々は粉末マグネシウム、金属ナトリウムなど様々な物質を試した（試験する物質を、水平に置かれた直径が数センチのガラス管に入れ、そのガラス管の端から推進剤を吹き込む。その結果を高速度カメラで記録する）。しばらくはどの物質もうまく機能しなかったが、とうとう点火剤に使用できる思いがけない物質を見つけた。それは水素化リチウムとゴム糊を混ぜた物だった。この不思議に思える組み合わせは、練って延ばし、ガーゼの上に拡げてから木の細い棒に巻き付ける。

棒の端を細く加工し、ねじを切った栓にねじ込む。その栓を噴射器の中央のねじ付きの穴にねじ込む。そうすると燃焼室に推進剤が噴射器から吹き込まれた時に、この点火剤に当たって反応を起こす。この点火装置は長さが一五センチ程度で、水素化リチウムを点火の時まで大気中の水分から遮断するため、管をかぶせて密閉してある。点火する側の端は、私が見た中では最もおぞましい、死体のような灰色で、作業員達はそれにちなんだ名前を付けた(注3)。

しかし、この点火材は機能した。一九五六年一月に初めて点火に成功し、四月にはロケットエンジンを順調に作動させる事ができるようになり、実用化出来そうだった。推進剤に使用する硝酸は、普通のＷＦＮＡより無水硝酸（五酸化二窒素）を使う方がよかった。この場合、塩と硝酸の混合液ではλ（推進剤中の還元物質と酸化物質の比率を示す数値）は一・二になった。そこで、その燃料はイゾルデ一二〇Ａと呼ぶ事にし（一二〇は混合液のλの値から、Ａは無水硝酸を示す）、それに関する報告書を書いた。報告書を書くだけの価値が有ったのだ。この推進剤はこれまで試験がなされた中で、最高の性能を持つ一液式推進剤なのだ。燃焼特性は良好だった。驚くほど小さな燃焼室で、理論値の九五パーセントの性能が得られた。しかも、複雑で精巧な（そして高価な）噴射器は不要だった。実際、我々の噴射器は、一個七五セントの、市販の石油燃焼器（バーナー）の噴射ノズルを六個使用した物だった。

我々の報告書（私は推進剤と点火材の開発、推進剤の化学的特性の分析方法、カードギャップテストの結果などを担当、設計技術者がロケットエンジンの部分を担当）は一九五六年一一月に一緒にまとめて公表された。しかし、六月には業界の人達は、我々のやっている事について、もう良く知っていた。そして、急に忙しくなった。

関係者全員がこの推進剤の開発に参加したいと思い、一液式推進剤の研究計画の提案書を、軍に提出し始めた。我々のすぐ隣にいるＲＭＩは、我々のしている事を良く知っていて、一九五六年三月に米海軍の「高性能一液式推進剤」開発契約を受注して先陣を切ったが、他社もすぐに追随した。ワイアンドット化学社は米海軍と九月に、フィリップス石油社とストーファー化学社は一九五七年初頭に参入し、一九五八年にはペンソート社、ミッドウエスト研究所、エアロジェット社、ヒューズ・ツール社が開発に加わった。こうした各社に加え、その推進剤を使用する側の、

GE社を含む幾つかの企業が、他社の開発した推進剤を使用してロケットエンジンを使用した燃焼試験を行ない、戦術ミサイルに使用しようとしていた。あわただしい時期だった。

RMIは二つの方向で開発を進めようとした（RMIはしばらくして、海軍との契約に加えて、陸軍との契約も獲得した）。一つ目は燃料を酸化剤に溶かす方式で、もう一つは、高エネルギーで反応性の高い、硝酸塩かニトラミンの化合物だけで推進剤を作る方式だった。RMIが作ったこうした怪物的な化合物には、硝酸プロパルギル、プロパルギルニトラミン、硝酸グリシドール、1，4ジニトラート2ブチン、1，6ジニトラート2，4ヘクサダインなどが有る（こうした化合物の名前を聞くだけで、推進剤関係者は嫌な顔をするだろう！）。

RMIがそうした化合物のカードギャップテストを十分に行ったとは思えないが、他の試験の結果などから、RMIはもっと慎重に作業を進める事にしたようだ。一九五八年の終わり頃、RMIのジョー・ピサーニが私に電話してきて、硝酸プロパギルについて熱安定性試験をしてくれないか質問してきた。私は喜んで試験はするが、爆発するかも知れないので、試験で何か壊れたら弁償してくれと答えた。彼は試料を送ってきた。それは3ccしかなかったが（我々は通常は5ccで試験する）、それが良かったと思う。ジョン・スゾークがオイルバスを一六〇℃に温め（我々がいつも温めている温度）、試料を試験用の耐圧容器に入れ、それをオイルバスに入れた。彼は急いで実験室に戻り、ドアを閉めた（試験が危険なのは明らかなので、試験装置は実験室内ではなく、屋外に設置されていた）。彼は記録機のスイッチを入れ、計測データを見ていた。しばらくの間は何も起きなかった。試料が温まるにつれて、耐圧容器内の圧力がゆっくり上昇したが、そこで圧力の上昇が止まった様に思われた。

次の瞬間、耳をつんざく轟音と共に、試料が爆発した。試験装置の観察用ガラス窓から、オイルバスの油が発火し、巨大な赤い炎が噴き出すのが見えた。炎は地面の冷たいコンクリートに当たるとすぐに消えた。我々は実験装置のスイッチを全て切り、損害状況を見に行った。耐圧容器はバラバラになっていた。圧力を逃がすためのラプチャー・ディスクは破れたが、損害を防ぐには間に合わなかった。圧力センサーも撹拌機も壊れていた。オイルバス用の円筒形のステンレススチールの容器は、変形してしまっていた。オイルバス用のオイルは、黒くてきたない真空ポンプ用の油だった。その油は試験装置の下のコンクリートの路面、建物の壁など、付近のあらゆる場所に飛び散り、タール舗装用のタールの様になっていた（気温は零度以下だった）。

私はＲＭＩに電話した。「ピサーニ君？　君が送ってきた熱安定性試験用の試料を覚えているかね？　まず、試験の結果はだめだった。次に、耐圧容器、圧力センサー、攪拌装置、その他に後で調べてみるが、幾つかの物を新品に交換してもらいたい。三番目に（ここで声を張り上げた）、君の所の何人かを一五分以内にこちらに来させてもらいたい。彼らにはこちらをきれいにしてもらいたい。そうしてくれないなら、僕は錆びたのこぎりを持って行って君の……」と言った。錆びたのこぎりで切ると言ったのは、彼の体のある部分だった。私はそれだけ言うと電話を切った。

この電話で、プロパギルとその関連の化合物の開発は終わってしまった。ワシントンの海軍航空局は、ＲＭＩにプロパギル系の馬鹿げた材料はやめて、窒素・フッ素系の化合物の研究をするよう指示した。窒素・フッ素系の化合物については、少し後で述べる。

一液式推進剤についての、別の方向での研究が、ＲＭＩでスタン・タンネンバウムによって行われた。彼は爆発性のない（と彼が思った）酸化剤と燃料の混合液を試験した。これは少人数で出来る、小規模な研究で、化合物の合成はほとんど必要としないが、神経が太い事が必要だった。彼の方法で良いのは、酸化剤と燃料の比率がすぐに変更出来る事で、単一成分の一液式推進剤のように、その材料の化合物の特性による制約が無い事だ。この考え方は厳密には、初めてではない。第一次大戦でフランス軍は、四酸化二窒素とベンゼンの混合液を詰めた爆弾を使用した（この混合液は非常の爆発しやすいので、爆弾が機体を離れてから、この二つ液体が混ざるようになっていた！）。偶然だが、私が一液式推進剤に関係するようになる数年前、ある楽観的な発明家が、安全性が高いと言って、同じ混合液を一液式推進剤として私に売り込もうとしたが、私は取り合わなかった。

タンネンバウムは四酸化二窒素とフッ化ペリクロリルについて研究した。彼は四酸化二窒素にビシクロオクテンかデカリン（デカヒドロナフタレン）を混ぜても、それだけでは爆発しないが、取り扱いは非常に難しい事を知った。彼は又、安全性を高めようと（そうは成らなかったが）、テトラメチルシランも試験したが、一九五九年末には、四酸化二窒素を用いる一液式推進剤は、残念ながら実用にならないとの結論に達した。フィリップス石油社のハワード・ボストは、四酸化二窒素と、ネオペンタンか2，2ジニトロプロパンの混合液を研究したが、同じ時期に同じ結論に達した。他にもっと証拠が必要なら、四酸化二窒素と炭化水素の混合液について、アライドケミカル社のマクゴニグルが試験したカードギャップテストの値を見れば分かる。四酸化二窒素と燃料物質の組み合わせは、一液式推進剤としては実用化できない。

マクゴニグルは、フッ化ペルクロリルでも試験したが、思わしい結果は得られなかった。彼はまずフッ化ペルクロリルをアミンに溶解しようとしたが、溶解させてもすぐに反応してしまうのを発見した。彼は炭化水素類やエーテル類も溶解させる事は出来たが、出来た混合液は爆発しやすく、取り扱いは危険だった（GE社でもフッ化ペルクロリルとプロパンの混合液を爆発させて、実験担当者が重傷を負った事が有り、その危険性を認識した）。従って、この方向での研究は見込みが無くなった。また、四フッ化二窒素（N_2F_4）とモノメチルヒドラジンの混合液についても、一九五九年の初頭には、実用になる見込みがない事を知った！

タンネンバウムの混合液は良い結果を残さなかったが、一九五七年の研究会議で、エアプロダクツ社の楽観的な化学者の発表は、推進剤研究者達が髪を逆立てる程に恐ろしい内容だった。彼は液体酸素と液体メタンの混合液は非常に高エネルギーの一液式推進剤になる可能性があり、その状態図も分かっていると発言したのだ（注4）。彼が実験でどうして命を失わなかったのかは興味深い謎だ（液体酸素の取り扱いでまず大事な事は、絶対に可燃物には接触させない事なのだ）。特に、JPLは後に、この混合液は強い光を照射するだけで爆発する事を実際に経験しているが、それほど危険なのだ。それでも、私は一〇年後に、大真面目に液体酸素と液体プロパンの一液式推進剤の使用を提案している論文を見た事がある！　明らかに、若い技術者は自分の仕事の分野の歴史を知る事に、拒否反応があるようだ（注5）。

ワイアンドット社のチャーリー・テイトとビル・カディの研究は、エアプロダクツ社の研究よりは恐ろしい物ではなかったが、常識的で慎重な人にとっては、それはやはり恐ろしい化合物だった。例えば、カディはピサーニと同様に、1，2ジニトロプロパンとかニトロアセトニトリルのような複雑な有機硝酸塩を合成したが、容易に想像がつくように、正気の人なら誰もそんな物質を推進剤に使用しない事を、改めて認識する事になった。また、彼は過塩素酸エチル（$C_2H_5ClO_4$）のような過塩素酸アルキル塩を一液式推進剤に使用する可能性（小さいに決まっているが）を検討した。私はワイアンドット社の報告書でこの事を知り、カディに電話をして、ネビル・シジウィックが書いた『化学元素とその化合物』（一九五〇年刊行）の中で、エチル化合物について、特に注意を要する事項が書かれているので、それを読んでみるようにアドバイスした。

シジウィックの本には、「ヘアとボイルは、（一八四一年に）エチル化合物は他の物質と比較にならないくらい爆発しやすいと言っているが、現在でもそれは概ね正しい。（これはシジウィックの意見）……メイヤーとスポールマンは（一九三六年に）、過塩素酸エステルの爆発は、他の物質の爆発に比べて、爆発音は大きく、破壊力も大きい。この物質を扱う時には、最小限度の量だけにして、厚い手袋、鉄の防護面（デュマの鉄仮面もどきだ！）、保護メガネを着用し、容器は長い保持具で持つ事が必要だ。」となっている。しかし、カディはそれでも研究を続ける事にした（多分、厚い皮手袋と鉄の防護面をもう買ってしまったからかもしれないが）。カディは後に私に、エステル類は簡単に合成できたが、ロケットエンジンで燃焼させる事は出来なかったと話してくれた。その理由は、彼の化合物を燃料タンクに入れようとすると、必ず爆発してしまったからだ。この種の化合物の研究は、それ以上の進展がなかった事は言うまでもない。

彼らが二年以上にわたって研究した一液式推進剤は、燃料物質をテトラニトロメタン（ＴＮＭ）に溶解させた溶液だった。このような物質は、それに関係した人に対して、問題を引き起こす面倒な物質以外の何物でもなかった。テイトとカディもやはり問題を経験した。
　彼らが試した燃料に、ニトロベンゼンがある。これはＴＮＭに良く溶け、推進剤中の酸素の比率を適切な比率にでき、溶液はほどほどに安定していると思われた。しかし、カードギャップテストをして見ると、その爆発感度はカード三〇〇枚以上である事が分かった（私は自分の研究では、カードギャップテストの結果が三〇枚以上の物質は、無条件で使用しない事にしている）。彼らが燃料物質として選んだアセトニトリルは、ニトロベンゼンほどは危険ではなかった（彼らは何十もの候補物質について性能計算を行い、幾つかを実際に試験した）。しかし、それでも爆発の危険度が大きかった。しかし、この頃、一液式推進剤の関係者は、信じられない程危険な物質を作っていると非難されると、平気な顔をして、「そう、危険性が高い事は分かっている。でもロケットの設計者はそれを使用できるように、ロケットエンジンを設計する事ができるから問題ない。」と答えていた（ロケット技術者は危険性について良く分かっていなかったと思われる）。

　ともかく彼らは研究を続け、超小型ロケットエンジンで何とか燃焼試験ができるようになった（毎回、必ずうまく行くとは限らなかったが）。彼らが見学者に燃焼試験を見せる時には、何度か、ロケットエンジンは大きな音と共に、計測装置ごと壊れてしまい、見学者を死ぬほど怖がらせていた。テイトとカディは懸命に努力を重ねたが、ＴＮＭの溶液を安心して使用できる推進剤にできなかった。一九五八年末には、彼らの研究の重点は硝酸アンモニウムに移った。

　テイトとカディが失敗に終わった研究に努力していた頃、ストーファー化学社のジャック・グールドは、大麻でも吸っていたに違いない。彼の研究はルイス・キャロルの『不思議の国のアリス』のような、全く現実性を欠いた内容だった。彼は米海軍から「高エネルギー一液式推進剤」を開発する契約をもらい、開発作業をしたが、それは全く一般的常識に反するものだった。彼が試した中で一番まともだったのは、アンモニア（NH_3）を三フッ化窒素（NF_3）に溶解させた事だった。どちらも安定した化合物で、高性能で十分に安全な推進剤になりそうに思える。しかし、残

念ながらアンモニアは三フッ化窒素には全く溶解しないのだ。その他に彼がしたのは、

・ニトロニウム水素化ホウ素（NO_2BH_4）を合成しようとしたが失敗した（酸化作用のあるカチオンと、還元作用のあるアニオンを含む安定した塩を作るのは、あまり良い考えではない）。

・ペンタボランと硝酸ニトロエチルを混ぜようとした。二つの物質は接触した途端に爆発した（硝酸ニトロエチルはカードギャップテストの値は五〇枚であり、爆発感度が高い）。

・三フッ化窒素とジボランを混合しようとした。二つの物質は化学反応を起こした。

・硝酸ニトロエチルと、種々のボランのアミン誘導体を混合した。二つの物質は混合と同時に反応を起こして爆発した。

などで、その後もこのような事をずっと続けていた。季刊の研究報告集に、彼はジイミド（H—N=N—H）のような空想的な化合物を取り上げていた。こうした化合物は、もし製造できればすぐれた推進剤に成るかもしれないが、製造できるような化合物ではなかった。とうとう海軍のロケット部は愛想をつかして、彼にそんな製造不可能な物質の追及は止めて、窒素・フッ素系の推進剤の研究に絞るように命じた。その方向の研究は一九五八年末から始まった。

こうした状況の中で、硝酸アンモニウムを使用する一液式推進剤は、ＮＡＲＴＳだけでなく、各所で注目されていた。ＧＥ社もそれに目を付けて、燃料にイゾルデを使用して、ＧＥ社が開発中の新しい燃料ポンプ内臓型のロケットエンジンで試験を始めた（ＧＥ社は爆発事故で試験装置を吹き飛ばしてしまった。新しい方式のロケットエンジンを、実験的な推進剤を使って開発するのは賢明ではない事が実証された。不確定要素は、一度に一つだけで十分だ！）。

イゾルデ燃料の報告書が公表される前に、フィリップス石油社のボストとフォックスは第二級、第三級アミンの硝酸塩を作り、それを硝酸に溶解させて、独自のアミン・硝酸系の燃料を作り上げた。しかし、その熱安定性は非常に

悪かった。それは我々の第三級アミンでの経験と一致している。彼らは又、二硝酸塩の溶液は、我々が以前にエチレンジアミンから推進剤を開発しようとした際に経験したように、非常に粘度が高い事も発見した。

NARTSでは技術者達がイゾルデ燃料を、燃焼室内圧力をそれまでの二二気圧から七〇気圧程度まで上げて燃焼させると共に、再生冷却にも使用するよう開発作業を進めていた。それは可能だったと思うが、その際のイゾルデ燃料の取り扱いに少し注意が必要だった。ロケットを停止させる時には、再生冷却用の配管に水を流して洗浄してから停止する必要があった。そうしないと、燃焼室がまだ高温のままなので、配管内に残っている再生冷却用の燃料が熱せられて爆発し、ロケットエンジンを破壊してしまうかもしれない。

爆発事故が起きると、仕事が増える装置関連の製造業者は喜ぶかもしれないが、それ以外の関係者にとっては困った事態となる。私にとっても困った事である。そこで私は、第四級アンモニウム硝酸塩を使用した燃料は、第二級アンモニウム硝酸塩を使用した燃料よりも、特性が穏やかな推進剤にならないか調べる事にした。我々はそれまで第四級アンモニウム硝酸塩を試験した事が無かった。この物質は作るのが比較的難しく、イゾルデ燃料より良いか悪いかを、直感的に判断できなかったからだ。そうなれば、実験で確かめるしかない。

試験室には水酸化テトラメチルアンモニウムはわずかしか手持ちが無かった。そこで、その硝酸塩を作り（きれいに結晶になった）、それを用いて推進剤を作った。カードギャップテストにかけるだけの量が無かったので、熱安定性試験機で試験した。その結果は驚きだった。

この化合物は信じられない程、熱安定性が高かった。イゾルデ燃料が一三〇℃で五〇分経過すると自然発火するのに対し、この化合物は何の変化も無かった。一六〇℃で一週間放置しても変化が無かった（イゾルデ燃料は一六〇℃では二分間で発火した）。

この結果に驚き、この化合物をもっと多く作る方法を探した。テトラメチルアンモニウム硝酸塩は市販されていない。これまで誰もこの化合物を必要としなかったのだ。しかし、テトラメチルアンモニウム硝酸塩に容易に転換できる塩化物なら入手できる。そこで私は希望する量を作れるだけの塩化物を注文した。塩化物から硝酸塩への転換は、高価な硝酸銀が多く必要だった（後には銀を回収するようにしたので、硝酸銀は繰り返し使用できるようになった）。まもなく、カードギャップテストに必要な量を作る事ができた。この物質は、λ＝一・二の混合比では、カードギャップテストによる爆発感度は五枚だった。これは、この物質を爆発させるには、イゾルデ燃料の二倍の強さの衝撃波の圧力が必要な事を意味している（注6）。この結果がうれしかったので、この燃料に「タルラ」（アメリカ・インディアン系の女性の名前、衝撃にほとんど影響されない意味を込めて命名）と名付け、研究を続けた。これは一九五七年前半の事だった。

「タルラ」燃料の唯一の欠点は、λ＝一・二〇になるよう混合すると、凝固点が約マイナス二二℃と高すぎる事だ（このようなきれいな対称形のイオンは、結晶化しやすい）。そのため、次にエチルトリメチル塩を試した（これを使用した推進剤は「ポルティア」と命名した。この名前を付けた理由は複雑なので、説明を求めないでいただきたい！）。ジエチルジメチル硝酸アンモニウムも試した（こちらの名前は「マーガレット」だが、その理由も質問しないでもらいたい）。「ポルティア」燃料はあまりうまく行かなかった。λ＝一・一〇では凝固点は良かったが、λ＝一・二〇ではだめで、うまく結晶化せず、吸湿性がやや強かった。「マーガレット」燃料は凝固点は低かったが、結晶化はうまく行かず、吸湿性があまりにも強いので、実用にはできない。

我々が使用したこうした塩類は、第四級アミンを作るのに必要だが、それに必要な加圧式製造装置を我々は持っていないので、装置を所有している外部の製造業者に作ってもらった。ペンソート社のジョン・ゴール、ダウ・ケミカル社のフィリス・オジャ博士は、それぞれの会社の試作工場に、原価を切っても製造するように話してくれて、非常に力になってくれた（我々は必要とする塩類を、製造原価を大幅に下回る額で入手した）。

「マーガレット」燃料の物理的特性が良くないなら、もっと小型で対称形の分子構造の異性体なら良くなるかもしれない。そこで、次にトリメチルイソプロピル硝酸アンモニウムを試す事にした。結果は素晴らしかった。凝固点は低く、熱安定性は優れていて、カードギャップテストでは「タルラ」燃料より少し敏感だが問題になる程ではなく、物理的特性は取り扱い上、全く問題なかった。我々はその燃料を「フィリス」と名付けた（化学工業会社の女性経営者が、従業員に聞いた事もない塩を八〇キログラムも製造するように、それも、その化合物の価値はそのための書類作成費ほども無いので、無料で作ってやるように指示してくれた。当方としては、それで作った燃料に彼女の名前を付ける事くらいしか出来なかった！）。

一九五七年末の状況では、「フィリス」燃料が一番良さそうだったが、我々は更に研究を続けた。一九五七年から三年間以上、有望そうなアミンを探し回り、それを第四級アミンにしては試験をしていた。通常は、まず熱安定性と融解点を調べられる量を作り、この二つの条件に合格すると（多くは合格しなかった）、カードギャップテストが出来るよう、もっと多くの量を作っていた。もしカードギャップテストの結果が良ければ、ロケットエンジンで燃焼試験できる量を作ってくれる業者を探した。

一九五八年一月、フィリップス石油社のボストとフォックスは、空軍との新しい契約を獲得して、一液式推進剤の世界に堂々と戻ってきた。フィリップス石油社は当然ながら、科学者ならだれもが望むような素晴らしい研究設備を持っていて、必要な化合物は短時間に作る事ができた。例えば、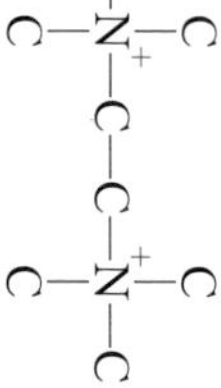の様な、燃料に使用するイオン（分子構造式では、簡略化のため水素の表示は省略している）を作りたい時には、彼らは単に塩化エチレンをトリメチルアミンと、溶液中で（ほとんどどんな溶液でも良い）、圧力を加えた状態で反応させて作っていた。我々は彼らの設備がうらやましく、石油産業のように資金が潤沢にあればと思っていた。いずれにせよ、彼らは一〇種類以上の第四級アミンの硝酸塩を作り、それを硝酸に溶解させ、その特性を測定した。彼らは過塩素酸塩についても研究を行い、それらは敏感すぎる事を発見した。何種類かの第四級アミンを四酸化窒素や四酸化二窒素と水の混合液に溶解させてみたが、硝酸塩は四酸化二窒素に十分には溶解せず、溶解させるために混ぜる水の量を多くすると、推進剤としてのエネルギーが少なくなってしまう事を知った。そのため、彼らは我々が研究しているような推進剤の研究は、自発的に中止した。一年程度、我々とフィリップス石油社は、彼らは末端が二個の化合物、我々は末端が一個だけの化合物の違いはあるが、概ね平行して研究を続けた。

この分野に新しく参加してきたのは、ヒューズ・ツール社（そう、あのハワード・ヒューズの会社だ）のＪ・ネフだった。一九五八年の初め、彼は米海軍の契約を獲得し、並外れた楽観的な姿勢で、彼はホウ素と硝酸を使用する一液式推進剤の開発を始めた。彼の開発作業は約一年半続き、実用になる推進剤は出来なかったが、興味深い化学的な発見がいくつか有った。彼が最も成功しそうになった研究に、カルボランの構造をした化合物がある。その化合物では、一〇個のホウ素原子に加えて二個の炭素原子が、デカボラン分子の開放型のバスケット状の構造の頂点に位置して、一二原子からなる二〇面体のかご型構造を形成している（ホウ素の章を参照）。その炭素原子の一個または二個に、ジメチルアミノメチル基かジメチルエチル基を結合させ、それを硝酸塩にしてから硝酸に溶解させる。その溶液で爆発事故を起こさなかったが、急いで混ぜていたら爆発していた可能性がある。しかし、その溶液は不安定だった。少しでも温度が上がるとガスを発生するか、二層に分離したりして、この溶液は一液式推進剤には適さない事を示していた。彼の溶液はロケットエンジンによる燃焼試験の段階までは到達できなかった。

エアロジェット社の米空軍用の一液式推進剤もうまく行かなかった。一九五八年後半、Ｍ・Ｋ・バーシュ、Ａ・Ｆ・グラーフ、Ｒ・Ｅ・イエーツは、$[BH_2(NH_3)_2]^+$のようなホウ素化合物イオンを使って硝酸塩を作り、それを硝酸に溶解させて一液式推進剤を作る研究を始めた。こうしたイオンには様々な系列があり、ある系列はアンモニア（NH_3）のところにヒドラジンがはいり、ある系列ではホウ素（Ｂ）原子が一個ではなく二個だったりと、様々だった。前に示したホウ素化合物イオンの塩化物は、ボールミル型の粉砕機で、水素化ホウ素リチウムと塩化アンモニウムを一緒に粉砕すれば作る事が出来る。マックス・バーシュ社はこのイオンを「ヘプキャッツ」と名付けた（High Energy

Producing CATionsからの名前）。（私の推進剤に格好良い名前を付ける癖が真似をされたようだ！）。彼らはアルミニウムを使用して類似した化合物を作る事も試みたが、思わしい成果は得られなかった。しかも、悪い事に、一九五九年七月末には、「ヘプキャッツ」は硝酸や四酸化二窒素に溶かした時だけでなく、水に入れても不安定な事が分かった。これで「ヘプキャッツ」が実用になる見込みは無くなった。

　前述のように、一九五八年の初めには、「フィリス」燃料がアミン・硝酸系の中では最も有望そうで、一九五八年末までには、「タルラ」燃料と並んで、NARTSとヒューズ・ツール社のスペンサー・キングにより燃焼試験が行われ、成功していた。ハワード・ボストの「エタン」燃料（後述）も燃焼試験が行われたが、性能に関してはどれもあまり差は無かった。「ポルティア」燃料と「マーガレット」燃料については、誰も燃焼試験は行っていないと思う。こうした一液式推進剤の試験では、UDMHを始動用の点火剤に使用している。この点火方法は、我々の「イゾルデ」燃料用の点火材「トリスタン」より面倒だが、試験装置で使う場合にはずっと信頼性が高かった。

　次に新しい推進剤の開発を始めたのは、ペンソート社のジョン・ゴールだった。彼は一九五八年夏、私に二種類のアミンの硝酸塩を、評価用に送ってくれた。そのイオンの構造は次の様だった。

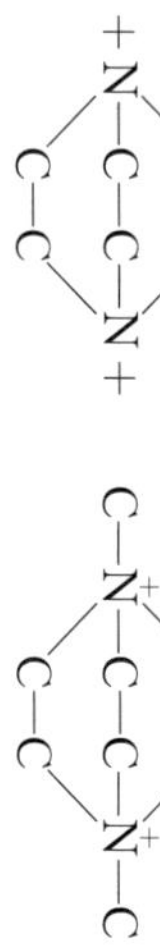

　その化合物を試験するのは遅れた。私の部下の一人が、試験用の推進剤を作る時に、比率を間違えてしまった。そのため、代わりの試料を送ってもらう事が必要になったが、熱安定性試験は行う事ができた。第三級アミンの硝酸塩は当然ながら安定性は良くなかった。しかし第四級アミンの硝酸塩は、「タルラ」と同程度には良さそうだった。それを見て私はひらめいた。左図のような、違ってはいるが非常に近い分子構造の化合物として、二個の「タルラ」イ

オンを一個、二個、三個の結合路でつないだ物の特性を比較してみるのは面白いだろう。

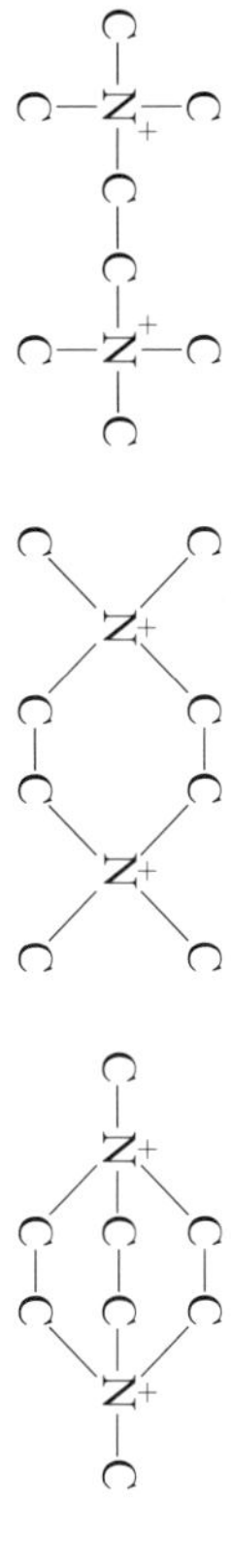

我々の研究室のマイク・ウォルシュは、九月中旬のＡＲＳ（アメリカ・ロケット協会）の会合で、ＮＡＲＴＳはその比較作業を行う予定である事を発表し、我々は直ちにその作業を開始した。最初に示したイオンの硝酸塩は簡単に入手できた。これはつまりハワード・ボストの「エタン」燃料である。三番目の化合物については、ジョン・ゴールから別にもっと多い量の試料をもらった。二番目の化合物はこれまで作られた事はないが、ジェファーソン化学社はN, N'、ジメチルピペラジンを作った。それを第四級アミン化してウォルシュが欲しい塩にする事は特別に難しくは無かった。いずれにしても、我々は三種類の推進剤の候補を作成し、熱安定性試験機で一六〇℃で試験した。一番目の候補は二時間少々持ちこたえた。二番目は二分間だった。そして、三番目は全く変化せず、三日後に我々が試験をやめるまで、そのままの状態を保った。

これはとてもとても興味深い結果だった。明らかに、「タルラ」燃料より安定な物を作り出したのだ。そこで我々はそれを使用して、λ＝一・二〇の混合液を作り、カードギャップテストを行った。そして、驚いた事に、この混合液はカード枚数がゼロでも爆発しなかった。これは興味深いなどと言うより、衝撃的と言える結果だった。凝固点は良くなく、マイナス五℃だったが、この問題は何とかできると考え、この化合物に対する熱意が弱まる事はなかった。

この化合物に良い名前を付けねば。その正式な名前は、1，4，ジアゾ、1，4，ジメチル、ビシクロ2，2，2，オクタンジニトラートだが、そんな長い名前を使いたいと思う人はいない。このイオンは、きれいな対称形の閉じたかご型の構造をしている。そこで私はラテン語の「檻」を表す「カウェア」と呼ぶことにした（少し女性の名前のような感じが有る）。誰も反対しなかった。覚えやすく発音しやすい。しかし、私にこの名前にした理由を質問する人が多かった！

我々はいつもの様にこの化合物の特性を調べた。その生成熱を知るために、熱量計（カロリーメーター）で燃やしたり、酸に溶かした時の溶解熱を測定した（この二つの数値でおおよその性能を計算できる）。また、温度による密度と粘度の変化の測定など、必要な全てを試験した。凝固点以外は全て素晴らしかった。

凝固点を下げるために、何カ月も営々と努力したが、成果は得られなかった。私は左図のような末端が一カ所のイオンからは、凝固点の条件を満たす推進剤ができるのではないかと考えた。

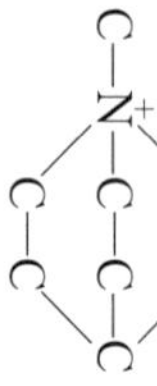

または

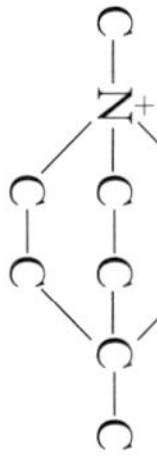

難しいのは、これらのイオンの硝酸塩を作る事だ。私はそのための装置を、何カ月も探し回ってやっと見つけた。その装置が届いて、硝酸塩を作り、それで推進剤を作ってみると、熱安定性は最悪だった。私の試験室のスパージ・モーブリーは別の類似の化合物を作ったが（それも大変難しい作業で、何週間もかかった）、それで推進剤を作ってみたところ、信じられない程、熱安定性が悪かった。良いアイデアではあったのだが。残念。

その間、我々（と海軍航空局）は「カウェア」燃料を、ロケットエンジンを用いて燃焼試験をしようと急いでいた。そのために「カウェア」燃料用の塩をすぐに、大量に入手したいと思っていた。

私はジョン・ゴールのところで、トリエチレンジアミン

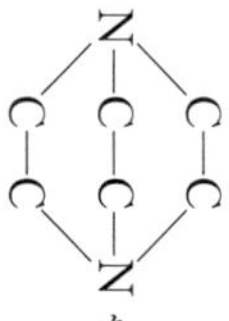

をメチル化して「カウェア」燃料を作った事を知っていた。一二月初旬に、ジョン・ゴールは、トリエチレンジアミンはホードリー・プロセス社から購入した

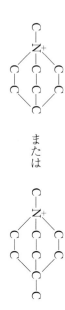

事を教えてくれた。それは重合反応用の触媒として、商品名が「ダブコ」と言う、奇妙で感じの悪い名前で販売されていた。ゴールは私に「カウェア」用の塩を、一〇ポンド（四・五キログラム）単位で、一ポンド（〇・四五キログラム）当たり七〇ドルで売ると言ってきた。私は注文したが、その塩がヨウ化メチル（これは極めて高価）をトリエチレンジアミンと反応させ、硝酸銀を使用してメタセシス反応で作るより安くできるとは信じられなかった。

多分、別の方法で合成ができるかも知れない。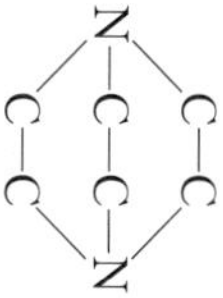から始めて、末端に炭素原子を結合させて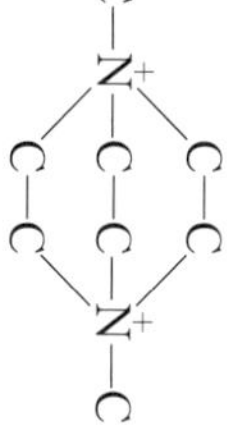にする代わりに、ジェファーソン化学社のN, N、ジメチルピペラジン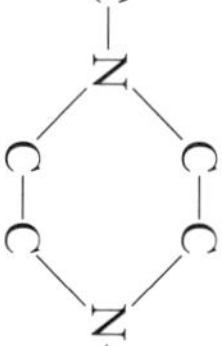で、二個の炭素原子を分子の中で窒素原子二個と架橋させれば、同じ事になるのではないだろうか？　私は架橋用の化合物として臭化エチレンは持っていた（これはヨウ化メチルよりずっと安い）。これを使えば、出来るのはヨウ素塩ではなく、臭化物になる。

我々はそれを試したが、うまく反応したので、一回目から収率は約九五パーセントもあった。次にする事は、この臭化物を硝酸塩にする、費用が安い方法を見つける事だ。

私は臭化物のイオンを酸化して遊離臭素にするのはとても簡単だが、それを臭素酸塩に変化させるのは非常に難しい事は知っていた。硝酸は臭素イオンを臭素にするが、臭素酸塩にはしない事にも確信を持っていた。もし私が「カウェア」燃料の臭化物を、例えば七〇パーセント程度の濃い硝酸に入れると、次の反応が起きるだろう。

$$2Br^- + 2HNO_3 \longrightarrow 2HBr + 2NO_3^-$$

そして、次の反応が起きる。

$$2HBr + 2HNO_3 \longrightarrow 2NO_2 + 2H_2O + Br_2$$

この反応をしている溶液から臭素と二酸化窒素（NO_2）を追い出すために、空気を混合液中に吹き込むと、薄い硝酸と「カウェア」燃料の硝酸塩の溶液が残るはずだ。

この作業をしてみると、うまく行った。しかし、塩を酸にいれる速さが大き過ぎたり、臭素の濃度が高くなり過ぎると、「カウェア」燃料から三臭化物のレンガ色の沈殿物が生じる。この沈殿物はマイナスイオンの塩で、それが分解して臭素を放出するまでに、何時間も空気を吹き込み続ける必要が有る事を知った。私はこのようなマイナスイオンの物質が有る事をどこかで聞いた事があるが、実際にこの種のマイナスイオンの塩を見たのは初めてだった。いずれにしても、この硝酸塩を含む溶液を、スチームバス（蒸気乾燥器）で乾燥させて結晶化させ（きれいな六角形の結晶になる）、「カウェア」燃料用の塩を、高価な試薬を使わないで済む、簡単な方法で作る事ができた。これは一九五九年二月の中頃で、その頃、ハワード・ボストがジ第四級アンモニウムを使った研究をしていて、我々とは独立に「カウェア」燃料を見つけ、我々と同じく、それが一番使い易い推進剤との結論に達した事を知った。こうして、我々の二つの研究計画は一つの推進剤に集約される事になった。この事は、ＮＡＲＴＳで四月一日と二日に開催された、アミン・硝酸系の一液式推進剤の研究会議で、はっきりと公表された。非常に有力な研究者が集まるこのような会議で、この時のような二つの研究を統合する合意が発表された事は初めてだった（この会議の参加者は、一八名の博士と飲んだくれの天才が一人の合計一九名だった）。全員が「カウェア」燃料は、凝固点を低下させるために分子構造の多少の変更はあっても、これからの推進剤の主力になると信じていた。

しかし、Ｗ・Ｒ・グレイス社のウエイン・バレット博士が、新しい方向の研究を行っている事を発表した。彼はＵＤＭＨをメチル化して、次のイオンを作り、$CH_3-\overset{CH_3}{\underset{CA_3}{N^+}}-NH_2$、次にその硝酸塩から一液式推進剤を作った。図示のトリメチル化合物の他にも、彼はトリエチル化合物やトリプロピル化合物を作った。彼はロケット用推進剤の開発は初めてで、経験が無かったので、プロピル基を持つ塩を硝酸に混ぜた時に、その溶液が発熱して、二酸化窒素（NO_2）ガスを放出し始めても、逃げ出さずに、そのまま見ていたくらいだった！　私は部下にすぐに彼の推進剤を作らせ、その特性の調査にとりかかった。彼の推進剤の事を四月二日の木曜日に知り、四月七日の火曜日にはその合成と精製を行って、彼のメチル系の推進剤は完成した。四月八日には、その推進剤で我々の熱安定性試験機は、またしても全壊してしまった（この推進剤は一四分間は装置の中で静かにしていたが、突然、激しく爆発した）。私はバレット博士に電話して、彼の考案した推進剤の危険性を連絡した。しかし、彼はもう試験をすると決めていて、我々の熱安定性試験と同じ試験を行なった。何週間か後に、彼は私に電話してきて、彼の試料は試験を始めてから実験装置を吹き飛ばすまで、一七分間かかったと教えてくれた。お互いの経験を比べて確認する事ができた！

この間、私はホードリー社とジェファーソン化学社に、「カウェア」燃料用の塩の製造に興味をもってもらうよう努力していた。私は両社に二月一九日に電話して、どのような塩が欲しいのかを説明し、その五〇キログラム分の製造費用の見積もりを出す気がないか尋ねた。ホードリー社はとても喜んだようだ（これは一九五九年の初めころの話で、冷戦の最中でミサイルや宇宙への興味が高く、誰もがロケット用推進剤の分野で大儲けができると信じていた。実際にはそうならなかった）。いずれにしても、私が家に帰るまでに、彼らからは何回も電話が掛かって来て、長い時間、話をした。翌日、ホードリー社は、私と打ち合わせをするために、研究部長をフィラデルフィアから派遣してきた。話の中で、私は彼にジェファーソン化学社にも見積もりを依頼してあり、たぶんそちらの方がホードリー社より安いのではないかと話した。

ジェファーソン社は、それほど慌てて対応しなかったが、熱心に対応してくれた。私はジェファーソン社のヒューストン工場の研究部長のマクレラン博士に、ジメチルピペラジンと臭化エチルの反応を説明し、どのように対応してくれるか質問したが、彼は自分で確認するまではそれを信じられないようだった。また彼には、ホードリー社はもっと安い値段を出しそうだと話した。これは両天秤と言われても仕方がない交渉術だった。

どちらの会社も一カ月以内に試作品を送ってきた。ジェファーソン社のマクレラン博士は、臭化物を追い出すのに面白い方法を採用した事が分かった。彼は「カウェア」燃料の臭化物を、硝酸に混ぜてから冷却し、そこにエチレンオキシドを吹き込んだ。すると、$C_2H_4O + HBr \longrightarrow HOC_2H_4Br$ の反応が起き、HBr（臭化水素）は、エチレンブロモヒドリンになり、化合物から簡単に追い出す事ができた。これはうまい方法だと思った（注7）。

結局、どちらの会社も見積書を出してきた。私が予想していたように、ジェファーソン化学社の方が安かった。「カウェア」燃料用の塩の価格は、ジェファーソン化学は一キログラム当たり三三ドルだった。ホードリー社は一六五ドルだったが、研究部門の人間は、営業部門と相談すれば一一〇ドルまで下げられそうだと言っていた。こうして、材料の入手は心配がなくなった。ハワード・ボストは「カウェア」燃料より凝固点が低い、次に示す化合物について研究を行った。

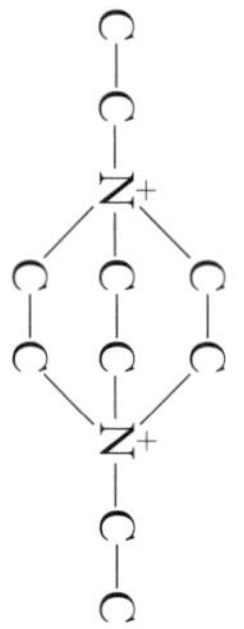

エアロジェット社のチャーリー・テイトは、六月一〇日に電話をしてきて、興味深いニュースを幾つか教えてくれた。ワイアンドット社はＴＮＭ系の一液式推進剤は見込みがないとあきらめて、アミン・硝酸系に乗り換えるらしいとの事だ。また、彼らは次に示すような、ピペラジン置換体を何種類か作ったとの事だった。

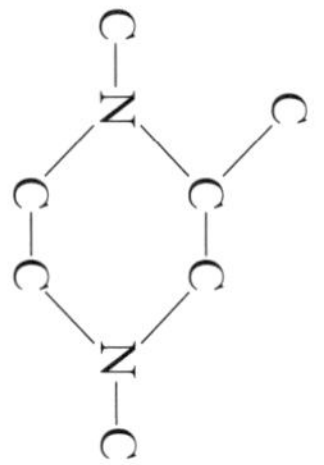

テイトはそれを臭化エチレンで架橋反応させて、次のイオンを作った。

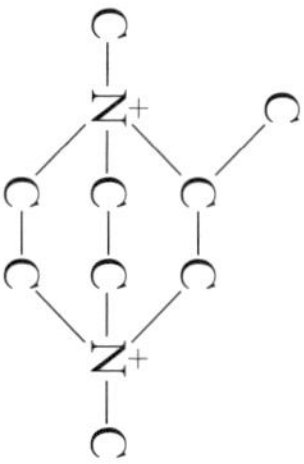

このイオンを使った推進剤の凝固点は、マイナス五四度をかなり下回り、カードギャップテストの数値もわずか三枚だった。それ以外の点では、この推進剤は「カウェア」燃料そっくりだった。この推進剤の名前は「カウェアB」になった（海軍ロケット部は「2メチル・カウェア」とすると内容が分かると考えて「B」とした！）。

ワイアンドット社は類似の化合物を作り、その中にはメチル基を二個余分に、様々な形で結合させた物も有ったが、「カウェアB」燃料が最も簡単な構造で作り易く、他の物は実用化されなかった。スパージ・モーブレーは七員環のピペラジンに似た化合物の

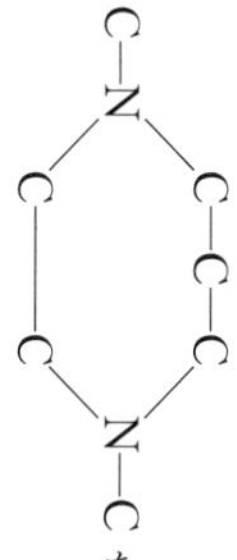

を作り、それに架橋反応を加えて、奇妙な構造の

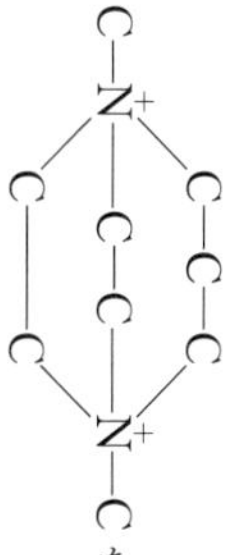

を作った。

スパージは、彼の作った推進剤の凝固点は低くて規格を満足しているものの、それ以外の特性は「カウェアB」より優れていないのに値段は何倍もすると言って、私が彼の推進剤を支持しようとしなかったので、私に非常に憤慨していた。

「カウェアB」はいろいろな候補の中で一番優れていて、理想的な推進剤のように思われた。その年の終わりまでに、「カウェアB」はＮＡＲＴＳ、ＧＥ、ワイアンドット社、ヒューズ・ツール社における燃焼試験に成功し、ＪＰ

Lも成功した。ロケットエンジンでの試験の成績は非常に良好で、比較的小型の燃焼室で、比推力は理論値の九四パーセントを達成した。燃焼はとても滑らかで、「カウェアA」より良かった（元の「カウェア」は「カウェアA」と呼ぶ事になった）。「カウェアA」の分子構造は、対称形で安定が良すぎるので、燃焼には不利なようだ。そして原料に不自由する事はない。ワイアンドット社は原材料のピペラジンをいくらでも供給してくれる。

この時点ではアミン・硝酸系が中心的存在になっていたが、他の系統の一液式推進剤も、熱心に研究が進められていた。例えば、ワイアンドット社のケネス・アオキはトリエチレンジアミンのジアミンオキシド、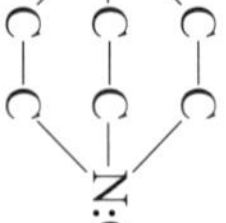を作り、それを硝酸に溶解させた。しかし、溶解熱が大きく（多分、硝酸がジアミンオキシドを分解し、硝酸塩を作ったと思われる）、そのために「カウェアA」や「カウェアB」より高い性能を出す見込みは無かった。彼は四酸化二窒素かＴＭＮに溶解させて推進剤にしようと、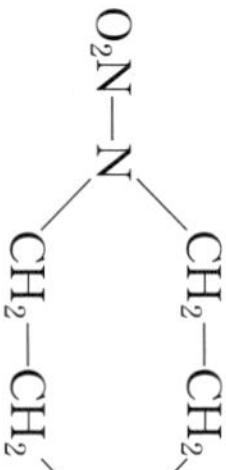を作ったが、これらの酸化剤にうまく溶けないので、推進剤には使えない事が分かった。

第一〇章でホウ素・窒素系の推進剤について述べたが、そこから一液式推進剤に関する興味深い研究が生まれた。そこで説明したように、ホウ素と窒素の二液式推進剤は燃焼特性に悩まされたが、その問題はホウ素と窒素を一液式推進剤として一緒にしてしまえば、それも、出来れば同じ分子中に一緒にすれば解決すると推測（または希望）する人がいた。

カレリー化学社のマッケルロイとハフは、彼らが「モノカル」と名付けた化合物のグループの研究を始めた。その化合物はデカボランにモノメチルヒドラジン二分子または三分子を付加した化合物で、その一分子をヒドラジン七分子の比率でヒドラジンに溶解させる。モノメチルヒドラジン（MMH）とデカボランに混合する場合は、溶液中で行う必要がある。そうしないと、混合物の温度が上がると爆発を起こす。この推進剤の品質は安定せず、製造する度に何故か分からないが、特性がかなり違っていた。非常に粘度が高いが、爆発に対して特に敏感ではなさそうだった。ワイアンドドット社は小型のロケットエンジン用の試験装置で燃焼試験をしたが、結果は良くなかった。ビル・カディのグループは試験を五回行ったが、四回は始動直後か燃焼中に爆発を起こし、試験用ロケットエンジンが破損した。「モノカル」の開発は一九六〇年に打ち切られたが、悲しむ人はいなかった。

「デカジン」燃料はもう少し長い期間、研究がなされた。一九五八年六月、ローム・アンド・ハース社のH・F・ホーソンのグループは、ビス（アセトニトリル）デカボランをヒドラジンと反応させて、$B_{10}H_{12} \cdot 2NH_3$を作った。これは、ヒドラジンのN‐N結合の部分をデカボラン分子に取り込み、閉じた籠型のカルボラン型の分子構造にするためだった。しかし、出来た化合物はデカボラン型の開放バスケット構造で、N‐N結合を含んでいなかった。いずれにしても、彼らはその化合物が一モルに対して、ヒドラジンが七・五モルの割合でヒドラジンに溶かし（ヒドラジンの比率がそれ以下では十分に溶解しなかった）、それで一液式推進剤に使えるのではないかと思った。しかし、これはそんなに簡単に使用できる物ではなかった。まずこの溶液は空気から酸素を吸収した。二番目に、温度変化に対してかなり敏感で、一二七℃で発熱反応を起こして分解する。カードギャップ試験の数値は低くて約四枚だったが、それにしては断熱圧縮に対して敏感で、硝酸イソプロピルとニトログリセリンの中間程度の敏感さだった。それでも数年間の間に、ヒューズ・ツール社のスペンサー・キングとロケットダイン社のボブ・アーラートは、二三〇キログラム程度の推力での燃焼試験を行なった。性能計算の理論値の七五パーセント以上の性能を得る事は出来ず、予測できない爆発が起きるのを防ぐ方法を見つける事も出来なかった（爆発は通常は燃焼試験中の燃料噴射器の辺りで起こった）。爆発は頻繁に生じたが、アーラートはひどい爆発を何度も生き延びた。そのような状況だったので、一九六〇年末にはデカジンの開発は失敗だとして打ち切られ、モノカルと同じ運命となった。

しかし、一九五九年に、ローム・アンド・ハース社のホーソンは興味深い現象を発見し、ホウ素・窒素系の一液式推進剤の開発で、それまでとは異なる方向の研究が行われる事になった。彼はデカボランにビス（アセトニトリル）を付加した化合物を、室温にしたベンゼンの中でトリエチルアミン（NEt_3）に反応させると、主として次の反応が起きる事を見出した。

$$B_{10}H_{12}An_2 + 2NEt_3 \longrightarrow B_{10}H_{12}(NEt_3)_2 + 2An$$ （An はアセトニトリルの略語）

しかし、その反応をベンゼンの沸点（還流温度）で行うと、ほぼ全量が次の反応を起こす。

$$B_{10}H_{12}An_2 + 2NEt_3 \longrightarrow (HNEt_3^{+})B_{10}H_{10}^{=} + 2An$$

デカボランの開放型のバスケット構造は、一〇個の頂点を持つ一六面体の籠型の形をしている。この構造の化合物は後に、「ペルヒドロデカボレート・イオン」と呼ばれるようになった。これは非常に安定な構造で、硫酸に近い強さの、強い酸性のマイナスイオンである。この酸からヒドラジンの塩、$(N_2H_5)_2B_{10}H_{10}$ を作るのは難しくない（この年に、幾つかの簡単な合成方法が発見された）。この非溶媒和の塩は衝撃に敏感だが、一分子につきヒドラジンを一分子か二分子結合させて（どちらも容易に結合できる）結晶化させると、爆発しなくなり取り扱いが容易になる。この化合物をヒドラジンに溶解させれば、推進剤に使う事ができる（注8）。

ホウ素・窒素系の一液式推進剤では、性能を良くするには、ホウ素原子の数を窒素原子の数と同じにする事が望ましいのだが、残念ながら、この化合物はそれだけの量をヒドラジンに溶かす事はできない。エアロジェット社のルー・ラップ（RMIから転社した）は、一九六一年の初め頃、その塩の中のヒドラジニウム・イオンを「ヘプキャッツ」のカチオン（陽イオン）に置き換えれば、この欠点を除去できるのではないかと考えた。同じ頃、私も同じ事を思いつき、彼より速く行動した。私の研究所は小規模で、契約を結んで作業する事など考えなくても良かったし（私には契約で行うべき義務的作業は無かった）、軍の監督官も私が何をしているのかを気にしていなかった。私が何をしても、管理者がやって来てそれは駄目だと言う事は無かった。従って、私の研究作業は速やかに進んだ。

私は部下のモーブリーに、前にも書いたように、塩化アンモニウムと水素化ホウ素リチウムを一緒に粉砕して、「ヘプキャッツ」の塩化物を数グラム作らせた。又、モーブリーに、ペルヒドロデカボレートカリウムを少し作らせた。彼はその二種類の化合物を、適当な比率で液体アンモニアに混ぜて攪拌した。次の反応が生じた。

$$K_2B_{10}H_{10} + 2[BH_2(NH_3)_2]Cl \longrightarrow [BH_2(NH_3)_2]_2B_{10}H_{10} + \underline{2KCl}$$

塩化カリウムが析出し、それをフィルターで除去し、アンモニアを蒸発させると、ヘプキャットのペルヒドロデカボレートが残った。赤外線などでそれが所望の化合物である事を確認した後、私はモーブリーにその化合物一モルにつき、ヒドラジン六モルの割合で混ぜ合わさせた。ヒドラジンのうち四モル分はカチオン中のアンモニアに置き換わり、泡になって蒸発した。二モル分は、溶液の中に残った。こうして、私は最終的に$[BH_2(N_2H_4)_2]_2B_{10}H_{10} + 2N_2H_4$を手に入れる事が出来た。これで、ホウ素原子をカチオンに二個、アニオンに一〇個入れる事ができた。窒素原子はカチオンに八個、溶液に四個含まれている。最終的に水素原子はカチオンに二〇個、溶液に八個が含まれている。従って、全体では$12BN + 19H_2$となり、ホウ素と窒素の原子の数のバランスが取れている。そして、奇跡的にもこれは室温では液体で、粘性は過大ではなく、特に爆発しやすそうではなかった。数cc作っただけだが、有望そうに思えた。

八月の一液式推進剤の研究会議では、気持ちの良い事が有った。ルー・ラップは彼の研究中の内容を発表した。それに対して、私は自分達が同じ研究内容をすでに済ませてしまったと発表して、彼の足をすくって困惑させ、意地悪な喜びを感じた（私はその分科会の議長だった）。ルー・ラップは親しい友人だが、彼にぎゃふんと言わす事ができるチャンスはあまりないので、私はこの機会を逃がす訳には行かなかったのだ。

しかし、こんな楽しみも、この推進剤の研究が続いている間だけだった。陸軍の上層部は（海軍は一年前に手を引き、陸軍がNARTSを引き継いで、ピカテニィ陸軍造兵廠所管の液体ロケット推進研究所にしていた）、陸軍はホウ素・窒素系の一液式推進剤には興味がないと伝えてきて、この研究は中止になった。私は陸軍の決定は正しかったと思っている。私の研究していた複雑な一液式推進剤は製造費用が非常に高く、その密度は高くないし、他のホウ素・窒素系の一液式推進剤より性能が良いはずだとする理由も無い。この推進剤は実用的な物ではない。この研究そのものは、ホウ素と窒素の原子の数のバランスが取れた一液式推進剤の製作は、難しいが可能である事を証明するための研究だったと言える。この研究作業は非常に面白かったが、これでホウ素・窒素系の一液式推進剤の研究は終わった。

こうした一液式推進剤への関心の高まりで、一九五三年一一月に開かれた、初めての一液式推進剤研究会議で、一液式推進剤試験方法委員会が作られる事になった。この委員会は、最初は海軍航空局、次にアメリカ・ロケット協会、そして米空軍ライト航空開発センターの後援で運営された。一九五八年には、委員会の所掌範囲は全ての液体ロケット燃料を含む事になった。その後、委員会の業務は液体推進剤情報管理機関に引き継がれ、その情報管理機関は現在も活動を続けている(訳注3)。私は数年間、その機関に断続的に関係した。

この委員会が設立された当初の理由は、一液式推進剤が本質的に不安定な物質だからだ。推進剤に使用できるほどのエネルギー量を持つ一液式推進剤であれば、どんな推進剤でも正しい手順を踏めばそれを爆発させる事ができる。この分野の研究者は誰もが、自分の扱っている一液式推進剤の爆発性を測定する、自分なりの方法を持っている。問題なのは、その方法が全て異なっていて、ある研究所の測定値を他の研究所の測定値と比較できない事だ。実際、一例を挙げれば、爆発性に関する衝撃感度とは何か、を定義するのが全く不可能なのだ。二つの推進剤の衝撃感度の比較でさえ、しばしばその測定を行った試験装置により、結果が異なる。委員会の仕事は、使用されている全ての方法を調べ、結果の再現性が良さそうな測定方法を選び出したり、関係者にそのような測定方法を開発するよう促し、それを標準化し、最後に関係者にその測定方法を普及させる事だ。そうすれば、我々の試験や実験の結果がおかしくても、他の人達にもそれがおかしいと思ってもらう事ができ、うまく行けば、同じ判断基準で議論して、内容を理解してもらえるだろう。

一九五五年に採用された最初の標準的試験方法は、前にも述べたカードギャップテストだ。この試験方法は英国のERDE（ウォルサム爆発物研究開発施設）が開発し、NOLが改良した試験方法で、我々は異常な結果がでるとその原因を突き止めるために、よくこの試験を行なった。私は、米国鉱山局のジョー・ヘリックスと私の二人が、横に並んでそれぞれがカードギャップテストを長時間行って、ある一液式推進剤では二人の試験結果は一致するのに、別の一液式推進剤では全く食い違うのはなぜかを調べた事を記憶している。試験装置の構成品のほとんどをお互いに交換して調査した結果、最終的に試料を入れる容器に問題が有る事を発見した。ヘリックスの容器はアルミニウム製で、私の容器は鉄管から作った物だった。委員会では鉄管から作った容器に統一する事とし、それを公表した。最終報告書をまとめる際には、時に激論になる事も有った。委員会のメンバーは、想像できると思うが、それぞれが自信家で、自分の意見を明確に述べる個人主義者だった。会議ではそんなメンバーが六名は参加するが、全員が自分は文章表現の大家だと考えているのだから大変だった！

決定するのに長時間を要した試験方法は、落槌感度試験だった。以前から爆発物関係者は、試験する爆発物の上に重量物を落として、爆発を生じさせる重さと、落とす距離で、その爆発感度を決めてきた。我々はその試験方法を調査して、JPLの試験機はピカテニィ造兵廠の試験機と違うし、ピカテニィ造兵廠の試験機はハーキュリーズ社の物とは違い、ハーキュリーズ社の試験結果は米鉄道局の試験結果とは比較が出来ず、米国鉄道局の結果は米国鉱山局の試験結果と食い違う事を発見して、当惑してしまった。さらに、これらの試験方法は試料が液体の場合には、うまく試験ができない。

ワイアンドット社のビル・カディは一九五七年三月に、液体用の試験機を発表した。それをオリン・マシソン社のドン・グリフィン(注9)が改良して、最終的にはOM式落槌試験機となった。実質的には、その試験機は断熱圧縮に対する爆発感度を調べる試験機である。重りを落下させる事で、一滴分の試料の上の、小さな規定量の空気の泡を急激に圧縮する。この断熱圧縮による気泡の温度上昇で、爆発が起きるかどうかを調べる。この試験機の小さな欠点に対応できれば、この試験機は非常に良い試験機である。その欠点とは、再現性がある結果を得るには、試験機はしっかりとした基礎の上に設置する必要が有る事だ。我々は結局、試験機を、九〇センチ角の大きさで、厚さが七・五センチの装甲鋼板にボルト止めし、その鋼板を今度は各辺が一・八メートルのコンクリートの立方体にボルト止めし、それを花崗岩の岩盤の上に設置した。そうすれば、この試験機での測定結果は問題なかった。

エアリダクション社のアル・ミードは、一九五八年に標準型熱安定性試験機を考案した。これも非常に役に立つ試験機だった。その試験機では少量の試料の温度を、ヒートバスにより一定の速度で上げていく。試料の温度がヒートバスの温度上昇より速く上昇し始める温度を発熱開始温度とする。我々はその試験機を使用したが、我々独自の試験機も何年も使用した。その測定内容は、実際には異なっていたが、どちらも役に立った。

他の試験方法も標準化され、公表されたが、それらは、有用でこれまでもよく使用されてきた試験方法である。長年研究されてきた事項に、爆発伝播速度、推進剤配管の爆発限界直径、爆発用トラップがある。一液式推進剤の試験をしていて、試験用エンジンで爆発が起きる事はあるだろう。その爆発の衝撃が推進剤の配管を伝って燃料タンクに到達し（衝撃の伝播速度は七〇〇〇メートル／秒程度が普通）、それでタンクが壊れると大変だ。推進剤の配管の直径が小さければ、衝撃は減衰してタンクまで伝わらない。爆発が伝播しない配管の太さの上限を、「限界直径」と呼ぶ。限界直径は、使用する推進剤、配管の材質（鉄、アルミニウム、ガラスなど）、試験時の推進剤の温度、またはその他の条件で変化する（我々の試験では、「イゾルデ」燃料の爆発の衝撃は、注射器の針ほどの細さの配管を伝わったので、ぞっとした事がある）。

爆発の伝播と、それを途中で止めるトラップについて、多くの研究がロケットダイン社、ワイアンドット社、ＪＰＬ、米国鉱山局、ＧＥ、ヒューズ・ツール社、ＲＭＩ、ＮＡＲＴＳ・ＬＲＰＬで、一九五八年に始まり、一九六二年まで続けられた。爆発の衝撃の伝播を途中で止める方法について、様々な勇敢な試みがなされ、幾つかは成功した。衝撃の伝播を途中で止めるためには、配管にトラップを設ける場合もある。そうしたトラップの形状は、理論的に決められなくて、経験に基づいて決める場合がある。いくつものトラップの設計を見れば、それが分かる。初期の頃のトラップには、のような、配管の途中に単純なループを入れた物もあった。爆発の衝撃が配管を通って押し寄せて来た時に、衝撃で配管が跳ね上がり、交差している配管を切断するので、それで爆発の衝撃が止まる。この種のトラップはあまり信頼性が高くない。配管を切断する衝撃は、別の爆発を生じさせ、その衝撃が下流へ伝播するかもしれない。ボブ・アーラートは、配管の途中にワイヤーメッシュを被せて補強したテフロン製の「フレックス・ホース」を入れて、良い成果を収めた。爆発の衝撃は、その部分を破裂させて、そこで伝播が止まる。我々のグループのマイク・ウォルシュは、「カウェアB」や他の幾つかの一液式推進剤でうまく作用するトラップを考案した。「カウェアB」では爆発の衝撃は直径六・五ミリの配管は通過しないが、二五ミリの配管は通過する。そこで彼は、直径二五ミリの配管の途中に、直径五〇ミリで長さが三〇〇ミリの配管の部分を設けた。その部分に、燃料で材質が劣化しないプラスチック（ポリスチレン）で出来た厚板をはめ込んだ。その厚板に、直径六・五ミリの穴を縦方向に一六個開けた。これで直径二五ミリの配管の部分と同じ流路の面積を確保するとともに、トラップの役割をさせる事にした。彼が試験してみると、爆発の衝撃はトラップに押し寄せ、最初の三分の一の部分を破裂させたが、そこで止まった。

　しかし、トラップでは完全な対策にならない時があった。その事を一九六〇年の夏に、「カウェアB」を使って、推力四五〇キログラムのロケットエンジンで試験した時に思い知らされた。その頃はまだウォルシュのトラップは出来ていなかった。そこで我々は直径六・五ミリの配管で作ったループを並列に一六個並べたトラップを、配管の途中に取り付けた。こうした対策をした試験装置で、ロケットエンジンは、始動と共に爆発した。トラップの効果が有ったかどうかは分からなかった。分かるだけの破片が残っていなかったのだ。ロケットエンジン中の噴射器が爆発で飛び出し、トラップの有無に関係なく、燃料タンクを突き破り、中に入っていた九〇キログラムの推進剤を爆発させたのだ（この推進剤は、同じ重量のＴＮＴ爆薬の二倍のエネルギーを放出する）。こんなひどい爆発現場は見た事がなかった。試験場の壁は、厚さ六〇センチのコンクリート製だったが、外へ倒れ、屋根が落ちた。ロケットエンジンは、銅の塊から作った、頑丈で重いエンジンだったが、一八〇メートル先まで飛んで行っていた。ロケットエンジン取付用の、一・八メートル四方の大きさの装甲鋼板は森まで飛んで行ったが、その途中で何本かの木を根元で切断した後、巨大な花崗岩にぶつかって跳ね上がり、木の梢を何本か切り取り、最後には四二〇メートル離れた場所で停まった。森は野生の象の群れが暴走した後の様な状況だった（注10）。

すぐ想像できると思うが、この事故で一液式推進剤の評判は悪くなった。一液式推進剤を使ったロケットエンジンを安全に始動させられるとしても（うまく始動できなかった理由はすぐに判明していた）、それを戦場で使えるだろうか？　戦場で、ロケットを発射台に据え付けた時に、ロケットに砲弾の破片が命中したらどうなるだろう？　ＬＲＰＬはその疑問に対する解決策を考えた。一液式推進剤を搭載するミサイルの内部に、二つの区画を設ける。一つの区画には燃料成分を多くしてλ＝二・二とか二・四にした推進剤を入れる。もう一つの区画には混合すると全体がλ＝一・二に薄まるだけの量の酸化剤の酸を入れる。発射の直前に、ミサイル内部の二つの区画の仕切りを開いて、二種類の液体が混ざるようにする。混ざり合うまで数秒待ってから、発射するのだ。この「急速混合」と呼ばれる方法は、うまく行った。「カウェアＡ」や「カウェアＢ」のような端末が二つの化合物でできている推進剤は、λ＝二・四にすると凝固点の温度が高すぎるので使用できない。そこでまず「イソベル」燃料を使う事にした。これはジメチルジイソプロピル硝酸アンモニウムの事で、私はニューアーク市の化学薬品会社に電話をして、その化合物の塩を五〇キログラム程度作ってくれるよう依頼した。その会社の研究部長は、化合物の立体的な分子構造を考えると、作るのは不可能だと断言した。私は、目の前の机の上に、その化合物の塩がガラス瓶に入って置いてあると言ったが、彼は信じようとしなかった。しかし「イソベル」推進剤は凝固点の条件を満足しないので、ジエチルジプロピルの塩を使用する「イソベルＥ」、エチルトリプロピルの塩を使用する「イソベルＦ」を使用したが、これらは凝固点の条件を満足する。これらの推進剤は、私が望むほど熱安定性が良くなかったので（通常はλの値が大きくなるほど、熱安定性は悪くなる）、最終的には「イソベルZ」推進剤を使用した。この推進剤はジエチルジイソプロピル硝酸アンモニウムを使用していて、熱安定性はずっと優れている（もしニューアーク市の会社の研究部長が、「イソベル」の製造は不可能だと思うなら、「イソベルZ」が実際に存在する事をどう思うだろう？　実際には、このイオンを作るのは、立体構造的には問題がなかったが、きわどい所だった。窒素原子の周囲の炭素原子の数はもう限界で、それ以上追加する事は出来なかった）。ＬＲＰＬはλが二・四程度の、燃料成分が多い「イソベル」を、低エネルギーの一液式推進剤として、ＡＰＵ（補助動力装置）などに使用できないか試し、そのような用途には非常に適している事を確認した。この研究は一九六二年に成果を上げて終了した。

ペンソート社のデイブ・ガードナーは、一九五八年に一液式推進剤の研究を始めた時には、爆発が問題になる事を予期していなかった。空軍が彼に要求したのは、ＡＰＵ用の低エネルギーの一液式推進剤で、それは二〇〇℃から三〇〇℃の厳しい温度環境でも使用できる、高い熱安定性を持つ推進剤だった。そのような高い熱安定性を持つ化合物なら、大きな問題は起きないだろうとガードナーが考えたのは当然だ。彼はその推進剤を三年間研究した。サンストランド機械工具社が彼の推進剤の燃焼試験を行なった。最初は、非常に熱安定性が高く、従って低エネルギーの燃料を、酸化剤に使用する各種の酸に混ぜて推進剤にした。燃料には化合物の塩を使用した事も有った。テトラメチルアンモニウムの硫酸塩やフルオロスルホン酸塩とか、ピリジン硫酸塩などだ。彼はメタンスルホン酸やエタンスルホン酸や、エタンスルホン酸（$C_2H_5SO_3H$）をフッ素化した$CF_3CH_2CO_3H$を燃料に使用した事も有った。酸化剤には過塩素酸二水和物を使用するか、ニトロシルピロ硫酸塩と硫酸の混合液か、場合によってはそれに硝酸を加えた物を使用した。高い性能は最初から求めていなかったので、性能は低かったが、高い温度環境でも使用できる推進剤が出来た。

少し後に、$CF(NO_2)_2$基の安定度が非常に高い事に目をつけて、彼は一液式推進剤として$CH_3CF(NO_2)_2$を作り、それを「ダフネ」と名付けた（その名前と、安定性が高い事の関係を、私は理解できなかった）。性能はさして優れてはいなかった。C-F結合はとても強いからだ。しかし、安定性は他のどの推進剤より高そうに思われた。しかし、「ダフネ」は、その女性の名前が良くなかったのか、彼の期待を裏切り、爆発事故を起こして彼の試験運転設備をほとんど駄目にしてしまった。

彼の一液式推進剤の研究の際に、偶然だが、ガードナーはニトロ蟻酸カリウム〔$KC(NO_2)_3$〕や類似の化合物をフッ素化する事で、有望そうな二種類の高密度の酸化剤を作り出した。一つは$F—C(NO_2)_3$で、D-11と名付けられ、もう一つは、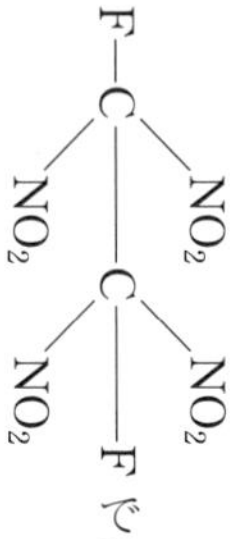

でD-112と名付けられた。

彼はそれらの生成熱を、熱量計で一酸化炭素と反応させて計測した。彼はこの推進剤の報告書に私を共著者とすると言ってくれた（私は共著者ではない）。それは私が、テトラニトロメタンを使用してその種の反応を初めて試験し、彼に酸素原子を多く含む化合物の熱化学的特性を把握するには良い方法だと、彼に助言したからだ。残念な事に、この酸化剤が出来たのは、もっと優れた五フッ化塩素（ClF_5）が登場した後だった。

推進剤の開発史における、最も奇妙で、最も危険に満ちた開発作業が、お互いに関係はないが、ほとんど同時に起きた出来事から始まった。まず国防省の高等研究計画局（ARPA）が、「プリンキピア計画」を一九五八年六月初旬に開始した。その意図は、化学関係の大会社を、新しい固体ロケット燃料の開発に参加させる事だった。「新しい考え方を導入するため」がうたい文句だった。アメリカン・シアナミド社、ダウ・ケミカル社、エッソ研究開発社、ミネソタ鉱山鉱物会社（3M）、インペリアル化学工業社が参加を求められた。

以前からの推進剤の製造会社のRMI、エアロジェット社、ロケットダイン社が抗議の声を上げたのは当然だ。実際、これらの会社は異議を公表した。「こうした新参の会社は、最新の設備を持ち、分子軌道理論やパイ結合には詳しいかもしれない。しかし、彼らはこれまで推進剤には関係していない。彼らが作るのは、高価だが使い物にならない珍種の化合物に過ぎない。それに対して、我々は長年に渡り推進剤に携わり、それがどのような物であるべきかが分かっている。我々の化学的な能力は劣ってはいないし、最新の設備を導入すれば、彼らが出来る事は我々もできる！」しかし、彼らの抗議は聞き入れてもらえず、「プリンキピア計画」は開始された。（結局は、それまでの推進剤関係の会社が言っていた通りになった。）

二番目の出来事はローム・アンド・ハース社のＷ・Ｄ・ニーダーハウザーが、九月下旬の推進剤の研究会議で、気体の四フッ化二窒素（N_2F_4）を、オレフィン系炭化水素の二重結合部に結合させて次の構造の分子を作る事は、一般的に成立する化学反応で、ほとんどのオレフィン系炭化水素で可能な事を発表した。

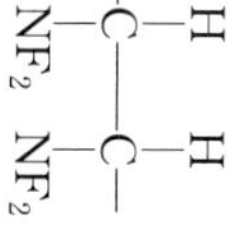

彼は、二フッ化アミン（HNF_2）は四フッ化二窒素（N_2F_4）を水素化ヒ素（ニアルシン、AsH_3）と反応させる事で作れる事も発表した。

そこでプリンキピア計画に参加していた各社は、四フッ化二窒素に各種のオレフィン系炭化水素を結合させて、その性質を調べ始めた（その反応で良く爆発が起きた）。ローム・アンド・ハース社は当然、すでに同様の研究を進めていたし、一九五九年の初めには、ＲＭＩもストーファー社のジャック・グールドも、一液式推進剤の研究を中止して、新しい「窒素・フッ素系推進剤」の研究を始めた。カレリー化学社もすぐに同様の研究を始めた。こうして、この推進剤の研究には、九つ以上の会社、研究所が参加した。

幾つかの些細な問題点が、化学的研究の進歩と、固体燃料開発の進展を妨げる事になった。最初の問題点は、新しく発見された化合物が、どれも固体ではなかった事だ。ほとんどは液体で、しかも揮発性が高かった。ＡＲＰＡは研究状況の現状を見て、一九六〇年一一月に契約書を変更して、契約上の研究範囲に液体推進剤を追加した。二番目の問題点は、残念ながら書類の変更では処置できない物だった。

　新しく作り出された化合物は、どれも非常に爆発しやすく、爆発力が強かった。一例として、最初に作られた、一番簡単な窒素とフッ素の化合物を取り上げてみよう。熱力学的には、この化合物は次のような反応を起こしやすい。

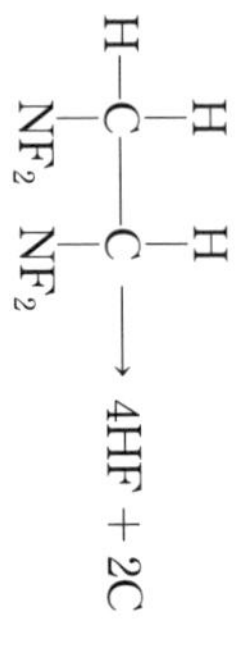

そして、少しでも刺激を受けると、この反応を起こす。この反応で4分子のHF（フッ化水素）ができるが、その際に放出されるエネルギーは、実験の担当者を驚かせるくらい強い爆発を生じさせる。この種の化合物は衝撃に対して敏感であり、多くは、加熱に対しても敏感である。幾つかは静電気の火花で爆発しやすいので、容器に注ぐ事もできない。容器に注いだ時に、液体が流れる際の摩擦で弱い静電気が発生し、それで爆発が起きる可能性があるのだ。爆発感度を下げる唯一の方法は、化合物の分子量を大きくし、NF_2基の数を減らす事だ。しかし、それは推進剤の出せるエネルギー量を減らしてしまう。

　この推進剤（現在は研究中で、将来、実用化されるかもしれない）の性能に関して、悪い事はもう一つあり、それは分解する時に、単体の炭素（遊離炭素）が多く発生する事だ。これは前にも書いたように、性能上は良くない。解決方法は明らかで、推進剤の分子中の酸素原子の数を増やして、炭素原子を燃焼させて一酸化炭素（CO）にする事だ。ダウ・ケミカル社は一九六〇年にそのような化合物を合成した。それは、尿素を直接、フッ素化して、燃焼時に炭素が全て一酸化炭素になるようにした化合物だ。その構造は、$F_2N{-}\overset{\displaystyle O}{\overset{\|}{C}}{-}NH_2$で、火花により非常に爆発しやすいので、ごく少量しか作らなかったのは良い事だった。ジャック・グールドは一九六一年に、化合物、$F_2N{-}CH_2{-}OH$を提

案した。アーマー調査研究所のI・J・ソロモンが一九六三年前半に、HNF_2とホルムアルデヒドを一対一の比率で反応させて、その合成に成功した。これも、信じられないくらい爆発しやすかった。アライドケミカル社は一九六二年に、ペニンシュラー化学社は四年前に、その異性体を合成しようとした。もし合成に成功していれば、役に立つ推進剤になったかもしれない。私は自分の経験から、メトキシアミン（$CH_3—O—NH_2$）は、激しい勢いで一酸化炭素（CO）とアンモニア（NH_3）、それに若干の水素分子に分解し、OM式落槌試験機による試験では非常に爆発しやすい事を知っていた。これに類似の化合物で、分解するとHF（フッ化水素）が二分子できる反応を想像すると、ぞっとするしかない。

エッソ研究開発社は窒素・フッ素系の化合物の、硝酸塩やニトラミンの誘導体をいくつも合成した。その中でも一九六二年の初めに公表された、$O_3N—CH_2—C(NF_2)_2—CH_2—NO_3$ がそうした化合物の典型的な例だ。この一連の化合物で、幾つかは液体ではなく固体だったが、どれも驚くほど爆発しやすかった。この化合物は、同じ炭素原子にNF_2基が二個結合している点が興味深い。この分子構造はローム・アンド・ハース社が一九六〇年から一九六一年にかけて発見した化学反応により可能になった。もし、二フッ化アミン（HNF_2）が濃硫酸中でアルデヒドかケトンと反応させられると、次の反応を起こす。

$$2HNF_2 + R—C(=O)—R \longrightarrow R—C(NF_2)_2—R + H_2O$$

これで同じ炭素原子に二個のNF_2基を結合させる事ができる。この反応は一般的に成立する反応であり、多くの種類の「ジェミナル」型のジフルオラミノ化合物が作られた。これらの化合物は、「ビシナル」型、つまり、

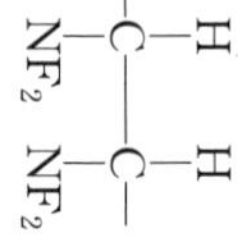型の構造を持つ化合物と同じくらい爆発しやすかった。

一液式推進剤に酸素原子を組み込むもう一つの方法は窒素・フッ素系の化合物を、酸素型の酸化剤と混ぜる事である。ジャック・グールド（ストーファー化学社）は一九六一年に、彼が「ハイエナ」と名付けた混合液を作った。これは窒素・フッ素化合物（通常は $F_2NC_2H_4NF_2$）を硝酸に溶かした物だ。カレリー化学社のJ・P・チェレンコは類似の混合液（彼は「サイクロップス」と呼んでいた）を作ったが、硝酸の代わりに四酸化二窒素かテトラニトロメタンを使い、推進剤を爆発しにくくするために（と彼は思って）、ペンタンを加えた事も有った。「ハイエナ」も「サイクロップス」もひどい事故を引き起こした。窒素・フッ素系の推進剤を実用化できるのか出来ないのかをはっきりさせようと決意したのは、ハンツビルの陸軍ミサイル軍のウォルト・ウォートンだった。彼とジョー・コノートンは、一九六一年中頃から一九六四年末にかけて、勇敢かつ粘り強く努力を続けた。彼が選んだ化合物は、ローム・アンド・ハース社が次の反応で作ったIBA（イソブチレンに四フッ化二窒素を付加した物）である。

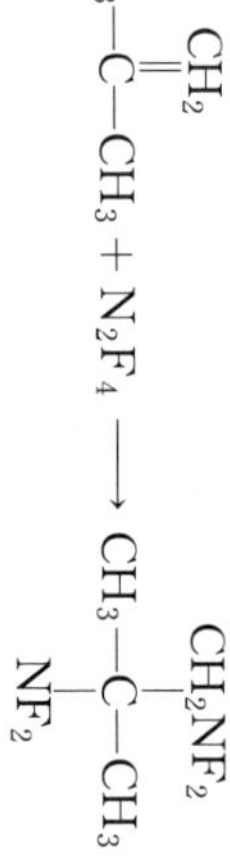
（上がイソブチレンと四フッ化二窒素、下がIBA）

この化合物を四酸化二窒素に混ぜると（四酸化二窒素が一・五、IBAが一の割合）、それは密度が高く、（理論的には）比推力が二九三秒と言う、魅力的な性能を持つ一液式推進剤になるはずだった。もっと NF_2 基を多く含む化合物は、もっと性能が良いはずだが、ここでの目的は、窒素・フッ素系化合物を推進剤として使ってみる事だった。

IBAそのものは、OM式落槌試験機では非常に爆発感度が高かったが、ウォートンは四酸化二窒素を一パーセント以下のごく少量加えると、爆発感度が問題にならないレベルに下がる事を発見して、最初はとても喜んだ。その後、彼はストランドバーナーを用いて、燃焼速度を調べ始めた。彼は点火で苦労した。熱線式点火器は信頼性が高くなかった。また、燃焼速度は試験時の試料容器の内圧により大きく変化する事を発見した（微量の塩化鉄は燃焼速度を低下させ、四塩化炭素は速くする）。彼は更にこの化合物は、試験装置や試験用ロケットエンジンで爆発しやすいのに、爆発の衝撃に対してガラス管のトラップは有効ではなく、爆発衝撃が伝播する配管の限界直径は、わずか〇・六ミリ以下である事を知り、慎重に試験をする必要が有る事を認識させられた。

彼の初期の実験のほとんどは、「T」型エンジンで行われた。これは、ノズルが無い燃焼室に噴射器を装備しただけのエンジンで、点火の過程を高速度カメラで記録できるよう、観測窓が付いている。点火には三フッ化塩素（ClF_3）を点火剤に使用したが、爆発が起きてしまった。いろいろ試して、最終的には、始動剤に五塩化アンチモニーを使う事にした。五塩化アンチモニーで始動は確実で円滑にできるようになった。この頃は、彼らは「使い捨て」ロケットエンジンを使用していた。これはノズルがなく、燃焼室圧力は約二気圧で、遠隔操作で試験直前に四酸化二窒素とIBAを混合するようにしていた。遠隔操作で試験をして正解だった。試験では一五〇ccの混合液が爆発し、試験装置は全損してしまった。

一九六二年末から一九六三年にかけて、彼らはIBAの試料（安全に輸送するため、アセトンに溶かした状態で）を、カードギャップテストのためにLRPAに送ってきた。我々はアセトンを慎重に蒸発させ、カードギャップテストを行った（IBAと四酸化二窒素を混ぜ合わせるのは危険な作業である）。IBAそのものは、カードギャップテストではカード一〇枚程度とあまり敏感ではなく、四酸化二窒素を一パーセント混ぜた物もほぼ同じ結果だった。しかし、性能を最大限にするために、IBAを一に対して四酸化二窒素を一・五の比率で混合した液では、感度はカード九六枚以上と敏感だった。爆発が起きないまでには、カードを何枚追加すれば良いのか確認できなかった。我々はこの化合物に対して興味を失った(注11)。

この試験結果は、IBAと四酸化二窒素の推進剤の将来には不利に働いた。この二つの化合物を二液式推進剤として使用する事も検討されたが、それではあまり良い結果が得られなかっただろう。ウォートンとコノートンはＩＢＡ単体を一液式推進剤に使用して、推力一一〇キログラム程度で燃焼試験を行なったが、排気中の炭素粒子が多すぎて、もともと高くない比推力の理論値の八〇パーセント以上の性能は出せなかった。二人はやむなく、窒素・フッ素系の一液式推進剤は実用化できない事に納得し、一九六四年後半にはこの推進剤の研究を中止した。

　ウォートンがＩＢＡの研究を始めた頃、デュポン社のＡ・Ｗ・ホーキンスとＲ・Ｗ・サマーズは、ロケット燃料の化学的研究の歴史の中で、最も奇妙なアイデアの一つを考え出した。そのアイデアは、全ての既知の化合物の結合エネルギーと、比推力を計算するプログラムを作成し、コンピューターに計算させる事だった。コンピューターは、比推力が三〇〇秒を越える一液式推進剤の組成が見つかるまで、候補となる化合物の分子構造を変えては計算するのを繰り返すのだ。そうした推進剤用の化合物の分子構造が分かれば、後はそれを誰かが実用化して、自分達が表彰されるのを待てば良い。

　米空軍はこうしたアイデアの売り込みに対応できる資金をいつも持っていた。空軍は研究期間が一年間の契約を発注し（一〇万から一五万ドル程度の契約金額と思われる）、一九六一年六月、ホーキンスとサマーズは、入力作業を終え、コンピューターの「スタート」ボタンを押し、コンピューターはＩＢＭカードを読み込み始めた。やがてコンピューターは分子構造を出力したが、それらは大災害への一本道を示しているように見えた。出力された化合物が合成できたとすれば、それは間違いなく合成された途端に強烈な爆発を起こすだろう。コンピューターのお勧めの分子構造は次のような物で、比推力は正確に三六三・七秒と計算されていた。

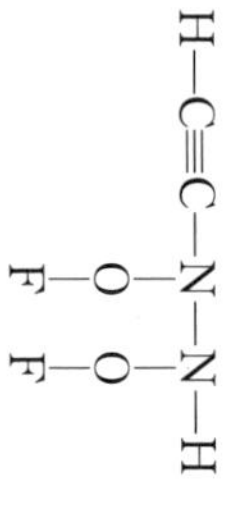

空軍はこの化合物の恐ろしさに驚き、一年で契約を打ち切った。空軍は、遅ればせながらこんな化合物なら、推進

剤の開発経験が豊かな人間なら、誰でも三〇分も議論すれば思いつく事ができ（私でも当てはまる）、五ドルの経費で済む事に気付いた（飲み物代だけで良い。私ならカクテルを五杯飲んでも、心配でこんな分子を紹介できない）。

窒素・フッ素系の一液式推進剤の研究は、最終的には実用化されなかったが、興味深い酸化剤の研究を生み出した。そのアイデアは、窒素・フッ素系の研究のごく初期から分かっていたが、炭素原子に十分な数の NF_2 基を結合させる事が出来れば、一液式推進剤としてより、フッ素系の優れた酸化剤として使えるだろうと言う事だった。アメリカン・シアナミド社は一九五九年後半に、この方向で研究を始め、$F_2N{-}C(F){=}NF$ を合成した。その後、３Ｍ社は一九六〇年春に、アンメリンを直接フッ素化した「化合物Ｍ」〔$F_2C(NF_2)_2$〕を合成し、その少し後に「化合物Ｒ」〔$FC(NF_2)_3$〕を同じ合成法で作り出した。ダウ・ケミカル社と３Ｍ社の両社は、一九六〇年にペルフルオログアニジン、すなわち「ＰＦＧ」〔$FN{=}C(NF_2)_2$〕を、硝酸に溶解させたフッ素にグアニジンを反応させて作り出した。そして、最後に一九六三年に、「化合物Δ（デルタ）」とか「Ｔ」又は「テトラキス」〔テトラキス（ジフルオラミノ）メタンからの名前〕と呼ばれる化合物〔$C(NF_2)_4$〕をアメリカン・シアナミド社のフランク、ファース、マイヤース、３Ｍ社のゾリンガーが合成した。アメリカン・シアナミド社は、NH_3をフッ化したＰＦＧの付加物を使用し、３Ｍ社はシアン酸（HOCN）の付加物を使用した。

こうした化合物は非常に製造が難しく、「化合物Ｒ」は一回に数キログラム単位で製造できたが、製造費用は極めて高かった。適切な燃料と組み合わせた時には、その計算上の性能は良かったが、爆発しやすさはそれ以上だった。どれも実用にはできなかった。爆発感受性を弱めるように、もっと穏やかな酸化剤と混ぜる事も試みられたが、結果は良くなかった。ウォートンはしばらく「化合物Ｒ」と四酸化二窒素の混合液を使用し、エアロジェット社は「化合物Ｒ」、四酸化二窒素、フッ化ペリクロリル（ClO_3F）の混合液（「モキシー」と呼ばれた）か、「化合物Δ」、四酸化二窒素、フッ化ペリクロリルの混合液を使用してみた。しかし、それらも成功する見込みが無かった。窒素・フッ素系の酸化剤を安全な程度まで薄めると、性能の良さも失われてしまったのだ。

OF イオン分子を炭素分子に結合させると、NF_2 イオン分子を結合させるより安定ではないかと考える人もいた。一九六三年に3M社のW・C・ソロモンは、このような分子構造の化合物 $F_2C(OF_2)_2$ を、遷移金属の存在下でペルフルオロケロシン中に懸濁させたシュウ酸塩に、フッ素を反応させて作り出した。三年後に、ワシントン大学のジョージ・キャデイ教授のグループは、同じ化合物を、フッ化セシウムの存在下で、室温でフッ素と二酸化炭素を反応させる方法で、巧みに手際よく作り出した。しかし、その合成を行う環境が穏やかである事で分かる様に、この化合物は酸化剤としては安定度が高すぎた。そして、結局はハロゲンについての第六章で述べたように、アライドケミカル社は ONF_3 をテトラフルオロエチレンのようなペリフルオロオレフィンと反応させて、$CF_3—CF_2—ONF_2$ やそれに類似の化合物を作った。しかし、分子量が大きくて安定性の高いフルオロカーボン残基に ONF_2 基を結合させた物は、ロケット推進剤には向かない。

そのため、結局のところ、窒素・フッ素系の推進剤の開発では、実用的な優れた液体推進剤は出来なかったが、化学的に優れた研究成果は幾つか得られた。その開発の記録は、誰も再びこの種の化合物をロケットの推進剤にしようと無駄な努力をしないように、立派な文献にまとめられている。

当初のプリンキピア計画の目的に戻ると、NF_2 基を含む固体燃料は製造され、試射された。しかし、まだ実用化には長い時間が必要で、一九八〇年までに実用化されたら驚きである。

高エネルギーの一液式推進剤については、もうその将来はないのではないかと思っている。我々はこの種の推進剤では、高エネルギーと安定性は両立しないとの結論に達するまで、何とかその二つの特性を許容範囲に収める事ができないかと、何年も苦労してきた。努力を重ねたが、高エネルギー推進剤は、どれも実用化の段階に到達できなかった。「カウェアB」燃料はもう少しだったが、もう少しは成功とは違う。しかし、それでも「カウェアB」はとても良い試みだった!

第12章　高密度推進剤とひどい失敗

固体燃料と液体酸化剤を使用するハイブリッドロケットの構想は、非常に古くから有った。実際、オーベルトはすでに一九二九年に、そのようなロケットをＵＦＡ（ドイツの映画会社）のために製作しようとしているし、ＢＭＷ社は一九四四年から一九四五年にかけてこの種のロケットの実験を行っている。ロケットの形態に多少の違いはあるが、通常は中心線上の液体の通路以外は、固体燃料を円筒形の燃焼室内に隙間なく詰め込んだ形をしている。液体の酸化剤は、燃焼室の上方から噴射され、下方へ進みながら固体燃料と反応して燃焼させる。燃焼により発生した高温のガスは、固体燃料（グレイン）部のすぐ下にあるノズルから噴出する（固体燃料は、その重量が一〇〇キログラムであっても「グレイン（粒）」と呼ばれている）。

ちょっと考えると、これは魅力的な方式のように思われる。まず固体燃料は液体燃料より密度が高い。また、液体ロケットのように推力を調節できるが、液体ロケットのように、燃料と酸化剤の双方の供給量を調節する必要はなく、酸化剤だけを調節すれば良い。安全性の観点からも、この方式は理想的なように見える。ロケットを作動させるまで、燃料と酸化剤が触れ合う事はないからだ。

戦後すぐに、幾つかの会社がこの方式のロケットを、自信満々で設計し発射試験を行なったが、面目丸つぶれの結果となった。ＧＥ社の例（一九五二年のヘルメス計画）がその良い例だ。彼らは固体燃料（グレイン）にポリエチレン、酸化剤に過酸化水素を使用しようとした。彼らがそのロケットを作動させてみると、その結果はがっかりと言う程度を越えていた。燃焼状況は悪く、C*（特性排気速度）の実測値は、設計者達にとって屈辱的なほど悪かった。ロケットエンジンの推力を絞ろうとすると、燃焼中の燃料と酸化剤の比率の変化が予想よりずっと大きく、良い性能を出せる範囲から大きく外れた（これは驚くような結果ではない。酸化剤の量は噴射する量で決まるが、固体燃料が燃える量は、固体燃料が酸化剤と反応する表面積に比例し、燃焼と共に変化するからだ）。酸化剤の噴射器や固体燃料の内面の形状を調整しても、ほとんど良くならなかった。

技術者達は、いつも彼らが犯しやすい間違いをここでも犯してしまった。基本的な研究をせずに、とにかく現物を作ってしまったのだ。その結果、固体燃料がどのように燃焼するのかを誰も知らない事が、どうしようもなく明らかになってしまった。固体燃料は、熱で気化してから燃焼するのだろうか？　それとも固体のままで燃焼するのだろうか？　それとも別の燃焼形態が有るのだろうか？　疑問は多かったが、分かっている事はごく少ないまま、ハイブリッドロケットの開発の苦闘は何年間か続いた。米海軍のＮＯＴＳだけが、化学的な基本研究を続けた。

一九五九年にロッキード社が陸軍との契約で、ハイブリッドロケットの開発を始めた事で、ハイブリッドロケットの開発が再開された。一九六一年にはＡＲＰＡがハイブリッドロケットの開発に大々的に乗り出し、一九六三年には少なくとも七つのハイブリッドロケット開発計画が進められていた。

新しく参入した会社の仕事ぶりを、私は面白く眺めていた。会社のやり方はいつも同じだった。まず彼らはコンピューターを準備する。それを使って、考え付く限りの液体酸化剤と固体燃料の組み合わせについて、性能を計算する。その全ての計算結果を含む、分厚い報告書を公表する。そして、この業界である程度の経験のある人間にとっては意外ではないが（我々はそんな計算はずっと以前にもう済ませている）、誰もが同じ計算結果をもとに、実質的には同じ組み合わせの推進剤を推薦してくる。従って、異なる三社、ロッキード社、ユナイテッド・テクノロジー社、エアロジェット社が提案した固体燃料は次の三種類だった。

一、水素化リチウムに炭化水素（ゴム系）の結合剤（バインダー）を加えた物
二、水素化リチウムに金属リチウムと結合剤を加えた物
三、水素化リチウムに粉末アルミニウムと結合剤を加えた物

そして酸化剤の候補としては次の物質を推薦した（順番は固体燃料の順番とは関係ない）

一、三フッ化塩素にフッ化ペリクロリルを加えた物
二、一の物質に五フッ化臭素を加えた物
三、一の物質に四酸化二窒素を加えた物
四、上記のどれかに、少量の二フッ化酸素（OF_2）を加えた物

提案されたこうした化合物を見て、我々のような経験者は、高いコンピューターの使用料金をおしみなく使って計算してあるが、それだけ税金を使った事に見合う成果だろうかと疑問に思ったものだ。

ローム・アンド・ハース社は全く異なる方式のハイブリッドロケットを考案した。それは酸化剤の供給が終わった後でも、まだ燃焼を続けて推力を発生させるロケットエンジンだった。固体燃料（グレイン）は粉末アルミニウムと過塩素酸アンモニウムを、プラスチゾルを結合剤にして固めたものだ（プラスチゾルは、鋳造可能で硬化が速いダブルベース系の混合物で[訳注1]、主としてニトロセルロースとニトログリセリンから出来ている。これ自体もダブルベース推進剤として固体ロケットに使用される）。この固体燃料の燃焼生成物には水素と一酸化炭素が多く含まれている。液

体酸化剤には四酸化二窒素が使用され、燃料を燃焼させるのに加えて、その排気成分と反応して、エネルギー量を増やし、推力を大きくできると期待されていた。NOTSは同じような燃料と酸化剤の組み合わせである、酸化剤にRFNAを、固体燃料に燃料成分を酸素成分より多く含んだコンポジット推進剤（過塩素酸アンモニウムと炭化水素またはそれに類似の結合剤で固めた物）を用いて、燃焼試験を数多く行ってきた。ハイブリッドロケットは、固体ロケットと液体ロケットの折衷案だが、このような推進剤を使用する事は、ハイブリッドロケットと固体ロケットの双方の特性を持たせた方式と考える事ができる。

RMIのスチーブ・タンケルは一九六二年から一九六三年にかけて、もっと難しい方式の研究を行った。これは逆ハイブリッド方式とも言える方式で、酸化剤は過塩素酸ニトロニウム（NO_2ClO_4）又は、ジ過塩素酸ヒドラジン〔$N_2H_6(ClO_4)_2$〕をフルオロカーボン（テフロン型）の結合剤で固めた固形物を使用する。燃料は液体のヒドラジンで、推力増強用に、アルミニウムの粉末かホウ素の粉末をヒドラジンに混ぜるか、酸化剤に混ぜる。この推進剤の考え方は、フルオロカーボン中のフッ素を反応させて、フッ化アルミニウムか三フッ化ホウ素にすると共に、炭素は酸化させて一酸化炭素（CO）にする事だった（他の燃焼生成物は、酸化剤の成分や燃料供給率などにより変化する）。この考え方は興味深いが、期待した効果は実現できなかった。過塩素酸ニトロニウムは本質的に不安定であり、またタンクはフルオロカーボンと金属を効率よく燃焼させる事が出来なかった。この方式は実用化するにはあまりにも複雑すぎた。

長期的に見て、重要性がずっと高かったのはUTCの研究だった。UTCは米海軍との契約で、ハイブリッド方式の燃焼について、基本的な燃焼機構を調査する事になった（これは当然ながら、少なくとも十年前に、多額の費用をハイブリッド方式につぎ込む前に行っておくべき研究だった。しかし、現物の試作の方が、基礎的な研究より予算が付きやすい。なぜか私には分からないが）。

この研究の大部分は、ハイブリッドロケットの簡略モデルを使用して行われた。簡略モデルでは、透明な窓で囲った試験槽室の中で、平板の形にした固体燃料の上に酸化剤を流し、燃焼の様子を観察し写真を撮影した。燃料は通常はポリエチレンかメタクリル酸メチル（プレキシグラス）で、酸化剤は酸素か二フッ化酸素（OF_2）だった。試験では、酸化剤は、燃料が蒸気になった状態でないと反応しない事が分かった。反応の速さは燃料の蒸気の拡散の速さで決まり、燃料の反応の進行度合い（燃料の消費される速さ）は、主として燃焼反応中の高温の気体から伝達される熱で決まる（燃料自体の中にも酸化剤が含まれているので、この表現は、厳密に正確ではない）。試験では、適切な設計の噴射器を使用すれば、固体燃料の全表面に渡って反応の進行速度を均一に出来るが、燃料が蒸発した蒸気と酸化剤の混合速度が遅いので、燃焼効率を高めるには、固体燃料部より下流側にまで、燃料蒸気と酸化剤との混合領域ができるようにする必要が有る事が分かった。この余分な空間が必要になる事で、ハイブリッド方式の燃料の密度が高い利点は大きく損なわれる。それでも、良好な燃焼効率を実現できるハイブリッドロケットをどうすれば作れるかは分かった。

このように、水素化リチウムの固体燃料と、三フッ化塩素の酸化剤の研究からはさしたる成果は得られなかったが、UTCによる基本研究は最終的には、無人標的機用のUTC製のエンジンとして、ハイブリッドロケットの実用化をもたらした。酸化剤は四酸化二窒素で、固体燃料には燃料成分比率が非常に高いコンポジット推進剤が用いられた。ハイブリッドロケットは開発され実用になった。しかしハイブリッドロケットはどんな用途にも使える訳では無く、ロケット推進システムの中では小さな地位しか占めていないし、今後もそうだろう(訳注2)。

高密度の推進剤として、「アルコゲル」燃料も試みられた。これはアトランティック・リサーチ社が一九五六年に考案し、五年間にわたり研究を行った。主として、粉末の過塩素酸アンモニウム、粉末アルミニウム、比較的揮発性が低い液体燃料と、フタル酸ジブチルのような可塑剤を混合した物である。これはほぼ練り歯磨き程度の柔らかさである。これでは通常の噴射器で燃焼室に噴射する事は出来ない。しかし特別製の燃焼用金具から、燃焼面積を大きくするように横広に広げて押し出して、燃焼させる事はできる。こうすれば、少なくとも少量の場合はうまく燃焼した。

しかし、この方式では、密度が大きい利点は、実戦用ミサイルに装備する噴射装置の開発の難しさに引き合うほど大きくなく、開発はそれ以上は進まなかった。

一九五〇年代後半には、密度の大きな推進剤を作るために様々な研究が行われたが、私もその中で最も奇妙な研究の一つを行った（意図的ではなかったが、思いがけず担当する事になってしまった）。米海軍武器局のフィル・ポメランツが私に、ジメチル水銀〔$Hg(CH_3)_2$〕を燃料として使用する可能性を検討するように要望してきた。私はその物質は人体に有害で、合成したり取り扱うのが危険だと指摘したが、彼は(a)合成が非常に簡単、(b)全く人畜無害だ、と私に断言した。私は疑わしく思ったが、どこまでできるか分からないが、やって見ると答えた。

私はその化合物を調べて、その合成は簡単にできる事を知ったが、この物質は極めて毒性が強く、とても人畜無害とは言えない事が分かった。私は以前に二回も水銀中毒になった事が有るので、また中毒する危険は冒したくなかった。そこで、どこか外部に製造を依頼する事を考えた。そこで私はニューヨーク州ロチェスターのイーストマン・コダック社の、私の連絡相手に電話をして、ジメチル水銀を五〇キログラム作って、NARTSに納入する事を頼んだ。

電話の相手が驚いて息を呑むのが聞こえた。それから非常に抑えた声で（奥歯をかみしめる音が聞こえるような気がした）、そんなに大量のジメチル水銀を製造するような馬鹿な事をしたら、工場で生産中の写真フィルム全部を駄目にしてしまうので、イーストマン・コダック社は、申し訳ないがジメチル水銀を製造する気はないと言った。私は電話の受話器を思わず落としてしまった。それから椅子に座ってどうしようか考えた。根本的に考え直さねばならないようだ。

ポメランツは密度の大きな推進剤が欲しい。それならジメチル水銀は密度が高い。比重は三・〇七もある。しかし、それを燃焼させる時に、RFNAを酸化剤として使用すると、適切な混合比では推進剤全体としての密度は約二・一か二・二になる（硝酸とUDMHの組み合わせでは密度は約一・二だ）。これはあまり素晴らしい値とは言えない。そこで私は別の考え方（背理法）を取る事にした。液体の物質で、室温で一番密度の高い物質、つまり水銀その物を使ったらどうだろう？　例えば硝酸とUDMHを燃焼させている燃焼室に、水銀を吹き込むのはどうだろう？　水銀は蒸発して水銀の単原子ガスになり（このガスのCpは小さく、性能上は有利）、ノズルから燃焼生成物と共に排出される。こうすればポメランツが要望する、密度が大きな燃料ができる！　この頭がおかしくなったようなアイデアに取りつかれて、私は性能計算に取り掛かった。

　性能計算では、一液式推進剤「カウェアA」を使う事にしたが、この推進剤は密度が高い（一・五）だけでなく、ロケットエンジンで使用するには極めてあり得ない奇妙な推進剤の実験を行うのに当り、三種類の液体を使うより二種類の方が簡単だと思ったからだ。私は「カウェアA」に対する水銀の比率を、最大でカウェアAの重量の六倍までいろいろ変えて性能を計算した（NQD計算法では水銀を扱うのは簡単である）。最初から予想した通り、水銀を加えると比推力は著しく低下したが、密度比推力（比推力×推進剤の密度）は飛躍的に大きくなり、水銀対推進剤の比率が約四・八の時には、元の一液式推進剤だけの時より五〇パーセント上昇した。

　次は速度増加分の方程式、$c_b = c \ln(1 + \phi d)$ に数値を入れて、その結果を性能計算に反映させる事だ[注1]。私はφの値を変えて、水銀を入れない推進剤の場合に対して、燃料タンク（容積一定として）に搭載した水銀量（容積）に応じた速度の増加分を計算した。その結果には目を見張った。φ＝〇・一の場合で、燃料タンクの二七・五パーセントに水銀を積んだとすると、容積密度は四・九になり、速度の増加分は水銀を入れない場合に対して三一パーセント大きくなった。φ＝〇・二では、タンク容積の二一パーセントに水銀を積んだ場合は、速度の増加分は二〇パーセント大きくなった。それに対して、φ＝一・〇では、最高でもタンク容積の五パーセントに水銀を積んだ場合で、速度増加分は二パーセントにしかならなかった。水銀入りの推進剤を使うのであれば、明らかに、空対空ミサイルのようなφが小さなロケットが適している。

　私は仰々しく正式に、図表も入れた研究結果の全てを、いかにも真面目そうに「超高密度推進剤の構想」と銘打って、海軍武器局に送り付けた。私は一週間もしない内に、「誰がこんな馬鹿な報告書を出せと言ったのか？」との返事付きで、報告書が送り返されてくると思っていた。しかし、そうは成らなかった。

ポメランツはこのアイデアに飛びついてきたのだ。

彼は我々に、直ちに計算結果を実験で確認するように指示してきた。ＮＡＲＴＳは恐怖を感じながら、平和なニュージャージー州モリスカントリ地域で、水銀を噴き出すロケットエンジンを運転する作業を押し付けられてしまった。

ロケットエンジンを運転すること自体は特に問題は無い。問題は排出された水銀の蒸気は、我々ばかりか、周囲の何の咎も無い（と思われる）人々の健康に、害を与える事だ。そこで排気処理装置が必要になった。排気を長い筒に通し、そこに水を噴射し、フィルターを通すなど各種の装置で、排気中の水銀蒸気を捕捉して大気中に出さないようにする装置だ。排気処理装置ができて試験を開始しようとした時に、米海軍はＮＡＲＴＳを廃止する事に決め、水銀入り推進剤関係の全てをＮＯＴＳに送る様に命令してきた。我々はほっとして、関連の資料、資材をまとめてＮＯＴＳに渡した。危険な試験をしなくてよくなったので、ほっとした！

ＮＯＴＳではディーン・カウチとＤ・Ｇ・ナイバーグが作業を引き継ぎ、一九六〇年三月に試験を完了した。彼らは推力一三〇キログラム級のロケットエンジンで、ＲＦＮＡとＵＤＭＨを燃焼させ、そこへ水銀を燃焼室の壁面から噴射した。この燃焼試験はうまく行った。彼らは水銀を容積比率で最大三一パーセントまでの試験を行ない、水銀を二〇パーセント使用した時に、密度比推力は四〇パーセント大きくなる事を見出した（私の計算では四三パーセントだった）。彼らは砂漠の真ん中でロケットエンジンを運転したので、排気処理は考えなくても良かった。ガラガラヘビの一匹も水銀の毒で死ななかった。技術的にはこの推進剤の組み合わせは成功だった。しかし、実用化については、今回もまた成功とはならなかった。

高密度の推進剤を得る方法として、もっと実用的なのは（そう期待する人が多かった）、燃料に軽金属の粉末を混ぜる事だった。前にも書いたように、これは一九二九年にさかのぼる、古いアイデアである。ドイツのＢＭＷ社は一九四四年頃に試みてあまり良い結果を得る事ができなかった。ＲＭＩのデイブ・ホービッツは一九四七年から一九五一年にかけて一連の試験を多く行った。彼はガソリンに粉末アルミニウムを一〇から二〇パーセント懸濁させた燃料を、液体酸素で燃焼させた。今回も素晴らしい成功とはいかなかった。燃焼効率は良くなく、金属のかなりの部分は全く燃焼しないまま、ノズルから排出されてしまった。金属粉が懸濁している液体用の噴射器の設計も難しかった。特に、懸濁液の粘度が温度により大きく変化するので、難しかった。懸濁液をしばらく放置しておくと、アルミニウムの粉末は燃料タンクの底に沈殿する傾向が強かった。

そのため、一九五三年にボーイング社が、ジェット燃料にマグネシウムの粉末を懸濁させた燃料を、WFNAを酸化剤にして燃焼させる事を考えた時にも（この構想は取り上げられなかった）、それに対する興味を引き付ける事は出来なかった。一九五〇年代後期になって、この種の燃料が見直されたのは、安全性の問題からだった。

海軍は、液体推進剤を積んだロケットを、海軍の大事な航空母艦の弾薬庫に貯蔵するのを、長い間ためらって来た。もし液体ロケットから漏れを生じて、腐食性が強い酸化剤や非常に燃えやすい燃料（又はもっと悪い事にその両方）が、弾薬庫内に流出したらどうなるだろう？　問題は、航空母艦の内部では急速な換気が難しく、さらに船の上では逃げる場所がない事だ。その時、誰か分からないが、推進剤を、デザートの柔らかいゼリーのようにゲル化（ゼリー化）したら、漏れても流出速度が遅く、対応が容易になる事を考え付いた。ゲル状の推進剤を燃焼室に噴射する問題については、推進剤をチキソトロピー（シキソトロピーとも言う）性にする事で解決できる。それ以降、関係者は一斉にチキソトロピーとはどんな特性かの質問を投げかけて来た。

チキソトロピー性のゲル（チキソトロープ）は、特異な物性を持つ物質である。放置しておくと、比較的固いゼリー状になり、ゆっくり力を掛けると、その力に抵抗して、粘性が非常に高い物質のように、ゆっくりと動く。しかし、例えば激しく振ったり、高圧で噴射ノズルから押し出したりするような、大きな力を掛けると、この物質は突然、抵抗するのをやめて、粘性が急に低下して、液体として従順に流れる。そのため、チキソトロピー性の推進剤は漏洩時の危険性は低いが、噴射器から噴射可能である(注2)。

やってみて分かったが、よく使われている液体推進剤のほとんどは、チキソトロピー性にするのが、それほど難しくなかった。硝酸はシリカの細かい粉末を五パーセント程度を混ぜれば良いし、ヒドラジンもその方法か、ある種のセルロースの誘導体を少量混ぜる事でチキソトロピー性にできる。そうしてゲル化させた推進剤は、噴射して燃焼させる事ができるが、それを燃料タンクに入れる事は、時間が掛かって苛立たしい作業だった。燃焼効率は改善が必要で、シリカは燃焼しないので、その重量だけ性能は当然だが低下するものの、推進剤として何とか使用可能だった。しかし、ハロゲン系の酸化剤をゲル化しようとした時に、大きな問題が生じた。ゲル化するのに、シリカが使えない事は明らかだし、炭水化物であるセルロース類も使えない。エアロプロジェクツ社は、三フッ化塩素（ClF_3）と五フッ化臭素（BrF_5）の混合液を、カーボンブラックを混ぜる事でゲル化できたので、問題を解決できたと考えた。特に、ゲル化した混合液は、カードギャップテストでは〇枚の成績で、非常に安定だった。私は彼らのゲル化の計画は全体的におかしいと思い、エアロプロジェクツ社のビル・タープリーとダナ・マッキニーに、その推進剤は基本的に不安定で、問題が起きると警告した。残念な事に、私の警告はすぐに正しい事が証明されてしまった。フレッド・ガスキンが一九五九年末にその推進剤を扱っていた際に、その推進剤が爆発した。彼は片目と片手を失い、フッ素による火傷をしたが、もっと多くの人が死んでも不思議でないほどひどい爆発だった。彼は命をとりとめたが、ハロゲン間化合物とカーボンブラックを混ぜる試みは、これで終わってしまった。それ以後の試みでは、ゲル化させるために、五フッ化アンチモン（SbF_5）の様に完全にフッ素化された物質を使用している。残念ながら、ゲル化させるために必要な量が多すぎる。

数年後、ゲル化は宇宙ロケットの推進剤の液面の揺動（スロッシング）問題の解決方法として注目された。タンク内の推進剤が満載状態から減ったときに、何らかの原因で液面がスロッシングを起こすと、ロケットの重心が不規則に変動し、飛行方向や姿勢の制御が出来なくなる可能性がある。ゲル化した推進剤ならスロッシングを起こさない。一九六五年にＲＭＩのＡ・Ｊ・ベアデルは、深宇宙探査用にジボランと二フッ化酸素（OF_2）を組み合わせた推進剤を研究していたが、二フッ化酸素のゲル化の検討を始めた。彼は細かく砕いたフッ化リチウム（LiF）を混ぜるとゲル化出来る事を発見した。もちろん、フッ化リチウムは酸化剤とは反応しない。しかし、ゲル化にはフッ化リチウムを何パーセントか混ぜる必要があり、性能はかなり低下する。エアロジェット社のR・H・グローブスは、その三年後にもっと巧みな解決方法を発見した。彼は単純に、ガス状の三フッ化塩素（ClF_3）を、液体の二フッ化酸素の中で泡立てた。三フッ化塩素は瞬時に微細な結晶となり、二フッ化酸素をゲル化させた。五、六パーセントを加えればうまくゲル化でき、性能への影響もごく小さい。しかし、何故か五フッ化塩素（ClF_5）ではゲル化が出来なかった。

推進剤をゲル化するアイデアにより、燃料に粉末金属を混ぜる事への関心が再燃した。多くの研究者が、燃料をゲル化すれば、粉末のアルミニウムやホウ素、またベリリウム（入手できたとして）を、重量比で五〇パーセント程度まで混合しても、金属粉末が沈殿しないのではないかと考えた。間もなく、混合する金属の粉末の大きさを、マイクロメートルの単位に細かくできれば、ファンデルワールス力の影響が大きくなり、金属粉末そのもので燃料をゲル化できる可能性が有る事が分かった。そのため、各地で多くの研究者が、様々な金属粉末を含むスラリー（泥状の物質：金属粉以外のゲル化剤を加えていない物）、ゲル、エマルジョン（乳濁液：マヨネーズのように液体の中に別の液体が分離して存在する状態）のレオロジー的特性（流動特性）を、熱心に研究し始めた。多くの研究者は、このような物質について、せん断速度の大きさによる粘性の変化を測定できるフェランティ・シャーリー式粘度計を使用した（私は「フェランティ」を「フェラーリ」と良く間違えていた。名前だけでなく、値段も似ているからだ）。

研究者達は、安定した特性のゲルやスラリーを作るのは、科学的と言うより、偶然に左右される職人芸に似ていて、同じ流動特性を持つゲルを、二度続けて作れたら奇跡だと言う事を知った。しかし、研究者達はあきらめずに努力し、一九六〇年代の初めには、幾つかのゲル化した燃料が、燃焼試験ができる段階に到達した。

使用された金属は、ホウ素、アルミニウム、ベリリウムだった。RMIは炭化水素にホウ素を加えてスラリーにした燃料を作った。これはラムロケット用で、三フッ化塩素を主たる酸化剤として使用する計画だった。そうすれば、推進剤の密度は大きくなり、三フッ化ホウ素（BF_3）は気体なので、燃焼させるのは難しくないであろうと考えられた。しかし、研究の主力は粉末アルミニウムを添加した燃料だった。ロケットダイン社は、早くも一九六二年に、粉末アルミニウムをヒドラジンに混ぜた燃料を、四酸化二窒素を酸化剤にして燃焼させた。燃料にはアルミニウムが五〇パーセント近く含まれ、ロケットダイン社はこの燃料を「アルミジン」と名付けた。この燃料はタイタンⅡ型大陸間弾道弾の改良型での使用を目指して研究が続けられているが、まだ実用化されていない。RMIは二年後に、粉末アルミニウム入りのヒドラジンと炭化水素のエマルジョンを、四酸化二窒素を酸化剤にして燃焼試験を行なったが、これも実用にはならなかった。また、海軍兵器試験場（NOTS）は、独自開発した「ノッツゲル」（粉末アルミニウムをゲル化したヒドラジンに混ぜた物）を、何回も燃焼試験しているが、まだその使途を見つけられないでいる(注3)。

他にも粉末アルミニウムを使用する燃料は有ったが、どれも実用段階には達していない。

私の個人的見解としては、実用化されるとしても、それには長い時間が必要だと思う。なぜなら難しい問題を解決する必要があるからだ。問題は二つある。一つは貯蔵の問題で、もう一つはそれを燃焼させる時の問題だが、どちらの問題の方が解決に時間を要するかまだ予想できない。

推進剤を搭載したままにしておくミサイルでは、貯蔵期間は五年間が要求されているが、その五年間で金属の粉末を入れたゲル化燃料には、様々な変化が起きる可能性がある。特に、ミサイルが屋外で保存される場合のように、保存中の温度の変化が大きな場合や、輸送する際に振動を加えられる場合には、燃料の特性が変化するかもしれない。金属の粉末は沈殿する傾向が有るし、温度変化が大きいとその傾向が強くなる。温度が変化すると、ゲル化した燃料の流動特性は、大きく変化する時があるし、時には変化して元に戻らない事がある。振動にさらされると、その間はチキソトロピー性のゲル化燃料の粘性が低下するが、振動が長く続くと金属の粉末の沈殿が進むかもしれない。また、ある種のゲルに特有の問題だが、液体質の分離（シネレシス）が起きるかもしれない。この現象が起きると、ゲルは収縮して液体分を外部に押し出し、最終的には密度が大きい小さな塊と、それを取り囲む透明な液体に分離した状態になる事が有る。こうした事態が生じてはならないが、起きる事が無いとは言えない。現在の技術水準では、金属の粉末を含むゲルが、北極圏から暑い砂漠地帯までの幅広い気象環境下で、五年間も変化せずに貯蔵できる事は保証できない。

検討対象になったほとんどが、ヒドラジンかその混合物をゲル化かスラリー化した物で、その事が非常に特殊な問題の原因となった。ミサイルの燃料タンクは、通常は純度の高いアルミニウムで出来ている。しかし、必ず多少は不純物が含まれていて、その不純物に鉄のような、ヒドラジンを分解させる触媒作用を持つ遷移金属が含まれている可能性が高い。しかし、その触媒作用をする金属の含有率が百万分の幾つか程度であれば、その原子がタンクの表面で接触しても、有害な作用を及ぼしたり、燃料を分解してガスを発生させる効果は無視できる。しかし、ヒドラジンに非常に細かいアルミニウムの粉末を入れると、ヒドラジンが接触するアルミニウムの表面積は、大きな粒に比べて何桁も大きくなり、触媒作用を及ぼす不純物の原子の数も増える。こうした状況では、ヒドラジンが分解される量は著しく大きくなり、保存期間が長くなければ、燃料の組成比率に大きく影響する程ではないが、ガスの発生量が増えて困った結果になる可能性がある。ガスはゲル化した燃料から脱け出せないので、ゲル状の燃料はチーズスフレの様に膨張する。それを噴射器から燃焼室に噴射するのだ！

しかし、保存問題を何とか出来たとしても、運用上の問題は残る。まず問題になるのは、燃料をタンクから圧送する事だ。金属の粉末入りのゲル化燃料を燃料タンクから送り出すために、高圧のガスをタンクの上部に送り込むと、トンネル現象とでも言うような状況が生じる。燃焼室への燃料のバルブを開くと、高圧ガスはゲルを貫通してタンクの出口から出て行き、ゲル化した燃料は意図したように送り出されず、そのまま燃料タンクの側面に押し付けられて残ってしまう。燃料は柔軟なゴムタンク（外部から圧力をかけてタンクを押しつぶして燃料を送りだすため、柔軟性が必要）に入れるなどして、圧力で全て送り出されるようにする必要がある。単なる金属タンクでは、中身の大部分がタンクに残ってしまう。タンクからの燃料が、配管を通って噴射器から燃焼室に噴射される流量は、推進剤の粘性に大きく影響されるが、金属粉末を含むゲル化燃料の粘性は、温度により大きく変化する。それに対して、酸化剤の粘性は温度によりそれほどは変化しない。その結果、燃焼室に供給される燃料の量は、配管部の温度がマイナス四〇℃の時と、温度がプラス二五℃の時では大きく異なるので、酸化剤との混合比は望ましい値からずれてしまう。

そして、ゲル化燃料を吹き込む噴射器がうまく設計できたとしても、燃料の中のアルミニウムを燃焼させる事が問題である。燃焼室内の温度が酸化アルミニウムの融点（約二〇五〇℃）よりずっと高くないと（もっと好ましいのは酸化アルミニウムが熱分解する温度より高い事だ）、アルミニウムの粉末は、固体又は液体の酸化アルミニウム（アルミナ）で被覆された形になり、完全には燃えない。四酸化二窒素と燃焼させる場合には、燃焼室の温度は、粉末アルミニウム入りのゲル化燃料の適正燃焼温度をぎりぎり達成できる。硝酸で燃焼させる場合は、燃焼室の温度は金属粉を完全に燃焼させるだけの温度に達しないと思われる。（三フッ化塩素（ClF_3）の様なハロゲン系の酸化剤では、この問題は生じない。酸化剤と反応してできるフッ化アルミニウム（AlF_3）は、ここで考えている程度の燃焼温度では気体である）。そして、アルミニウム粉末を含むゲル化燃料を燃焼させると、燃焼で生じた酸化アルミニウム（Al_2O_3）の粒子により濃い白煙を生じ、排気の航跡が残るので、軍用には不利である。

もう一つ、最後に問題が一つ有る。ロケットエンジンを停止した時に現れる問題なので、最後の問題と言っても良いだろう。エンジンを停止すると、燃焼室の余熱で噴射器の温度が上がるので(訳注3)、噴射器の噴射口付近に残っていたゲル化燃料は、その熱でコンクリートの様に固くなって噴射口を塞ぐ。そのため、ロケットエンジンを再始動させようとしても、その固化した燃料のために燃料を送り込めない。再始動は絶対に無理である。

ベリリウムの粉末を混ぜたゲル化燃料についても、アルミニウムの粉末を混ぜた場合とほぼ同じだが、ベリリウム固有の問題が有る。燃焼生成物の酸化ベリリウム（BeO）はもちろん毒性が極めて強く、吸い込むとベリリウム肺と呼ばれる肺炎症状を起こすが、ロケットエンジンの作動で問題なのはその燃焼特性である。酸化ベリリウムの融点は酸化アルミニウムよりずっと高く、温度が四〇〇〇℃近くになるまで気化せず、燃焼させるのはアルミニウムよりも難しい。エアロジェット社のローゼンバーグは、一九六五年にベリリウムを混ぜたスラリー状のヒドラジン（「ベリリジン」と呼んでいた）を過酸化水素で燃焼させ、C*効率は七〇パーセント程度である事を確認したが、それはベリリウムが全く燃焼していない事を意味している。ロケットダイン社でも同じ組み合わせで同じ結果を得ている。ローゼンバーグが酸化剤に四酸化二窒素（N_2O_4）を使用すると、C*効率は約八五パーセントに向上し、ベリリウムの一部が燃焼した事が分かった。それでも、最適の混合比にしては、性能は非常に悪かった。ベリリウムの粉末にクロミウムを蒸着させるなどの、燃焼特性を改善する方法が試されたが、はかばかしい成果は得られなかった。

水素化アルミニウム（AlH_3）は、一九六〇年代初頭に注目を集めた化合物である。この化合物は以前から知られていたが、エーテルに溶けた形でしか作れず、エーテルを除去しようとすると水素化アルミニウムを分解させてしまう事になるので、純度が高い形では利用できなかった。しかし、ダウ・ケミカル社とメタルハイドライド社は、一九五九年末から一九六〇年初頭にかけて、エーテルを使わずに水素化アルミニウムを作る方法を開発し、オリン・マシソン社はすぐ後に、その製造方法の改良に成功した。この化合物は固体ロケットの推進剤の成分に使用する事が目的だったが、液体ロケット関係者はそれをゲル化燃料に利用したいと思った。この化合物は安定性が十分でないばかりか、ヒドラジンと混ぜると反応して水素を発生させるので、液体ロケットへの使用は断念された。

水素化ベリリウム（BeH_2）はもう少し長い間、研究対象になった。この化合物は一九五一年から知られていたが、やはり不純物を含んだ状態でしか作れなかった。しかし、一九六二年にエチル社のG・E・コーツとI・グロッキングはかなり純度が高い物を（約九〇パーセント）をつくるのに成功した。この化合物も、固体ロケットに使用する事が目的だった。保安上の理由から「ビーニー」の暗号名で呼ばれていた（少し後になって、この化合物の安定性は、一度加熱して温度を上げると向上する事が分かり、加熱後の化合物は「ベイクト・ビーニー」と呼ばれた）。しかし、せっかく暗号名をつけても、その秘密はすぐにばれてしまった。私が国防省でディック・ホルツマンの部屋に居た時に、彼の部下が「ミサイル・アンド・ロケット」誌の最新号を持ってきた。そこには、水素化ベリリウムの事が、あるページの全面に渡り記載されていた。連邦議会の議員の誰かが、秘密情報の知識をひけらかそうと、雑誌の記者に、知っている限りの事を話したと思われる。私は激しい言葉を聞いた事も、自分で言った事もあるが、この時のホルツマンの言葉は、人を罵る表現としては最高に厳しい物だった。

もちろん、液体ロケット関係者としては、水素化ベリリウムをゲル化燃料に使えるか、検討する必要が有った。この化合物は水素化アルミニウムに比べて安定度が高く、それも結晶形態ではなくアモルファス形態の方が、ずっと安定だと思われた。ロケットダイン社は、水素化ベリリウムはアモルファス形態の時は、水ともほとんど反応しないと発表した。一九六三年から一九六七年にかけて、テキサコ社、エアロジェット社、ロケットダイン社は、水素化ベリリウムをゲル化したモノメチルヒドラジンに混ぜた時の特性について研究を行った。エアロジェット社はこの混合物は安定だとしたが、ヒドラジンを少し含んでいるロケットダイン社のゲル化燃料は、スフレ状になった。ヒドラジンと混合した混合液を長期間保存した時に、物性が安定しているかは疑問だった。特に、熱力学的には不安定になるはずだった。

活性水素を含まない液体燃料では、状況が異なる。RMIのグレレッキは一九六六年に、ドデカンに水素化ベリリウムを五五パーセント混ぜたスラリーを作り、それを過酸化水素で燃焼させたところ、順調に燃焼し、C*効率も良かった。同じ年にエチル社は水素化ベリリウムをペンタボランに混ぜたスラリーを作ったが、これは安定性が良さそうだった。ロケットダイン社のガンダーロイは、水素化ベリリウムを、彼が作った半流動体のベリリウムを混ぜた燃料（二六二ページ参照）に混ぜた時の研究を行った。

しかし、こうした化合物が安定であるとしても（本当にそうかは分からないが）、水素化ベリリウムを使ったゲルやスラリーに将来性があるようには思えない。その排気が有毒である事と、推進剤が高価になる事から、少なくとも戦術ミサイルに関しては使われそうに無い。また、こうした化合物が必要で、他の化合物では代替えが効かないような用途も無いように思われる。

ゲル化燃料やスラリー状燃料、一液式推進剤の分野でも、かなり先進的だと見なされた構想に、固体燃料を液体の酸化剤に混ぜた物を、スラリー状かゼリー状にして、不均質の一液式推進剤として使用する構想があった。ミッドウエスト・リサーチ研究所は、一九五八年にこの種の推進剤の初めての物として、ＲＦＮＡに粉末ポリエチレンを懸濁させた溶液を提案した。残念ながら、この溶液はカードギャップテストの結果が一二〇枚以上と爆発感度が高く、熱安定性も低いので、誰かが事故を起こす前に、早々にこの構想は引き込められた。約五年後に、ＲＭＩは同様な混合液を発表した。それは、炭化ホウ素（B_4C）の粉末を、四酸化二窒素を約四〇パーセント含む、特別に高密度のＲＦＮＡに懸濁させた混合液だった。これはカードギャップテストでは爆発感度はなかったが、熱安定性が無く、この構想も放棄された。一九六五年にＲＭＩは炭化ホウ素を五フッ化塩素（ClF_5）（！）に混ぜる事を試みた。この混合液は六五℃でも安定だったが、混ぜ合わせた時に少し反応を生じた。ＲＭＩはフレッド・ガスキンの事故の事が有ったためと思われるが、それ以上の実験は行わなかった。また何年後かに、シアトルの小さな会社であるロケット・リサーチ社は、粉末アルミニウム、ヒドラジン、ヒドラジン硝酸塩、水を混合した「モネックス」燃料を開発した事を、積極的に宣伝していた。彼らは、二〇年近く前にＮＯＴＳが行ったヒドラジンとヒドラジン硝酸塩の混合物に関する研究を知らないか、又は無視して、ロケット工学に対して、独創的で優れた貢献を行ったと主張した。最近では、ロケット・リサーチ社は粉末アルミニウムに代えて、粉末ベリリウムを入れた燃料を試験している。この燃料では、特にベリリウムを使用した場合は、燃焼室の温度が低くなるので、燃焼効率は悪くなる。ＲＭＩは一九六六年に同じようなベリリウムを入れた燃料の研究を少ししたが、目立った成果は得られなかった。こうした不均質の一液式推進剤は、推進剤開発の本流から外れた存在であり、そこから何か役に立つ成果が得られるとは考えられない。そうした研究は、もしＮＡＳＡや軍に売り込んで資金を提供してもらえれば、どんなに実現が怪しい物でも、ロケット関係者は試して見る人達である事を示すのに役立つだけだ。

「トリブリッド」燃料（どうしてこの名前にしたのか理解不能だ！）の研究がその一例だ。これは三種類の物質から構成される推進剤で、「ハイブリッド」からの連想でこの名前にしたのかもしれない。「三元推進剤」と呼ばれる事もある。一九六〇年代初頭に行われた性能計算では、宇宙空間での使用について、いろいろ考えられるトリブリッド推進剤の中で、二種類の推進剤が飛びぬけて大きな比推力を発揮すると予想された。その一つ目はベリリウム、酸素、水素を使用する推進剤で、ベリリウムは酸素で燃焼して酸化ベリリウムになり、水素は排気の成分として推力に貢献する。この推進剤は一九六三年頃には大きな関心を集め、アトランティック・リサーチ研究所とエアロジェット社は、その性能を確認する研究計画を始めた。

アトランティック・リサーチ研究所の採用した方法は、ハイブリッド推進剤の方法を応用した物だった。ベリリウムの粉末を、少量の炭化水素の結合剤（バインダー）を使用して粒状にする。これをハイブリッド方式と同じく、酸化剤の酸素で燃焼させるが、燃焼室の下部で水素を燃焼室に入れる（少量の水素を燃焼室内の上流側から酸素と一緒に入れ、下流でまた水素を入れるやり方も有った）。燃焼試験では、酸化ベリリウムを排気から分離する排気ガス浄化装置がもちろん必要で、周辺の汚染防止のために巨額の費用が必要である。いずれにせよ、この推進剤はロケットエンジンで燃焼可能であり、実際に燃焼試験も行われたが、その燃焼効率は非常に低く、理論的な予測値には程遠かった。

エアロジェット社のG・M・ベイリーは通常の二液性の推進剤の場合と類似の方針で取り組んだ。彼の推進剤は、液体水素と、液体酸素に粉末ベリリウムを混ぜてスラリー状にした物から構成されていた。彼は一九六六年に試験結果を公表したが、あまり有望な結果ではなかった。燃焼効率は七〇パーセントに届かず、噴射器では酸化ベリリウムと液体酸素のスラリーの炎が逆流する傾向が有った。彼が実験中の事故でけがをしなかったのが不思議なくらいだ。

いずれにせよ、彼はその研究を止め、ベリリウム、酸素、水素を使用する推進剤については、ここ数年間、新しい情報は何も無く、この研究は終わってしまったと思われる。燃焼させるのが難しい事に加えて、酸化ベリリウムの毒性、ベリリウムが高価な事を考えると、この研究を続ける意義はあまり無い。

リチウム、フッ素、水素を使用する方式はもっと有望そうで、ロケットダイン社でかなり突っ込んだ研究が行われた。この推進剤には二種類の方式が考えられる。リチウムは金属としては融点が一七九℃と低く、そのためリチウム、フッ素、水素を、液体のまま直接的に燃焼室に噴射して、三液式推進剤として使用する事が可能である。又は、リチウムの粉末を液体水素に混ぜてスラリー状にして用いる事により、二液式推進剤として使用する事も可能である。ロケットダイン社はリチウムと水素のゲル化燃料の研究を一九六三年に開始し、三年後にテクニダイン社（エアロプロジェクツ社から名称変更した）のビル・タープリーとダナ・マッキニーは液体水素をリチウムや水素化ホウ素リチウムでゲル化した事を公表した。液体水素に、重量比で六一・一パーセント（容積比で一七・四パーセント）のリチウムか、重量比で五八・八パーセント（容積比一三・三パーセント）の水素化ホウ素リチウムを混ぜる事で、安定したゲルを作る事ができた。ゲル化する事で、液体水素の蒸発率は数分の一に小さくなり、推進剤がタンク内でスロッシングを起こす事は無くなった。

彼らの研究は実験室での数リットル程度の規模でしかなかったが、ロケットダイン社はその研究と並行して、別の構想のトリブリッド推進剤の開発を行っていて、試験用エンジンを使用した燃焼試験を行なった。彼らが使用したのは、液状のリチウムと液体フッ素、それに液体水素でなく気体の水素だった。液体フッ素と液状リチウムのような危険な液体を扱うのに加えて、取り扱いが難しい液体水素を使用したくなかったのだと、私は推測している。液化フッ素の幾つかの問題点を前に説明したが、液状リチウムにもいろいろ問題が有る。リチウムは、その融解温度（一七九℃）より高い温度に保たないと、燃焼室への配管内で固化してしまう。また、大気と接触させてはならない。接触すると明るい炎を上げて炎上し、それを消す事は現実的には不可能である。それに加えて、液状のリチウムはほとんどの金属に対して腐食性が非常に強く、ガスケットやシーリング用の通常の材料とも適合性が無い（テフロンでさえやすやすと侵す）事も問題である。

しかし、ロケットダイン社の担当者（H・A・アービット、R・A・ディカーソン、S・D・クラップ、C・K・ナガイ）は、それらの問題を克服して、燃焼試験にこぎつけた。彼らは燃焼室圧力三五気圧で、膨張比を宇宙空間用に大きくしたノズル（出口面積／スロート部面積＝60）で試験を行なった。大きな問題は、液状リチウムの表面張力が通常の推進剤に比べて何桁も大きい事で、そのためにノズル出口までに燃焼を完了できる程度の小さな液滴で、液状リチウムを噴射する噴射器の設計が難しかった事だ。この問題が解決されると、燃焼試験の結果は目覚ましかった。リチウムとフッ素だけ（水素は使用しない）の時は、比推力は最大でも四五八秒だった。しかし、リチウムとフッ素の比率を、燃焼して全てがフッ化リチウム（LiF）になる比率（化学量論比）に合わせ、質量流量で三〇パーセント分の水素を燃焼室に噴射すると、比推力は五四二秒になった。これは原子力ロケットを除けば、これまでで実測された中では最高の値と思われる。しかも、燃焼室内温度は、わずか二二〇〇Kに過ぎないのだ！　性能的には、この推進剤は困難ではあっても開発に努力する価値が有る。ベリリウムを含む燃料は、おそらく将来性が無いが、リチウム、フッ素、水素系の推進剤の将来は明るいのではないだろうか。

第13章　これからの見通し

ロケットの化学推進剤の性能の限界は、性能的に有利な宇宙空間でも六〇〇秒を多少下回る程度が限界だと思われる。もっと高い性能が望ましく、この限界を打ち破るために、いろいろ先進的な方法が考えられてきた。一つはフリーラジカル（遊離基とも呼ばれる）のような不安定な物質を推進剤に使用して、それが安定した原子や分子に戻る時のエネルギーを、推進用に利用する方法だ。例えば、二個の水素原子（H）が結合して一個の水素分子（H_2）を作る際に、水素分子一モル（二グラム）当たり約一〇〇キロカロリーが放出される。これは単原子状態の水素と通常の水素分子が重量比で五〇対五〇の混合液は、比推力が一〇〇〇から一一〇〇秒程度になる事を意味している。そのためには次の二つの条件が必要だ。(A)それだけの量の単原子の水素を作り、それを通常の水素分子と混ぜる事ができる。(B)単原子状態の水素原子が、ごく短時間に爆発的に水素分子（H_2）に変化するのを防ぐ事ができる。これまでの所、誰もこの二つの条件のどちらか一つでさえ、それを乗り越えれそうな方法を全く考え出せていない。CH_3 や OOF のようなフリーラジカルは作る事が出来ているし、例えば凍結させて固体にしたアルゴンなどの、活性度の低いマトリックスに埋め込んで固定できるが、推進剤としては役に立たないマトリックスの質量が、そこに埋め込まれたラジカルの質量よりずっと大きいので、推進剤としては使い物にならない。テキサコ社はこのようなラジカルの埋め込みと、埋め込まれた個々のラジカルの電子の状態についての研究を数年間実施した。この研究は学問的には興味深いが、推進剤開発用の研究としては税金の無駄遣いと言えるだろう。ある会議では、こんな辛辣な意見が出た。「フリーラジカルを捕まえておく事ができそうなのは、過激派（ラジカル）を逮捕できるＦＢＩだけだ。」

従って、大型のロケットの分野で、比推力を大幅に増やせそうな方法は、原子力ロケットを使用する事だけだが、幸い原子力ロケットの研究は実用化を目指して進行中である[訳注1]（イオンロケットなどの電気的な推進装置は、低推力用にしか使用できず、この本の対象外であり、私の専門範囲外である[訳注2]）。原子力ロケットが実用になるまでは、化学推進剤のロケットが使用されそうである。

これから述べるのは、これからの数年間と、またそれに続いて今世紀中は使われると思われる液体推進剤についての、私の個人的かつ独断的な予想である。

射程が五〇〇キロメートル程度以下の短距離戦術ミサイルでは、ＲＦＮＡとＵＤＭＨの推進剤が使われるが、徐々に五フッ化塩素とヒドラジン系の推進剤に変わって行くであろう。一液式推進剤は主推進剤としては使用されず、ゲル状やスラリー状の推進剤は、その問題点が大きすぎて、運用可能な段階にまで仕上げる困難さを上回る効果が得られるとは思われない。

長距離戦略ミサイルについては、タイタンⅡ型の推進剤と同じ、四酸化二窒素とヒドラジンの推進剤が使用され続けられるだろう。この組合せの推進剤は非常に良かったので、もっと大型の弾頭を装備したければ（私にはその必要性があるとは思えないが）、新しい推進剤を使用するミサイルを開発する必要は無く、単にタイタンⅡ型を大きくしたミサイルを作れば良いと思う。

大型の宇宙ロケットの一段目のブースターロケットについては、液体酸素とＲＰ‐１かそれに類した燃料が使われ続けると思う。この組み合わせは実績があり、安価である。サターンⅤ型は大量に推進剤を使用したので、安価な事は重要だった。何年後かには燃料が液体水素に変わる可能性はあるが、そうは成らないと考える[訳注3]。再使用可能なブースターが使用されるようになっても推進剤は同じで良いが、ラムロケット型のブースターを開発する事になれば、事情は全く変わってくる。

宇宙ロケットの二段目以降については、サターン・ロケットに使用されたJ－2エンジンの液体水素と液体酸素の組み合わせが非常に良かったので、これからもこの組合せは長い間使用されると思われる。もっと多くのエネルギーが必要になれば、最終段については、水素とフッ素、または水素、リチウム、フッ素の組み合わせが用いられるかもしれない。いずれ原子力ロケットが使用されるだろう。

月着陸船とその支援船などについては、四酸素二窒素とヒドラジンの組み合わせが、これからも長い間、使われ続けるだろう。私が予想できる期間内では、他の構成の推進剤がこれに代わる事は考えられない。

低温環境での時間が長い、深宇宙探査用の宇宙機は、メタン、エタン、ジボランを燃料に使用するであろうが、プロパンが使用される可能性もある。酸化剤は二フッ化酸素（OF_2）で、トリフルオロアミンN－オキシド（ONF_3）やフッ化ニトロイル（NO_2F）の可能性もあるが、木星探査などの遠距離用には、フッ化ペリクロリル（ClO_3F）が良いかもしれない。

私は推進剤の分野で、ベリリウム、四フッ化二窒素（N_2F_4）、三フッ化窒素（NF_3）が使われるとは思えない。フッ化ペリクロリルは前述のように、宇宙空間用に使われるかもしれないし、三フッ化塩素（ClF_3）に代わって用いられると思われる五フッ化塩素（ClF_5）用の酸素含有添加剤として使用されるかも知れない。ペンタボランやデカボランとそれらの誘導体は、液体推進剤に限れば、用いられる事は無いだろう。過酸化水素は姿勢制御用やその他の低推力の用途には、一液式推進剤として使用され続けるであろうが、主推進剤での酸化剤としては用いられないだろう。

これが私のやや怪しげな未来予測である。細部は間違っているかもしれないが、全体的には、今後の二〇年間程度については、大きく外れる事はないと考える。液体推進剤の化学面についての研究では、やり残されている事はほとんどないと思うし、重要な新しい発展があるとは思われない。結論を言えば、我々、液体推進剤関連の化学者は、自分達の仕事をやりつくしてしまった。英雄的な開拓時代は終わってしまった。

しかし、開発を続けていたその時代はとても楽しかった。

注

第1章　ロケット推進剤の開発の始まり

（注1）　このロケット研究計画全体を指揮していたのがG・A・クロッコ将軍だったのは偶然ではない。クロッコ将軍はルイジ・クロッコの父親で、息子に協力的だった。

（注2）　ペルー国リマ市の「エル・コメルシオ」紙へ投稿された、一九二七年一〇月七日の手紙によると、ペルー人の科学者、ペドロ・A・ポーレットは、一八九五年から一八九七年に、ガソリンと四酸化二窒素を用いたロケットエンジンを飛ばしたと言っている。この主張が事実に基づくのであれば、ポーレットはゴダードだけでなくツィオルコフスキーの研究も予見していた事になる。

彼の主張を検討してみると、ポーレットのロケットエンジンは九〇キログラムの推力を発揮したと述べている。そして、ロケットエンジンは通常のロケットエンジンが連続的に燃焼するのに対して、毎分三〇〇回の速さで間欠的に作動したと言っている。

彼はまた、実験はパリで行ったと述べている。

私は推力九〇キログラムのロケットエンジンが、どれほど大きな音を出すのかを実際に経験している。そのロケットエンジンが、毎分三百回もの速さで間欠的に作動したら、口径七五ミリの高射砲を一斉射撃しているくらいの音を出すはずだ。こんな大きな音を出したら、パリ市民はパリ・コミューンが、共和国への復讐のために再び暴動を起こしたかと思っただろうから、ポーレット以外の人もこの音について記録を残しているはずだ。しかし、この実験について記録を残しているのはポーレットだけだ。

この本では、ポーレットの主張は全くの誤りと考え、彼のロケットエンジンの実験は無かったとして扱っている。

（訳注1）ルイジ・クロッコはロケットの研究を続け、後にローマ大学の教授になり、第二次大戦後は米国のプリンストン大学で推進工学の教授になり、家庭の事情からフランスへ移り、フランスの大学の教授になった。彼の父親はガエターノ、アルトゥーロ・クロッコで、航空力学の学者であり、イタリア軍の技術研究部長だった。彼自身もロケットの研究者であり、ドイツのブーゼマンが高速飛行における後退翼の効果を世界で初めて公表したボルタ会議（一九三五年、ローマで開催）の主催者でもあった。

（訳注2）黒色火薬は燃焼剤として木炭の粉と硫黄、酸化剤として硝酸カリウムを混ぜ合わせた物なので、ザンダーが推進剤に炭素の粉を入れたのは黒色火薬の延長線上の発想で自然である。

第2章　ペーネミュンデとジェット推進研究所（JPL）

（訳注1）J・O・ハーシュフェルダー：アメリカの著名かつ有能な物理学者、理論化学学者。原爆開発のマンハッタン計画にも参加し、後にアメリカ国家科学賞を受賞。ウィスコンシン大学教授。

第3章　自己着火性推進剤の研究

（注1）興味深い事に、フランスで最初に人工衛星の打ち上げに成功した「ディアマン」ロケットは、テルペンとRFNAを推進剤に使用している。

（注2）略語を付けたがるテルリッチは、この装置をシュリーレン型点火遅れ計測装置（Schlieren Type Ignition Delay Apparatus）を略して「STIDA」と呼んでいた。

（訳注1）レイチェル・カーソン：米国の生物学者（一九〇七年生、一九六四年没）。環境問題を提起し、著書の『沈黙の春』は大きな話題を呼んだ。

（訳注2）再生冷却：ロケットエンジンの燃焼室の壁面やノズルは高熱になり、破損しやすい。それを防ぐために、燃料や

酸化剤の配管をその部分に通して、熱を吸収して冷却する。熱を吸収した燃料や酸化剤は、その後、燃焼室へ送られ燃焼に使用されるので、この冷却方式は「再利用」の意味で「再生冷却」と呼ばれる。

（訳注3）　ダイヴァース：Edward Divers（一八三七年生、一九一二年没）英国の化学者で、明治六年から明治三二年まで日本で化学教育に当たった。東京大学名誉教授、勲二等、東大に彼の銅像が有る。

第4章　自己着火性推進剤用の酸化剤

（注1）　化学的知識が豊富な読者に対する注記：沈殿物の成分の正確な比率にはこだわらないでいただきたい。酸の分析技術は一九四七年当時は、まだ現在ほど進んでいなかった。また、酸の中の鉄の大部分は第一鉄で、第二鉄ではなかった。何年か後に私はその事を自分の実験室で発見した（その事実に私は驚いた）。

（注2）　私は誰とは言わない。しかし、神がＷＡＤＣのハリス博士に注意を与えられる事を祈る！

（注3）　ＪＰＬのデイブ・メイソンと彼の研究グループは、約一六カ月後の一九五四年一月に、発煙硝酸（ＷＦＮＡ）と赤煙硝酸（ＲＦＮＡ）の双方に使用できる、別の電導度率を利用する方法を公表した。〇℃の環境下で、二種類の電導率測定を行う。一つは酸だけで、もう一つは酸に硝酸カリウムを飽和させて行う。この二つの測定結果に、補正曲線を適用して、四酸化二窒素と水の含有量を求める。

（注4）　ＪＰＬのコールは一九四八年に、亜酸化窒素が四一・五％、残りが四酸化二窒素の混合液は、凝固点がマイナス五一℃、沸点が三三℃である事を見出した。これらの数字は他の研究者の測定結果と大きく異なっており、説明できない物だった。

（注5）　〇・六％の一酸化窒素を含み、光を通して見ると緑色に見える「緑色」（地球環境にやさしい＝GREEN、Good for the environment と、色の「green」を掛けている：訳者）の四酸化二窒素が最近、開発された。一酸化窒素はチタニウムの応力腐食割れを軽減し、四酸化二窒素中に溶解している酸素を除去してくれる。

（注6）　重要なロケットエンジンで一種類だけ、バンガード探査ロケットの第二段と、ソー・エイブル・ロケットの第二段用のロケットエンジンだけが、Ｉ－Ａ型の酸（ＩＷＦＮＡ）を、ＵＤＭＨ（非対称ジメチルヒドラジン）との組み合わせで使用している。

第6章　ハロゲン系酸化剤、国との関係、宇宙探査への利用

（注1）最近になってアルゴンのフッ化物が（多分 ArF_2 と思うが）存在する事が証明されたが、極低温でなければ不安定で分解してしまう。

（注2）カードギャップテストは、爆発する可能性がある液体の、爆発を起こす衝撃感度を調べる試験である。伝爆薬として五〇グラムのテトリル（爆薬の一種）を使用する。その上に、供試体との距離を設定するため、「カード」を重ねて「カードギャップ」を設置する。ギャップ用カードの上に、調査する液体を四〇cc、長さ七・五センチ、直径二・五センチの鉄管に入れて、鉄管の底を薄いテフロンの板で密封した状態で設置する。伝爆薬を爆発させた時、その衝撃で調査する液体が爆発し、鉄管の上の評価用の厚さ九・五ミリの鉄板に穴を開けるかを観察する。液体の衝撃感度は、液体が爆発しなくなるまで、テトリルと鉄管の底のテフロン板の間に入れる、厚さが〇・二五ミリの酢酸セルロースの薄板の「カード」の枚数で表す。カードがゼロ枚は、その液体が衝撃を受けても爆発しにくい事を、カードが一〇〇枚なら、その液体は危険すぎるので忘れた方が良い事を意味している。想像できると思うが、この試験は大きな音がするので、人の居る区画から離れて、または少なくともうるさいと文句を言う人の居る所からは離れて行う必要がある。

（注3）液体のフッ化過塩素酸は、液体のアミン、ヒドラジン、アンモニアと反応する（$FClO_3 + H_2N—R\ HF + O_3Cl—NH—R$）。ペルクロラミド系の化合物は、強力で激しい爆発を起こす。そのため、着火は爆発的になる。

（注4）一フッ化クロリル（ClO_2F）は、一九四二年にシュミッツとシュマッハーにより発見された。この化合物はあまりにも反応性が高く、三フッ化水素では金属にフッ化物の保護被膜が形成されるために保管が容易だったのに対し、保護被膜を分解してしまうため保存が非常に難しい。

（注5）NF_3を作る際は非常に注意を要する。融解させたフッ化水素アンモニウム（NH_4HF_2）を、黒鉛電極を使用して電気分解するが、電極は黒鉛でなければならない。ニッケルを電極に使用してもNF_3は出来ない。得られるNF_3の量は、黒鉛電極がどこのメーカー製かによって少し異なる。私に理由を尋ねないで欲しい。

（注6）N_2F_4は無機化合物で、無機化学の命名法に従えば、N_2O_4を「四酸化二窒素」と呼ぶように、「四フッ化二窒素」

と呼ぶべきである。しかし、有機化学の命名法に従って、ヒドラジン系の化合物として、「四フッ化ヒドラジン」と呼ばれる事がある。有機化学の研究者が無機化合物の名前を付けたり、無機化学者が有機化合物の名前を付けたりして混乱させることは、いつも良くある事である。

（注7）この沸点は、ヒドラジンに近い一〇〇℃程度と予想していた多くの研究者には驚きだった。しかし、三フッ化窒素（NF_3）の沸点は四フッ化炭素（CF_4）に非常に近いので、四フッ化ヒドラジン（N_2F_4）の沸点は、ヘキサフルオロエタン（C_2F_6）の沸点であるマイナス七九℃と大差が無いと予測していた人もいた。従って、少なくとも研究者のうち何名かは大きな期待をしていなかったので、その分、失望も小さかった。

（注8）エミル・ロートン博士は、最近（一九七一年九月）、フロロックスは一九七〇年にフランスが独自にその合成に成功した事を公表したので、機密指定が外されたと私に教えてくれた。フロロックスは$OClF_3$の事で、Cl_2Oか、思いがけない事に、高層大気の成分でもある硝酸塩素（$ClONO_2$）をフッ素化する事で作る事が出来る。沸点は三〇・六℃で、密度は一・八五二と大きい。フロロックスには酸素原子が含まれているので、ＵＤＭＨのような炭素を含む燃料と組み合わせて使用する事ができる。

（訳注1）フッ素は他の元素と反応しやすく、反応の際に相手から電子を取り入れる。電子を失う事も酸化と定義されており、その意味でフッ素は酸素のやり取りをしないが、酸化剤と呼べる。酸素を含まないのに酸化剤と呼ぶのは不自然な感じもあるが、定義上、酸化剤と呼べる。

（訳注2）ONF_3とF_2NOF：どちらも構成原子の種類と数は同じだが、その分子構造が違う異性体である。

第7章　推進剤の性能について

（注1）O_2分子が一個、H_2分子が一個、C原子一個が化学反応するとしよう。その反応でH_2OとCOができた場合の性能は、CO_2とH_2が出来た場合と比べて、二・五％違うだけだ。しかも。これが最悪のケースである！

（注2）水素がエネルギー源としてかなり良いとされるのは、その生成熱はゼロではあるが、その分子が非常に軽いからである。温度が25℃の時の顕熱（潜熱とは逆に、その物質の温度変化をもたらす熱量）、または熱容量は1モル当たり

2・024キロカロリーで、その分子量が2・016しかないので、H／M値は室温の時でも1・0キロカロリー／グラムになる。

（訳注1） 比推力：Specific Impulse, Ispと略される。
いろいろ理解の仕方があるが、一般的には、毎秒1キログラムの推進剤を消費している時に、何キログラムの推力を出せるか、と理解するのは分かりやすいとされている。例えば、比推力が300秒の推進剤を使用した場合、毎秒1キログラムの推進剤を燃焼させれば、その時の推力は300キログラムである。ドイツは逆に、1キログラムの推力を出している時の、推進剤の消費率（キログラム／秒）を性能の指標としている。実用的な観点から、推力をトン（1000キログラム）で、推進剤の消費率をキログラム／秒で表せば、比推力300秒に対応する数値は3・33になるので、それほどおかしくもないように感じられる。

第8章　極低温推進剤と関連物質

（注1） LOXとRP‐1の組み合わせは、完全燃焼はしない。排気には炭素粒子が少し残り、それにより排気の炎が明るく光って見える。そのため、テレビでケープケネディ（ロシアのバイコヌールでも同じだが）でのロケットの打ち上げを見ると、排気が明るく輝いて見える時は、推進剤がLOXとRP‐1かその類似の物で有る事が分かる。ロケットエンジンの排気は薄くてほとんど見えないが、排気の中にダイアモンド型衝撃波が見える時は、四酸化二窒素（N_2O_4）とエアロジン50を使用するタイタンII型の打ち上げだと思われる。

（注2） ツィオルコフスキーが生きている時に、M‐1エンジンを見る事が出来なかったのは残念な事だ。M‐1エンジンは高さが八・一メートル、ノズルのスロート部の直径は八〇センチメートル、ノズル出口の直径は五・四メートル近い。最大推力時には、毎秒、液体水素を二七〇キログラム、液体酸素を一五〇〇キログラム消費する。ツィオルコフスキーがこのエンジンを見たら感心した事だろう。

（訳注1） ロバート・トゥルアックス：（一九一七年生、二〇一〇年没）米海軍の大佐。JATOから始まり、ソーIRB

M、ヴァイキング観測ロケット、ポラリスＳＬＢＭの開発に関与。一九五七年にはアメリカ・ロケット協会会長。アメリカを代表するロケット技術者の一人である。

（訳注２）米空軍のＳＲ・71戦略偵察機は、超高速の飛行で機体が加熱されるため、発火点が高いＪＰ・7燃料を使用していた。そのため始動が難しいのでこのトリエチルボランを始動用に使用していた。

第9章　ソ連の状況

（注１）大まかな近似として、ミサイルの射程は加速段階終了時の速度の二乗に比例する。ネッゲラートは加速終了時の速度と、排気速度、推進剤密度の関係を次の式で表した。

$$c_b = c\ln(1 + d\varphi)$$

ここでc_bは加速終了時の速度、ｃは排気の速度、ｄは推進剤の単位体積当たりの重量、φは推進剤搭載率で、ミサイルのタンク容積をミサイルの乾燥重量（推進剤を搭載しない時の重量）で割った値である（例えばリットル／キログラム）。従って、射程は排気速度の影響が大きいが、推進剤の密度と推進剤搭載率の積の対数も影響する。もしＪＡＴＯを取り付けた航空機のように、φが非常に小さい場合は、推進剤の密度は排気速度と同じくらい影響が大きい。ＩＣＢＭのようにφが非常に大きい場合は、推進剤の密度の影響はずっと小さい。

（注２）もちろん、この記事が掲載された事は、ソ連がフッ化過塩素酸の研究を始めようとしている事を示唆しているのかも知れない。ソ連においては、このような研究の紹介記事が掲載される事は、研究活動が始まる事を示している事が良くある。

（訳注１）発射管制レーダー、発射機等を含むシステム名がＳＡ・２（ソ連名はＳ・75）、ミサイル本体はＶ・７５０。

（訳注２）ピョートル・カピッツァ（一八九四年生、一九八四年没）一九七八年に低温物理学における基礎的発明および諸発見によりノーベル物理学賞を受賞

第10章　特殊な推進剤

（注１）ディック・ホルツマンは、当時はＡＲＰＡに在籍していたが、ホウ素の化学的特性の研究結果が、企業や軍の資料として埋もれてしまわず、研究者達が利用できるのは、彼のおかげである。彼は全ての情報を集めて、ミッドウエスト研究所のロナルド・ヒューズ、イヴァン・スミス、エド・ローレスに頼んで、「Production of Borane and Related Research」の題名の一冊の本にまとめた。この本は、一九六七年にアカデミック・プレスから出版された。

（注２）炭素の結晶には、黒鉛（グラファイト）とダイアモンドがある。最近の研究によると、窒化ホウ素は黒鉛と同じ構造の他に、ダイアモンドと同様の構造になる事があり、ダイアモンドと同等かより硬度が高い。

（注３）C*は「シースター」と発音し、燃焼の効率を示す指標である。燃焼室圧力（実測値）にノズルのスロート面積を乗じた数値を、推進剤の質量流量で割って求める。単位は、使用する単位系によるが、フィート／秒やメートル／秒である。この値の理論値は、比推力の理論値と同様に計算する事が出来、C*値の実測値の理論値に対する比率は、燃焼の程度と噴射器の効率を示す良い指標である（日本語では特性排気速度と呼ばれる）。

第11章　一液式推進剤の対する期待

（注１）しかし、大砲用の液体装薬にはつながるかもしれない。低エネルギータイプの一液式推進剤でも、単位重量当たりのエネルギー量は無煙火薬より大きく、単位体積当たりのエネルギー量はずっと大きい（液体の密度は、火薬のような小さな粒を集めた物より大きい）。そのため、液体推進剤を固体の火薬の代わりに薬莢に詰めたり、液体装薬を弾丸の後ろの薬室に送り込んで使用すれば、重量の増加なしに砲口速度を大幅に増加させる事ができる。大砲用の液体装薬の研究では、ヒドラジン、硝酸ヒドラジン、水の混合液はよく用いられるが、ＮＰＮを硝酸エチルと混合した物が使用される事もある。液体装薬の研究は一九五〇年から断続的に行われてきたが、まだ実用化はされていない。軍が武器の開発をする場合、開発を初めて数年間が過ぎると予算が打ち切られるか、軍が興味を失うが、五、六年後に同じ事を繰り返す事がある。私はこの世界に入ってから、それが三度繰り返されるのを見た事がある。ＪＰＬ、オリンマシソン社、デトロイトコントロール社、いくつもの陸軍と空軍の組織が関係していた。主たる技術的課題は化学

的な課題ではなく、機械工学的な課題である。

（注2）液体用ストランドバーナーを使用すると、一液式推進剤の燃焼速度がどの程度かを知る事ができる。この装置は加圧容器で、通常はのぞき窓が付いている。試験対象の一液式推進剤の試料は、垂直に保持された細い（直径数ミリメートル）ガラス管内で燃焼させる。細いガラス管を使用すると、推進剤の試料は上から下に向かって燃焼し、その燃焼の速さを観察し、測定する事が出来る。加圧容器は窒素ガスによりロケットの燃焼室の圧力まで加圧されている。圧力による燃焼速度の変化を測定する。液体用ストランドバーナーは固定ロケット燃料用のストランドバーナーを元に作られた装置である。NOTSのA・G・ウィテカー博士は、種々の試料を試験したが、その中には硝酸と2 - ニトロプロパンの混合液も含まれる。彼はこの装置を大いに利用した。一九五〇年代前半の事だ。

（注3）推進剤の名前が「イゾルデ」だったので、点火用の物質は「トリスタン」と呼ぶのは良いと思われた。しかし、この推進剤を使用するミサイルの名前が「キングマーク」（マルク王：トリスタンの叔父で、イゾルデの夫）になる予定だと指摘した人がいた。改良型は「キングマークⅡ」となるはずだと別の人間が言うと、海軍の担当の技術士官は、「トリスタン」などと名付けると、自分は鞭うち刑、船底くぐり刑、帆柱から吊るす絞首刑などの処罰を受けそうだとぶつぶつとつぶやくようになった。そして、「トリスタン」の名前はすぐにどこかへ消えてしまった。

（注4）彼の提案する構想では、天然ガス採掘場の横に液体酸素の製造プラントを設置し、そこでICBMにこの一液式推進剤を充填して発射する事になっていた。

（注5）しばらく後になってから、フォレスタル研究所のアーブ・グラスマンは、全く異なる、興味深い、極低温の一液式推進剤を考案した。彼の考えは、アセチレンと、液体水素（アセチレンに対して、その燃焼に必要な量より過剰な量）を使用する事だった。この二種類の物質が反応するとメタンを生じ、それが過剰分の水素と共にロケットエンジンの排気として噴出する。アセチレンの分解熱と、メタンの生成熱がエネルギー源となる。理論的な性能を検討すると、燃焼室の温度は非常に低いと思われる。しかし、この構想はまだ実際の試験では確認されていない。

（注6）この頃、私はアミン・硝酸塩系の一液式推進剤で発見した分子構造と爆発感度の関係が、他の組み合わせの推進剤にも当てはまるか知りたいと思った。特に、マクゴニグルが私に、四酸化二窒素と混ぜる炭化水素が、直線鎖の場合は分岐鎖の場合より爆発しやすいと話してくれたので、興味が強くなった。私はλ＝一・〇の「タ

ルラ」燃料で、分子のイオン構造が$\mathrm{CH_3{-}\overset{CH_3}{\underset{CH_3}{N^+}}{-}CH_3}$の場合は、カードテストの値は八枚程度であるのに対し、$\mathrm{NH_3^+{-}CH_2{-}CH_2{-}CH_2{-}CH_3}$の形のイオン構造の異性体の場合は、この分子構造の差だけが原因で、カードテストの値が五八枚と、五〇枚の差が有る事を知っていた。そこで私は、ノルマルペンタン（$\mathrm{CH_3{-}CH_3{-}CH_2{-}CH_2{-}CH_2{-}CH_3}$）とネオペンタン（$\mathrm{CH_3{-}\overset{CH_3}{\underset{CH_3}{C}}{-}CH_3}$）をそれぞれ、四酸化二窒素にλ＝一・〇になるように混ぜて、カードテストを行った。結果は、ノルマルペンタンを混合した場合の値は一〇〇枚、ネオペンタンでは五〇枚だった。差はやはり五〇枚で、分子構造による衝撃圧力の臨界値の比率は、「タルラ」燃料の場合もペンタンを混ぜた場合も同じと思われる。この比率が同じになる事には非常の興味をひかれたが、それ以上の研究を行う機会にまだ恵まれていない。これからの研究者で、誰かがこの結果に注目してくれると良いのだが。

（注7）彼は数週間後に私を訪ねて来た。私は彼にジェファーソン化学社のピペラジンの置換体は何に使われている物なのか質問した。彼はテキサス訛りで答えた。「そうだね、会社には農業関係者の顧客が多いが、彼らは豚を飼っている。豚の腸には寄生虫が居て、豚が太れない。それで。農業関係者はピペラジンを餌に混ぜている。寄生虫はピペラジンで眠り込んで、腸に留まるのを忘れてしまう。翌朝、寄生虫が目を覚ますと、豚はもうどこかへいなくなっているんだ！」

（注8）私はこの化合物は過酸化物を用いる一液式推進剤を作るのにも使えるのではないかとの、素晴らしいアイデアを考え付いた。私はペルヒドロデカボラート・イオンのアンモニウム塩を作らせ、それを数グラム、時計皿に入れた。それから高濃度の過酸化水素（H_2O_2）を一滴、その塩の隣に置き、時計皿を傾けて、二つの化合物を接触させた。明るい緑がかった白色の閃光と共に、私が経験した事がないほど急激な爆発が起きた。時計皿は、文字通り、粉々になった。私のアイデアは終わった。

（注9）ドン・グリフィン：彼は私の知る限りでは、自由な発想ができる人間だった。彼はその後、一年間の休暇を取って、ロケット推進剤の仕事から離れて、フラフープの仕事をしていた。彼の話では、それはとても有意義な経験だったと

の事だ。

（注10）爆発の後、私が試験場に行くと、作業員の一人が走り寄ってきて私にどなった。「大変だ！　あんたは何てひどい物をここで試験したんだ。」私は彼には、タバコに火を点けてやり、「本当にひどい事になってしまった！　一杯おごるよ。」と言う事しか出来なかった。一番参ったのは、この惨状を見たピカティニー陸軍造兵廠の陸軍士官の一言だった。この事故はNARTSが「廃止」されて、陸軍に移管される直前で、この士官は、現場のひどい臭いに鼻をつまみながら、誰にともなくぽつりと言ったのだ。「これで海軍がNARTSを『廃止』すると言った理由が分かった。」彼の言葉はとても憎たらしく感じられた。

（注11）カードギャップテストの試験機は二名で操作できるが、三名が一番望ましい。しかし、LRPLがこの混合液の試験をしたときには七名が試験に来ていた（ピカティニー陸軍造兵廠は、人員をいつも過剰に割り当てていた）。技術者が二、三名と、ロケット整備兵が何名か耐酸防護服を着て参加していた（なぜ着ていたのか分からないが）。そのため、試験結果の証人は数多くいた事になる。カードギャップテストの試験機が入っている、昔の駆逐艦の砲塔は、それまでの試験での爆発の際の破片で少し傷んでいた（駆逐艦の砲塔の装甲板は薄い）。そこで、我々は砲塔の内側に、二・五センチの隙間を隔てて鉄板を取り付けた。試験機を何カ月か使っていなかったので、あのドラキュラ伝説に出て来る小さなこうもりのような、こうもりの大群が、冬を越すためにその隙間に住みついていた。試験で第一回目の爆発が起きると、こうもりは超音波を利用する聴覚がおかしくなり、頭を振って周囲にぶつかりながら飛び出して来た。こうもりの群れはロケットの整備兵の一人に、爆発が彼のせいだと言わんばかりに襲い掛かった。もし読者が、怒り狂った九〇〇〇匹のこうもりに襲い掛かられて、シャベルで払いのけようとしている、防護服を着た兵士の姿をご覧になったら、それは一生忘れられないと思う。

（訳注1）ペネロペ：ホメロスの叙事詩「オデュッセイヤ」の登場人物で、トロイ戦争に参加したイタケーの王のオデュッセウスの妻。戦争に出かけた夫の帰還を二〇年間待ち続けた。

（訳注2）クサンチッペ：古代ギリシャの哲学者ソクラテスの妻。悪妻とされている（実際に悪妻だったかは不明）。

（訳注3）液体推進剤情報管理機関：Liquid Propellant Information Agency。現在はCPIAC（Chemical Propulsion InformationCenter）になり、米国国防省の管理下で、ロケットに関する技術情報の収集、管理を集中的に行っている。

開発組織を横断する形のこのような技術情報を収集し管理する機関は、開発を行う人達にとって極めて有益だと思われる。

第12章　高密度の推進剤とひどい失敗

（注1）φはあまりお聞きになった事が無いかも知れないが、推進剤搭載係数である。推進剤のタンクの容積を、ミサイルの乾燥重量（推進剤を含めない重量）で割った値である。タンクの容積一リットル当たりの、ミサイルの乾燥重量が一〇キログラムの場合、φ＝1／10。つまり〇・一になる。

（注2）ゲル化した、チキソトロピー性の燃料は、漏れた時に通常の液体燃料よりずっと火災を起こす危険性が少ない。蒸発も燃焼もずっとゆっくりで、火がついてもそれを周囲にまき散らそうとはしない。最近では、民間ジェット旅客機のジェット燃料にこの性質を応用して、事故の際の火災の危険性を減らす研究が大規模に行われている（実機を使用した実験も行われたが、成功していない：訳者）。

（注3）NOTSのヒドラジン系の混合液の一つは、モノメチルヒドラジンとエチレンジヒドラジンを三対一の比率で混ぜた物だった。凝固点はマイナス六一℃で、エチレンジヒドラジンの粘性が高いので、安定してゲル状態を保つ。これはエチレンジヒドラジンが推進剤に用いられた数少ない例である。

（訳注1）ダブルベース推進剤：ニトログリセリンとニトロセルロースを主成分とした推進剤。いずれもそれ自体に燃料物質と酸化物質を含んでいるので、単独でも燃焼可能であるが、燃料成分と酸素成分の比率が異なり、両者を混合する方が性能が良くなるので、合して使用される。

（訳注2）ハイブリッドロケットはバート・ルータンが設立したスケールドコンポジッツ社のスペースシップワンに使用されて、二〇〇四年に民間企業として初の有人宇宙飛行に成功した。その後、ヴァージン・ギャラクティック社の「スペースシップツー」にも使用され、有人飛行に成功している。

（訳注3）噴射器の温度：ロケットエンジン燃焼中は、噴射器を燃料と酸化剤が流れるので、噴射器はそれで冷却されて燃焼室内の温度よりは低くなっている。燃焼が終わると、冷却されないので、燃焼室の温度が伝わって、噴射器の温度

が上昇する。

第13章　これからの見通し

（訳注1）原子力ロケット：事故の際の汚染などの不安から、原子力ロケットはまだ実現していない。しかし、火星以遠の惑星への有人飛行などを考えると、長い時間、作動を続ける事ができる原子力ロケットは、飛行時間を短縮するためには非常に有望である。そのため、研究は継続されており、何らかの形で実現する可能性はある。

（訳注2）イオンロケット：推力は小さいが、長時間作動させる事が可能なので、宇宙探査機には使用される事がある。日本の小惑星探査機のハヤブサシリーズにも使用されている。

（訳注3）大型宇宙ロケット用の推進剤：日本（H2ロケット）やヨーロッパ（アリアン5型）は液体酸素・液体水素を使用している。しかし、アリアン1型から4型まではUDMHと四酸化二窒素を使用。米国の有人宇宙船クルードラゴンを打ち上げるスペースX社のファルコン9ロケットは液体酸素とRP-1を使用している。スペースX社の新しい大型ロケットのスターシップは、液化メタン（CH_4）と液体酸素を使用する。性能、コストなどの条件により、どれを選ぶかが決められているようである。

略語の説明

Ａ　「化合物Ａ」つまり五フッ化塩素（ClF_5）
Ａ-４　第二次大戦でドイツ軍がロンドン爆撃に使用した弾道ミサイル。Ｖ-２とも呼ばれる。
ＡＮ　硝酸アンモニウム、またはアミン硝酸塩系の一液式推進剤
ＡＲＩＢ　ブラウンシュヴァイク航空研究所（Aeronautical Research Institute, at Braunshweig）
ＡＲＰＡ　高等研究計画局（Advanced Research Project Administration）。ＤＡＲＰＡの前身。
ＡＲＳ　アメリカ・ロケット協会（American Rocket Society）。後に航空宇宙科学学会（ＩＡＳ：Institute of Aeronautical Sciences）と合併してアメリカ航空宇宙学会（ＡＩＡＡ：American Institute of Aeronautics and Astronautics）になる。
ＢＥＣＣＯ　バッファロー電気化学社（Buffalo Electrochemical Company）
ＢＭＷ　バイエルン発動機製造株式会社（Bayeriche Motoren Werke AG）
ＢｕＡｅｒ　米海軍航空局（Bureau of Aeronatutics, U.S.Navy）。後に武器局（Bureau of Ordnance: BuOrd）と統合されて兵器局（Bureau of Weapons: BuWeps）になる。
ＣＴＦ　三フッ化塩素（chlorine trifluoride: ClF_3）

ＥＡＦＢ　エドワーズ空軍基地（Edwards Air Force Base）。カリフォルニア州モハーベ砂漠にある。

ＥＥＳ　米海軍アナポリス技術試験場（Engineering Experiment Station, Annapolis (Navy)）

ＥＲＤＥ　ウォルサム爆発物研究開発施設（Explosives Research and Development Establishment, at Waltham Abbey, England）。英国の研究施設。

Ｆｌｏｘ　液体酸素と液体フッ素の混合液。Ｆｌｏｘ30のような、Ｆｌｏｘの次の数字は、フッ素の比率（パーセント表示）を示す。

ＦＭＣ　フードマシーン・アンド・ケミカル社（Food Machines and Chemical Company）

ＧＡＬＣＩＴ　カリフォルニア工科大学グッゲンハイム航空研究所（Guggenheim Aeronautical Laboratory, California Institute of Technology）。ＪＰＬの前身。

ＧＥ　ゼネラル・エレクトリック社（General Electric Company）

ＩＣＢＭ　大陸間弾道弾（Intercontinental Ballistic Missile）

ＩＩＴＲＩ　イリノイ工科大学研究所（Illinois Institute of Technology Research Institute）。前身はアーマー研究所

ＩＲ　赤外線（Infra Red）

ＩＲＢＭ　中距離弾道弾（Intermediate Range Ballistic Missile）

ＩＲＦＮＡ　抑制赤煙硝酸（Inhibited Red Fuming Nitric Acid）

ＩＷＦＮＡ　抑制発煙硝酸（Inhibited White Fuming Nitric Acid）

ＪＡＴＯ　離陸補助ロケット、またはジェット補助離陸（Jet Assisted Take-off）。航空機の重量が重い時に、離陸の補助に使用。

ＪＰ　ケロシン系ジェット燃料（Jet Propellant, kerosene type）。ＪＰ‐４のようなＪＰの後ろの数字は、ジェット燃料の種類を示す。

ＪＰＬ　ジェット推進研究所（Jet Propulsion Laboratory, Pasadena）。カリフォルニア工科大学が運営。

λ（ラムダ）　推進剤中の（一液式、または二液式以上の組合せにおける）酸素の比率の指標。例えば、推進剤に炭素（C）、水素（H）、酸素（O）が各一モル含まれる場合、λ＝(4C＋H)/2O（一モル当たりCは4グラム、Hは1グラム、Oは2グラム）。λは燃料と酸化剤の酸化数の比率と考えて良い。

LFPL　ルイス推進研究所（Lewis Flight Propulsion Laboratory）。クリーブランド所在のNASAの研究所。現在はグレン研究センターと改名。

LOX　液体酸素（Liquid oxygen）

LRPL　米陸軍の液体ロケット推進研究所（Liquid Rocket Propulsion Laboratory）。米海軍のNARTSが前身。

MAF　アミン混合燃料（Mixed Amine Fuel）。MAFの後ろの数字は種類を示す。リアクションモーター社（RMI）が開発した燃料。

MHF　ヒドラジン混合燃料（Mixed Hydrazine Fuel）。MHFの後ろの数字は種類を示す。リアクションモーター社が開発した燃料。

MIT　マサチューセッツ工科大学（Massachusetts Institute of Technology）

MMH　モノメチルヒドラジン（Monomethyl hydrazine）

MON　窒素化合物の四酸化二窒素（N_2O_4）と一酸化窒素（NO）を混合した酸化剤。MONの後ろの数字は、一酸化窒素の比率（パーセント表示）を示す。

NAA　ノースアメリカン航空社（North American Aviation, Inc.）

NACA　アメリカ航空諮問委員会（National Advisory Council on Aeronautics）。NASAの前身。

NARTS　海軍航空機用ロケット試験場（Naval Air Rocket Test Station）。所在地はニュージャージー州ドーバーのレイクデンマーク。一九六〇年に陸軍所管となり、ピカテニィ造兵廠のLRPL（液体ロケット推進研究所：Liquid Rocket Propulsion Laboratory）となる。

NASA　アメリカ航空宇宙局（National Aeronautics and Space Administration）

NOL　アメリカ海軍兵器研究所（Naval Ordnance Laboratory）。所在地はメリーランド州シルバースプリング。現在は廃止されている。

NOTS　海軍兵器試験場（Naval Ordnance Test Station）。所在地はカリフォルニア州チャイナレイク（イニョカーンとも言われる事も多い）。

NPN　硝酸ノルマルプロピル（Normal Propyl Nitrate）

NUOS　海軍水中武器開発施設（Naval Underwater Ordnance Station）。元は海軍魚雷開発施設（Naval Torpedo Station）。所在地はロードアイランド州ニューポート。

NYU　ニューヨーク大学（New York University）

O／F　液体ロケットにおける、燃焼室へ供給される酸化剤（oxidizer）の流量と燃料（fuel）の流量の比。

ONR　海軍研究局（Office of Naval Research）

PF　フッ素ペリクロリル（Perchloryl fluoride）

R&D　研究開発（Research and Development）

RFNA　赤煙硝酸（Red Fuming Nitric Acid）

RMD　サイオコール化学社リクション・モーターズ部門（Reaction Motors Division of Thiokol Chemical Co.）。RMIが吸収合併された後の名称。

ROR　ロケット・オン・ローター(Rocket on Rotor)。ヘリコプターのローターの先端にロケットエンジンを取り付け、急速離陸時の性能向上を図る装置。

RMI　リアクション・モーターズ社（Reaction Motors, Inc.）。後にサイオコール化学社のリアクション・モーターズ部門になるが、一九六九年に社名は消滅した。

SAM　地対空ミサイル（Surface to Air Missile）

SFNA　安定化発煙硝酸（Stabilized Fuming Nitric Acid）。現在ではこの用語は用いられない。

Tonka　トンカ燃料。第二次大戦中のドイツのロケット燃料。キシリジンから作る。

TRW　トンプソン・ラモ・ウールリッジ社（Thompson Ramo-Wooldridge Corporation）

UDMH　非対称ジメチルヒドラジン（Unsymmetrical dimethyl hydrazine）

UFA　ドイツの映画会社。一九二〇年代から一九三〇年代に存在した。

USP　米国薬局方（United States Pharmacopeia）

UTC　ユナイテッド・テクノロジー・コーポレーション（United Technology Corporation）。ユナイテッド航空から分離した、航空宇宙関係の製品（ジェットエンジン等）を製造する会社。。

V-2　A-4ミサイルの広報用の名称。

VfR　宇宙旅行協会（ドイツ宇宙旅行協会とも）（Verein fur Raumshiffart）。第二次大戦以前のドイツのロケット愛好家の団体。

Visol　ヴィゾル燃料。ビニルエーテルから作成した、第二次大戦時のドイツのロケット燃料

WADC　ライト航空開発センター（Wright Air Development Center）。オハイオ州デイトンにある米空軍の組織。

WFNA　発煙硝酸（White Fuming Nitric Acid）

訳者あとがき

ロケットの発進の瞬間はいつもドラマチックなものです。発射のボタンを押すと共に噴き出す大量の煙と炎、耳をつんざく轟音と共に、ロケットは本体に付着した氷を振るい落としながら、最初は緩やかに、しかし、みるみる速度を増して飛び去って行きます。途方もない力と加速を感じる瞬間です。

このむき出しとも言える力の源はロケットの推進剤です。自動車や飛行機のエンジンは空気を吸い込み、それを燃料の燃焼に利用しますが、ロケットは燃料を燃やすのに、周囲の空気を必要としません。搭載している推進剤中の酸化剤と燃料を反応させ、高温、高圧のガスを発生させて、それを噴出する事で推進力を得ます。ロケットは推進剤の持つエネルギーを、排気ガスによる推進力に変換する装置と言えます。

ロケットには大きく分けて液体ロケットと固体ロケットが有ります（ハイブリッドロケットもありますが）。固体ロケットは構造が単純で信頼性も高いのが利点ですが万能とは言えません。用途や求める性能により、液体ロケットか固体ロケットが決められるようです。

軍用のロケットでは固体燃料のロケットが多く用いられています。戦闘機の空対空ミサイルなどの小型ミサイルは固体燃料ロケットですし、大型のＩＣＢＭも現在は固体ロケットになりました。潜水艦搭載弾道弾は、米国は最初から固体ロケットで、ソ連（ロシア）では最初は液体ロケットでしたが、後に固体ロケットに変更しました。しかし、北朝鮮の中距離ミサイルは液体ロケットです。宇宙ロケットは液体ロケットが多く用いられていますが、日本は固体ロケットも人工衛星打ち上げに使用しています（大型の人工衛星の打ち上げは液体ロケットですが）。

液体ロケットは、液体の推進剤を使用し、高い効率と高い信頼度を実現するために、各種の系統が組み込まれた複雑なシステムです。推進剤を燃焼させる燃焼室、推進剤を吹き込む噴射器、排気を効率よく膨張させて推進力に変換するノズル、大量の推進剤を短時間に燃焼室に供給するポンプ、軽量な構造体と推進剤のタンク、正確な誘導装置、人工衛星などの搭載物を保護し、所定の位置で所定の方向と速度で離脱させる装置など、どこをとってもそれぞれに語るに値する技術が注ぎ込まれてロケットは出来ています。

液体ロケットは、固体ロケットに比べて、推進剤の比推力が大きい（性能が良い）、精密な制御がしやすい、再始動がしやすい点が優れています。しかし、その分、コストが高いと言われています。しかし、最近のスペースX社やブルーオリジン社のロケットのように、低コスト化のために一段目を発射地点に戻して着陸させる事に成功しています。再使用が可能になれば、液体ロケットの方がコスト的に有利になる可能性が有ります。

ロケットにとって推進剤はエネルギー源として根源的な存在です。ロケットの重量の大部分は推進剤です。その推進剤が高性能であれば、ロケット全体の性能が高くなります。スペースX社のファルコン9ロケットの推進剤は、燃料は石油系のRP‐1，酸化剤は液体酸素です。日本の国産ロケットのH‐2，H‐3は燃料が液体水素、酸化剤が液体酸素です。北朝鮮の弾道弾はヒドラジン系の燃料と、硝酸系の酸化剤を使用しています。ロケットの重要要素である推進剤で、様々な種類が使用されている事は興味深い事です。

この本は現在の大型ロケットの主力である液体ロケットの推進剤の開発の歴史を、その開発の前線で実際に開発に従事してきた著者が自ら語った本です。液体ロケットの推進剤の本質は何かを、この本は余すところなく描き切っています。高性能の推進剤を求めて、冷戦への対応、宇宙への挑戦のため、実に様々な試みがなされてきた事が分かります。開発者は様々なアイデアを考えますが、実際に実験してみないとそれが使い物になるかどうかは分かりせん。試行錯誤を繰り返し、関係する技術を高める事により、現在の宇宙開発が可能になりました。これからもより優れた推進剤が開発され、宇宙開発は進歩を続けるでしょうが、それでもこの本にあるような、過去を知る事も必要です。過去の失敗を踏まえて、次の発展が有ります。失敗は無価値ではありません。失敗は成功の母であり、失敗学会があるくらい貴重な知識の元です。ロケットに関係の無い方でもこの本の技術開発に対する姿勢や経験には同感される所もあるのではないでしょうか。

アメリカの有人宇宙飛行を担っているスペースX社の創始者のイーロン・マスクは、ロケット開発を始めた時、自分が主任設計者となる事を決意し、ロケット工学を自分で学び始めますが、その際にこの本を読んだと記録されています。他のロケット工学の本にも、推進剤の部分ではこの本を参照している本が多くあり、この分野では定評ある本です。

ロケットを学ぶに当たり、この本は基本的な資料の一つと言えます。出版されてから時間は経過しましたが、基本的な内容は変化していません。むしろ、様々な試行錯誤の歴史は、推進剤を理解するためにはとても有用です。最終的に選択されている物はそれだけの理由が有りますが、そこへ至る経緯を知る事は理解を深めるのに役立ちます。私の従事していた航空機設計の世界でも、会社には失敗事例集があり、同じ失敗を繰り返さないよう、先輩から後輩へ引き継がれていました。

また、液体燃料を酸化剤と反応させる事でエネルギーを得る事は、ロケットに限らず、広い適用範囲が考えられます。例えば、F‐22戦闘機では、APU（補助動力装置）の始動が困難な高々度でエンジンが故障した時のために、ヒドラジンを使用した緊急動力装置（EPU）が用いられていますし、本文にもあるようにSR‐71戦略偵察機のエンジンの空中再始動には自己着火性の始動剤が使用されています。脱炭素社会を目指す上で、この本に記述された技術の探求は参考になるかもしれません。ロケット燃料としてもアンモニア系の化合物が使用される可能性はこの本でも触れられています。アンモニア（NH_3）はマイナス73℃以下では液体で、水素を多く含むために燃料として使用する事が可能で、燃焼してもCO_2は出しません（有害な窒素酸化物は発生しないようにする必要はありますが）。

私は物理・機械系の技術者で、航空機の設計をしてきましたが、この本に触れて、改めて化学の面白さ、奥深さを感じました。この本が化学系の方だけでなく、物理系の方々にも参考になり、楽しく読んでいただければ幸いです。

ま行

や行

ら行

な行

は行

た行

さ行

あ行

索　引

英数字

●訳者略歴

高田　剛（たかだ つよし）

1944年中国東北地区（旧満州国）生まれ。

名古屋大学工学部、同大学院（修士課程）で航空工学を専攻。

1968年川崎重工業㈱に入社。設計部門を主に、飛行試験部門での技術業務も経験（約890時間の試験飛行に従事）。設計部門では対潜哨戒機、輸送機などを担当。救難飛行艇の開発にも参加。子会社で航空機の製造にも関与。

趣味はグライダーの飛行と整備。自家用操縦士、操縦教育証明、整備士、耐空検査員。飛行時間は約1,100時間。

訳書『月着陸船開発物語』

『史上最高の航空機設計者 ケリー・ジョンソン 自らの人生を語る』（以上プレアデス出版）

点火！ 液体燃料ロケット推進剤の開発秘話

2021年11月20日　第１版第１刷発行

著　者　ジョン・D・クラーク
訳　者　高田　剛
発行者　麻畑　仁
発行所　㈲プレアデス出版
〒399-8301　長野県安曇野市穂高有明7345-187
TEL 0263-31-5023　FAX 0263-31-5024
http://www.pleiades-publishing.co.jp
組版・装丁　松岡　徹
印刷所　亜細亜印刷株式会社
製本所　株式会社渋谷文泉閣

ISBN978-4-910612-01-0　C0098　　Printed in Japan